북한의 옛집 ②

그 기억과 재생 | 평안도 편

북한의 옛집 ②

그 기억과 재생 | 평안도 편

강영환 지음

이담 Books

서문_ 이 글을 쓰기까지

1996년 겨울이 시작되던 어느 날 나는 거제도로 향했다.

실향민 한 분을 만나러 가는 길이었다.

설문지에 기록된 내용도 비교적 충실했고, 우선 집을 지어 본 경험이 있다는 기술에 마음이 끌려 꼭 만나보고 싶었던 것이다.

그러나 남해 바닷가의 작은 포구에서조차 그를 찾는 것이 그리 쉬운 일은 아니었다. 두어 시간을 헤맨 끝에 간신히 찾아낸 그는 대낮부터 취한 채 인사불성인 모습으로 자고 있었다. 도저히 인터뷰가 불가능하여 우리는 그곳에서 하룻밤을 기다려야 했다.

다음날 아침에서야 우리는 남해가 바라보이는 작은 시골다방에 마주앉게 되었다. 엊저녁 취기가 채 가시지 않은 피곤한 얼굴로 나타난 그는 나의 방문 목적이나 진의를 정확히 파악하기까지 경계심을 늦추지 않았고 퉁명스러움으로 일관했다. 그러나 마을과 집에 대한 이야기가 시작되자 점차 차분히 가라앉으며 기억을 더듬어 나아갔다.

함경남도 북청군 출신인 그는 일제 때 지주로서 면장을 지낸 아버지 덕분에 유복한 집안에서 자랐다고 한다. 해방이 되자 공산정권하에서 친일파 민족반

역자로 몰리게 되었고 재산도 몰수당하면서 몰락하게 된다. 한국동란이 발발하고 국군이 북진하면서 마을사람들은 치안대를 조직하였고, 당시 중학교 2학년이던 그는 연락원으로 참여하였다. 국군이 후퇴하면서 이러한 전력 때문에 숙청될까 두려워 동생과 함께 월남 길에 나서게 된다. 흥남에서 미군함정을 타고 거제도로 내려 온 것이 오늘날까지 거제에 뿌리박게 된 배경이다.

그는 이미 그려 주었던 도면만큼이나 그가 살았던 마을과 집에 대해 정확한 기억을 가지고 있었다. 마을의 호수나 지형으로부터, 집의 평면과 구조·배치·재료에 이르기까지 그의 구술은 상세하고 신뢰성이 높은 것이었다. 소농계층과 부농계층의 차이나, 이북지방과 이남지방의 차이, 일본식과 조선식의 차이 등 그의 변별적인 설명도 지금까지 조사했던 내용과 정확히 일치하고 있었다. 그의 설명은 마치 내가 함경도 북청 땅의 남대천을 거슬러 올라 몽산동 마을을 거닐고 있는 듯 현장감 넘치는 것이었다.

뿌연 담배연기를 한숨처럼 토해낸 그는 독백으로 얘기를 맺었다.

"이제는 꿈에서만 보여…….

배를 타고 남대천을 오르는 꿈이지.

남대천은 물이 얕아 배가 다닐 수 없거든.

그런데 그 꿈속에 이상하게 마누라가 있단 말이지.

네가 왜 여기 왔느냐고 묻곤 하지."

그는 지금까지도 꿈을 꾸고 있었다. 배가 오르지 못하는 강을 거슬러 처자식과 함께 고향땅을 밟아 보는 이상한 꿈에서 깨어나지 못하고 있었다. 묘하게 그의 꿈은 내 가슴에도 공명을 일으키며 같은 꿈을 재현하게 했다. 나는 그의 꿈을 통하여 내가 체험하지 못했던 세계를 그와 같은 심정으로 거닐고 있었던 것이다.

 '토포필리아(topophilia)' - 물적 환경이나 장소와 결합되어 있는 인간의 감정과 정서

문화지리학자인 Yi-Fu Tuan이 정의했던 이 용어는 그들의 심경을 표현하기에 너무도 적절한 표현이다. '고향'이라는 물적 환경은 여느 마을과 크게 다르지 않지만 그들의 삶과 더불어 존재하기 때문에 그들에게 특별한 의미가 있다. 좁고, 어둡고, 지저분한 다락방이라도 어린 시절 어른들의 꾸중을 피해 숨어들었던 기억과 관련되어 있다면 그것은 특별한 세계이며, 의미이다. 같은 소나무라도 사랑하는 연인과 함께했던 소나무라면 그 가지 하나라도 오랜 시간 동안 잊히지 않는다.

하물며 나와 내 가족이 살던 고향의 옛집이랴.

생사를 모르는 가족들과 가 볼 수 없는 현실적 상황, 어린 시절의 즐거웠던 기억들, 이러한 것들은 그들의 물적 환경과 더불어 온전히 그들의 가슴속에 맺혀져 있다. 나이가 들수록 그 기억은 보다 생생해지고 꿈속을 헤매다가, 그 꿈과 함께 묻히게 된다.

나는 옛집을 연구하는 학자로서 그들의 집에 대한 기억을 재생하는 일에 착수했다. 그것은 그들의 기억 속에 존재하는 고향집의 모습을 시각화함으로써 분단의 아픔에 조금이나마 위로가 되고 싶은 개인적 욕심이었고, 남북분단 이후 답보상태에 있는 북한주거연구에 대한 1차적 자료를 축적해야 한다는 학문

적 열망의 발로였다.

이 일은 당시 대학원생이었던 문정호 군과 함께 그들의 주소를 확인하는 일로부터 시작되었다. 설문지의 형식을 만들고, 도면작도법을 그리며, 과연 그들이 40년 전의 기억을 제대로 기억하고 있을지, 그것을 적절하게 표현할 수 있을지, 발송하는 순간까지 염려스러워했다.

첫 회신이 오던 날, 봉투를 개봉하는 순간 우리는 환호성을 지르며 얼싸안았다. 그것은 너무도 정교하고 생생한 북한의 옛집이었다. 우리의 염려는 기우에 불과했다. 부엌의 솥단지에서부터, 뒤뜰의 나무 한 그루, 수챗구멍에 이르기까지 상세하게 그려준 그들의 도면은 현장에서 실측 조사된 어떤 도면보다도 정교하고 치밀한 것이었다. 3차에 걸친 검증과 회신 속에서 그 도면들은 보다 정교해졌다. 그들의 고향집은 드디어 아픈 기억으로부터 나와 온전히 재현되고 있었다. 그것은 또한 북한지역 전통주거에 관한 연구의 실증적 자료로 축적되어 갔다.

연구를 시작하기 전 나는 설문지를 통하여 그들과 약속을 한 것이 있다. 연구가 완료되는 대로 그 도면들을 보내주기로 한 약속이다. 학회지의 논문은 지면의 제약이 있어 그 귀중한 자료들을 다 수록할 수 없었다. 이제 이 자료들을 연구결과와 함께 수록함으로써 그들과의 약속을 지키려 한다. 이것은 이 분야를 연구하려는 다른 학자들에 대한 자료의 공개이기도 하다.

이 작업은 2010년 『북한의 옛집—함경도 편』을 저술하면서 시작되었다. 이 책은 두 번째 작업으로서 평안도 편을 기술한 것이며, 향후 황해도 편으로 종결될 것이다. 이 책의 주인공은 당연히 자료를 보내 준 실향민들이다. 그분들에게 머리 숙여 감사의 뜻을 전하며, 그분들의 아픔에 조금이나마 위로가 되었다면 나의 사명은 거의 달성된 것이다. 연구를 진행하는 도중에 작고하신 분도 있어 이 기회를 빌려 고인의 명복을 기원하며, 그 영전에 이 책을 바친다. 또한 이 책을 기술하기 위해 밤새 도면을 정리하고 자료를 다듬어 준 대학원생 최형욱 군과 최운 군에게 감사드리고자 한다.

2011년 무거재에서
강영환

차 례

제1장

평안도 옛집 자료의 성격

평안도 옛집 자료의 성격

고향에 대한 향수는 누구에게나 애틋한 법이다. 그리운 만큼 그 기억은 쉽게 잊히지 않는다. 그러하기에 고향을 잃어버린 실향민들에게는 눈 감고도 그려질 수 있을 만큼 생생하게 기억된다. 고향은 단순한 '지리적 장소'가 아니라 기억으로 구축된 '특별한 세계'가 아닐 수 없다. 그 기억 속에는 부모형제나 어린 시절 동무들만 있는 것이 아니다. 사람들은 그들과 함께했던 장소와 더불어 기억되곤 한다. 뒷마당에 서 있던 살구나무, 담장 밑의 개구멍, 심지어 방 한구석에 문짝 떨어진 장롱까지 기억 속에서 재현된다. 눈 감고도 그릴 수 있는 고향 집의 모습, 이것이 이 연구를 가능하게 했던 핵심자료이며 원동력이었다.

평안도의 옛집은 어떤 모습이었을까? 직접 가보지 않고는 정확히 알 수가 없다. 가 볼 수 없다고 해서 마냥 기다릴 수도 없는 일이다. 옛집이 옛 모습 그대로 보존되어 있을 가능성도 없기 때문이다. 그렇다면 평안도의 옛집은 어떻게 기억되고 있을까? 그 기억으로부터 옛집의 모습을 추론해 볼 수는 없을까? 북한의 옛집에 대한 나의 연구는 이러한 의문에서부터 시작되었다. 이 책은 평안도 출신의 실향민들이 그들이 살던 옛집에 대한 기억을 찾아내고 건축적으로 재구성한 것이다.

I. 자료 수집방법과 과정

옛집을 연구하기 위해서는 집에 관한 문헌이나 그림과 같은 자료도 필요하지만 가장 핵심적인 것은 주택이라는 건축물이다. 건축물은 장소에 고정되어 있고 복합적인 부재로 3차원적 공간을 이루기 때문에 쉽게 그 성격을 표현하기 어렵다. 이에 전문가들은 그 건물이 서 있는 현장에서 실측조사와 더불어 건축도면을 작성함으로써 연구 자료를 얻게 된다. 이뿐만 아니라 그 주택이 어떻게 사용되고 있는지, 어떻게 개조되어 왔는지도 현지조사가 아니면 얻을 수가 없었다. 따라서 현지조사는 옛집 연구에서 거의 필수적인 과정으로 여겨져 왔다.

1980년대 이후 남한 지역에서는 우리나라 옛집에 대한 연구가 활발하게 이루어져 왔다. 1970년대까지는 소수의 문화재급 상류주거에만 국한되다가 점차 범위가 넓어지면서 일반적인 농촌주거, 서민주거에 대한 연구도 폭발적으로 증가해 갔다. 연구자들은 현장을 조사하여 주택의 모습을 건축적 도면으로 작성하였다. 도면은 주택의 성격을 표현하는 가장 핵심적인 자료였기 때문이다.

이에 따라 남한지역에서는 각 지방별로 많은 자료가 발굴되고 보고서나 연구서에 수록되었다. 이는 주거의 지역적 특색은 물론, 지역 간, 계층 간의 차이, 그리고 시대적 변화를 이해하는 데 큰 도움을 주었다. 이러한 연구성과는 현장조사에 따른 자료의 확보에 기반을 둔 것이었다.

그러나 북한지역과 같이 현장접근이 어려운 지역은 이러한 자료수집 방법을 사용할 수가 없었다. 해방 이후 지금까지 남한학자가 북한의 옛집을 현지 조사하여 새로운 자료를 만든 것은 단 1건도 없었다. 북한 민가에 대한 연구가 진전되지 못하고 있는 것은 바로 현장조사에 의한 자료가 더 이상 제공되지 않았기 때문이다. 이에 지금까지 북한민가에 대한 지식은 일제시대 일본인들이 조사했던 소수의 북한자료나 1960년대 북한학자들이 기술한 소수의 책에 의존할 수밖에 없었다.

더욱 심각한 문제는 언젠가 현장조사가 가능해진다고 하더라도 전통양식을 가지고 있는 옛집이 그대로 보존되어 있을 가능성이 낮다는 점이다. 해방이후 북한은 사회주의를 기치로 도시뿐만 아니라 농촌 환경도 크게 변화시킨 것으로 알려진다. 1946년 대대적인 토지개혁과 1953년 협동농장, 국영농목장의 편성, 그리고 1964년 사회주의 농촌테제로부터 연유하는 주체농업, 즉 노동집약적 집단농장제 등 농촌 환경의 급격한 변화가 이루어졌다. 특히 1964년 발표된 '우리나라 사회주의 농촌문제 관한 테제'는 사회주의하에서의 농민문제와 농업문제를 해결하기 위해 견지해야 할 세 가지 기본원칙 및 그 실현방도를 제시했고, 문화생활조건에서 도시와 농촌 간의 차이를 줄이고 이를 점차적으로 없앨 목적으로 시행되었다.[1]

사회주의 농촌마을 계획은 본래 기존 마을과 건물 및 시설을 최대한 보존하려는 원칙도 설정했었다. 그러나 마을의 공간구조를 개편하고, 새로운 공동시설을 건설하며, 주택을 현대화하는 작업이었기에 전통마을과 주택형식의 변화는 불가피했다. 1970년대 전국에 걸쳐 농촌 살림집 건설이 대대적으로 진행되었고 10만 세대의 현대적인 살림집이 건설되었다고 한다. 소위 '문화주택'이라고 하는 새로운 농촌주택의 표준유형이 설정되었고 이를 반복적으로 건설함으로써 노후된 전통주택을 대체하게 된 것이다.

양지마을[2]은 이 시기에 건설된 농촌마을의 새로운 모습을 잘 보여 준다. 신

---

1) 김신원·허준, "북한의 농촌마을 계획에 관한 연구", 농촌계획 6권 2호, 2000년, 59-72쪽.
2) 최익주, "공산주의촌 석하리 양지마을 건축형성", 조선건축, 제32호, 1995년, 49-52쪽.

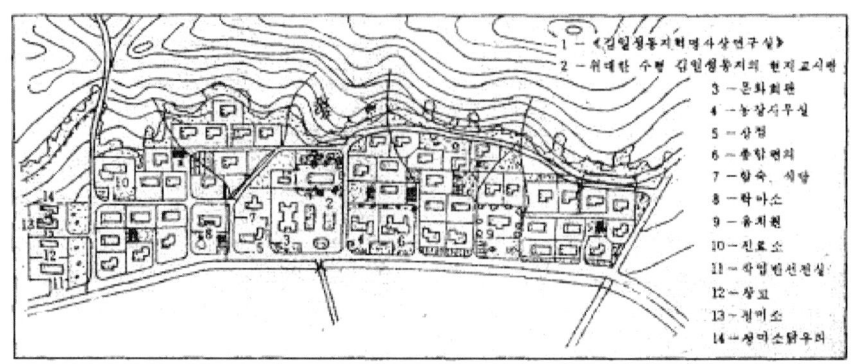

〈그림 1〉 양지마을 배치도(출처: 조선건축, 제32호, 50쪽)

의주시 석하리 양지마을은 사회주의 농촌을 표방한 마을로서 마을중심부의 공동시설과 양쪽의 살림집 구역으로 배치하였다. 살림집 구역의 계획을 보면 경사지에는 전원형 2층 살림집을, 가로면 평지에는 2~3층 살림집을 건설했다. 이지역의 전통형식인 단층 二자형 주거형식은 단 한 채도 남아있지 않음을 볼 수 있다. 이러한 농촌주택의 모습들은 근래에 촬영된 사진에서도 나타난다. 현대적 재료로 건설된 동일한 형식의 주택이 반복적으로 건설된 것을 알 수 있다.

 북한지역에 대한 현장접근이 불가능할 뿐만 아니라, 현장을 조사할 수 있다고 하더라도 전통주거의 사례가 남아있을 가능성이 없기에 새로운 조사방법을 강구할 수밖에 없었다. 그것은 바로 사람이었으며, 그들의 주택에 대한 '기억'이었다. 과거에 대한 기억은 쉽게 변질되는 것이 아니기에 기억의 정확성과 표현의 적절성이 확보된다면 유효한 자료가 될 것으로 기대한 것이다.

 남한에는 아직 수십만의 북한출신 실향민들이 생존하고 있다. 그들이 해방 이전에 살았던 주택에 대해 정확한 기억이 있다면 그것을 재현해냄으로써 북

〈그림 2〉 근래 촬영된 북한 농촌마을과 주택

한지역의 주택과 주거생활에 대한 새로운 자료를 얻을 수 있으리라 기대했다. 그러나 이러한 방법은 시간의 제약을 받는 방법이었다. 북한주거에 대한 기억을 가지고 있는 사람들은 이미 연로하여 점차 사라져 가고 있기 때문이었다. 조급한 마음으로 애를 태우던 중 다시 한번 기회가 주어졌다. 1995년 학술진흥재단의 연구비 지원을 받게 된 것이다.

　　당시 대학원생이었던 문정호 군과 함께 우선 경상남도 내에 거주하는 실향민의 소재파악에 나서게 되었다. 이북5도 사무소 경남지부와 부산지부의 협조를 받아 명단을 얻어 본 바 십만 명에 이르는 회원이 등록되어 있었다. 이 중에서 월남 당시 15세 이상이었던 대상자를 추려내고, 다시 주소가 확인된 회원(회지를 받아보는 회원)을 대상자로 선정했다. Piaget의 인지발달론에 의하면 15세 이상이 되어야 환경적 인지가 완전히 성숙하기 때문이었다.

한편 그들에게 보낼 설문지 양식을 준비했다. 인적사항과 함께 북한에서의 주소와 가족형태, 경제형태 등을 알아보기 위한 질문과 건설경험을 묻는 항목을 설정했다. 마을의 환경조건을 파악하기 위해 마을의 입지와 지형, 마을규모 등을 기재토록 했다. 주거 내의 건물구성을 파악하기 위해 각 건물의 명칭과 규모, 형태, 평면, 지붕형태, 지붕재료 등 배치평면도에 표현되지 않는 내용을 질문하였다. 대문과 담장의 형태 등 외곽시설에 대한 질문도 포함되었다. 공간의 용도와 성격을 파악하기 위한 항목도 삽입하였다.

무엇보다 중요한 것은 그들 스스로가 기억을 더듬어 그릴 수 있는 주택의 배치평면도였다. 설문대상자들이 도면작성의 경험이 없을 것이라는 전제하에 두 개의 배치평면도를 보기로 제시하고 도면기호를 범례로서 제공하였다. 입면까지 작도하는 것을 생각하였으나, 비전문가에게 입면작도는 어려운 작업이며 시간이 많이 소요되기 때문에 설문지 자체가 회신되지 않을 염려가 있었다. 대신 당시 주택의 사진이 있을 경우 보내 줄 것을 정중히 부탁하였다. 회신된 설문지 양식은 다음과 같다<그림 3>.

설 문 지

※ 빈칸에는 직접 기록하여 주시고 □ 안에는 ∨표시를 해주십시오.

ㄴ 현재의 인적 사항

성 명	서 승욱	성 별	☑남 □여
생년 월일	1923. 8. 30		
전화 번호	032-873-9673		
월남 연도	1950년		

ㄴ 북한에서의 생활

당시의 주소	평안 남도 덕천군 풍덕면 흑곡리
당시의 가족구성	가족수 -
당시의 가족관계	□조부 □조모 ☑부 ☑모 형(1 명). 제(1 명). 매(명). 기타(4)
당시의 생업	☑농업 □수신업 □공업 □상업
당시의 경제규모	□상 ☑중 □하 # 농업일 경우 논 1,000 평. 밭 8,000 평

ㄴ 건설 경험

집짓기에 참여해 본적이 있읍니까?	□있다 ☑없다
참여하셨다면 어떤일을 해 보셨읍니까?	□풍수 □대목 □외공 □석공 □토역 □소목 □기타( )

ㄴ 북한에서의 마을 모습

마을의 위치	□도시 ☑농촌 □어촌
마을의 지형	☑산지 □평아 □바닷가
마을의 규모	9 호 (대략적인 戶수)

⬛ 주택안에서의 건물이름과 형태

건물이름	규 모	형 태	평 면	지붕 형태	지붕 재료
예) 윗채	전면 4칸 측면 2칸	一자형	양통집	팔작지붕	기와
예) 아랫채	전면 4칸 측면 2칸	ㄱ자형	외통집	우진각지붕	초가

윗채	전면 4칸 측면 2칸	ㄱ 자형	외통집	맞배지붕	천연스레트
아랫채	전면 5칸	一 자형	외통집	맞배지붕	천연스레트
옆채	전면 2칸	一 자형	외통집	맞배지붕	천연스레트

⬛ 당시 주택내에 있었던 각방의 명칭과 용도를 기입해 주십시오

방의 명칭	각 방 의 용 도
예) 안방	안주인 기거
예) 사랑방	남자 (집안에서 제일 웃어른)이 기거

윗채	아랫방에는 안주인. 윗방에는 혼인찬 아들부부가 기거 사랑방에는 바깥 노인이 기거
아랫채	아랫방에는 소작인이 기거

☐ 북한에서의 주택모습

건물 건립 연도	_____ 년. 또는 지금으로부터 _80_ 년전
대 문	☑있다 ☐없다
대문의 종류	☐소슬대문 ☑평대문 ☐사립문 ☐기타( )
담 장	☐있다 ☑없다
담장의 종류	☐돌담 ☐흙담 ☐흙돌담 ☐편담 ☐기타( )
담장의 높이	대략 _____ m 정도
툇마루	☐있다 ☑없다

※ 다음장에서는 밑에 있는 보기를 참고하시어서, 첫줄에 있는 예와 같
  이 빈칸에 기록하여 주시면 감사하겠습니다.

[보 기]

1. 형태 (평면의 형태를 말함)

  一자형   ㄱ자형   ㅁ자형

2. 평면 (방의 배열이 한줄로 되어 있는지, 두줄로 되어있는지를 말함)

  양통형   외통형

3. 지붕의 형태

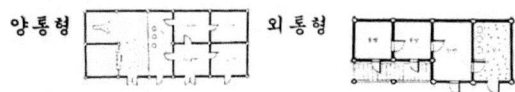

  우진각   팔작   맞배

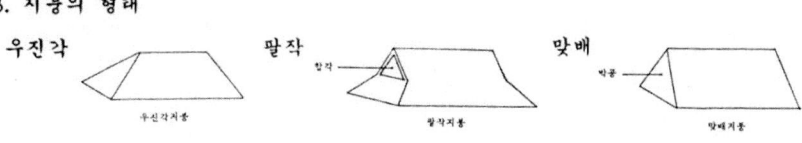

  우진각지붕   팔작지붕   맞배지붕

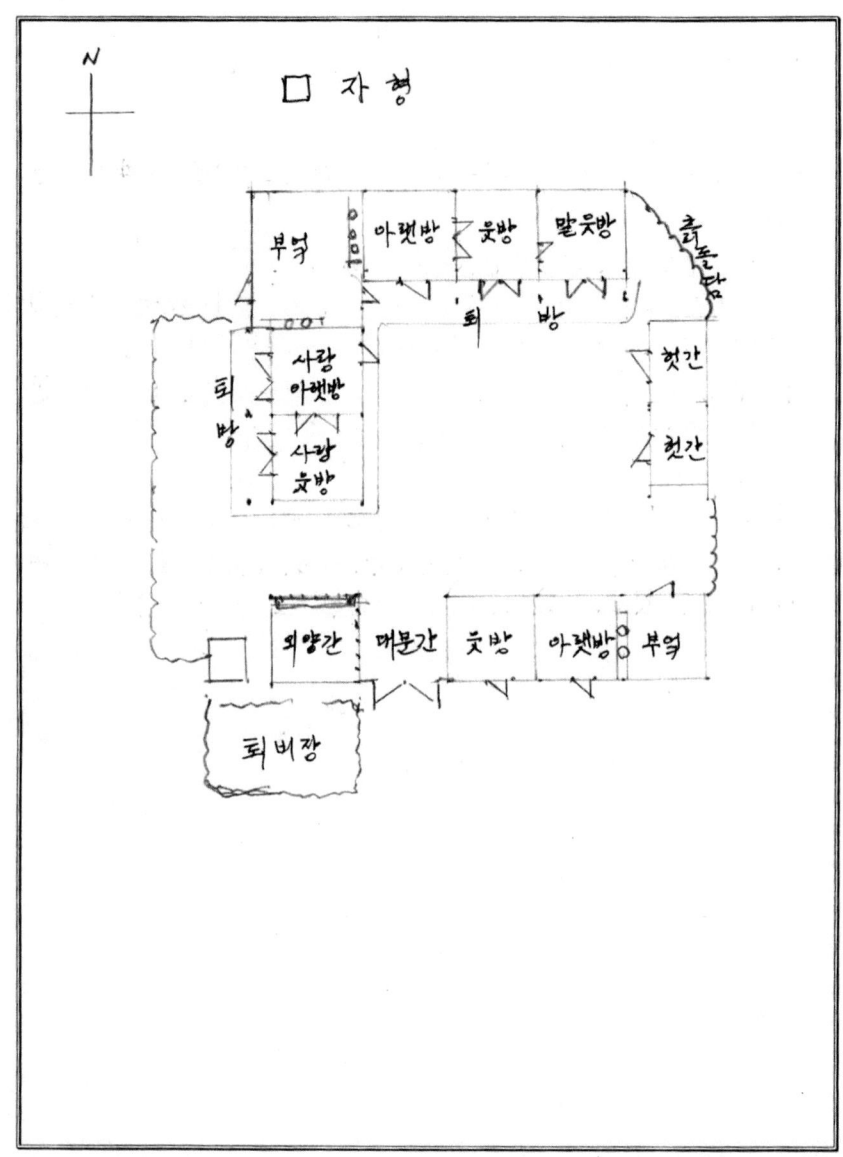

<그림 3>

2. 기억의 재생과정

설문지 답변을 기다리면서 과연 그들이 옛집에 대해서 얼마나 기억하고 있을지, 그것을 얼마나 정확하게 표현할 수 있을지 염려하지 않을 수 없었다. 그러나 회신 봉투를 열어 보는 순간 그것은 기우에 불과하다는 사실이 밝혀졌다. 그들이 살았던 동네에서 주택에 이르기까지, 심지어 마당에 있었던 나무 한 그루, 방 한구석에 놓여 있던 장롱의 위치까지 섬세한 정보가 담겨 있었다. 어두운 기억의 상자에 고이 묻혀 있던 북한의 옛집들이 흑백사진의 인화 과정처럼 서서히 짙은 음영을 그리며 뚜렷한 윤곽으로 나타나기 시작했다.

실향민들이 그려준 주택도면들은 비록 비전문가의 표현이기는 하지만 기대 이상의 정보를 담고 있었다. 다만 표현방법에 있어서는 다양한 수준 차이를 보여 주었다. 개중에는 단선 스케치로 윤곽만을 그린 도면도 있고, 누군가에게 부탁한 듯 컴퓨터 캐드(CAD) 프로그램을 이용하여 작도한 정교한 도면도 있었다. 그러나 비록 정성스러운 도면이라도 부분적으로는 누락된 내용도 있고, 불명료한 부분도 있었다. 표현방식이 서툴러 다시 작성해야 할 필요도 있었다. 이에 보완과 수정의 과정이 필요했다.

캐드(CAD)를 이용하여 제작한 뒤, 누락된 부분과 불명료한 부분에 대한 질문을 곁들여 2차 설문을 발송하였다. 이 과정에서 몇 분은 더 이상 회신하지 않는 경우도 있었지만 대부분의 대상자들이 꼼꼼하게 수정된 도면과 답변을 보내왔다. 그것은 바닥의 종류(마루 또는 흙바닥)를 새로이 그려 주거나 기둥, 창호의 위치를 변경하거나, 마구간의 여물통 위치를 수정하는 등 놀라울 정도의 기억력을 보여 주었다. 심지어 창호도까지 별도로 정밀하게 그려준 분도 있었다.

이를 바탕으로 수정된 도면을 만들었다. 이 수정 도면이 정확한 것인지를 검증하기 위하여 다시 최종 설문지를 발송하였다. 최종 설문지에도 부분적으로 수정하는 경우가 있었지만 대부분의 응답자들이 자신이 기억하고 있는 옛집과 다름이 없다는 확인을 해주었다. 이렇게 수정과 보완, 확인의 과정을 거쳐 북한 전 지역에 걸친 옛집의 배치평면도가 쌓여 갔다<그림 4, 5>.

최종적으로 얻은 도면은 비록 기억에 의한 도면이지만 상당히 많은 건축적 정보를 담고 있었다. 담장 안 건물의 종류와 배치, 각 건물별 평면구성, 각 공간의 명칭과 용도, 창호의 종류와 위치, 지붕형태, 바닥의 종류 등이 담겨 있었다. 물론 기둥의 정확한 위치나 공간의 정확한 규모, 벽체재료, 창호의 종류 등 상세한 건축부재나 건축요소에 관한 정보를 기대하기는 어려웠다. 개중에는 과거에 목수로 활동하는 분도 있었는데 이 분들은 기둥의 간격이나 툇마루의 치수 등을 명확히 표현해 주었기 때문에 이를 토대로 그 지역의 다른 주택에도 적용하였다.

최종적으로 얻어진 평안도지역 옛집의 사례는 평안북도 21건, 평안남도 26건에 이른다. 이러한 자료는 비록 현장에서 실측 조사된 도면만큼 정교하지는 않지만 종래의 연구서에서 발표된 도면들과 큰 차이가 없었다. 종래의 연구서에 그려진 도면들도 고작 건물배치도나 평면구성에 지나지 않기 때문이었다. 더구나 이 연구에서 얻어진 도면들은 각 주택별로 소재지가 분명하고, 건립연대, 사용자(또는 건축주)의 경제적 형태, 가족구성, 공간이용방법 등을 알 수 있기 때문에 기존의 것과는 비교가 되지 않을 정도로 가치가 높은 것이었다. 자료제공자의 인적사항은 <표 1>과 같다.

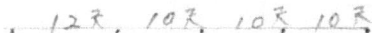

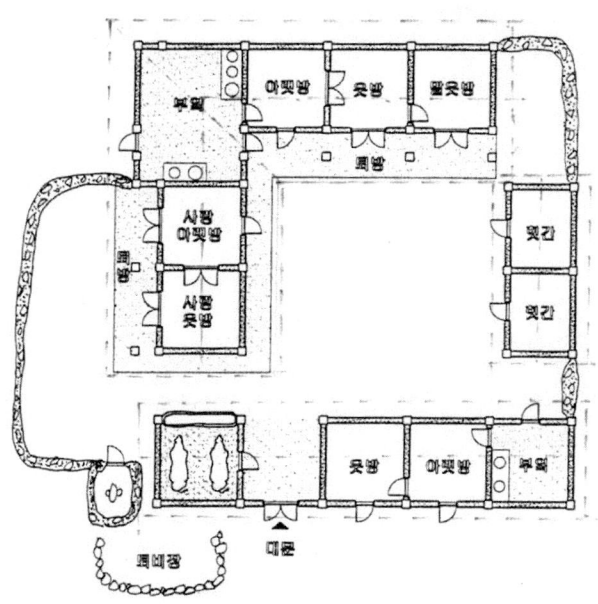

1. 북에 두고 온 집의 모습과 틀린 점이 있으면 바르게 고쳐 주세요.
2. 각각의 건물의 지붕이 다 연결되어 있었습니까? 아니면 떨어져 있었습니까?
   (사랑웃방과 외양간 사이에 지붕의 연결유무, 아랫방의 부엌과 헛간 사이의 지붕의 연결유무, 말웃방과 헛간 사이의 지붕의 연결유무)
3. 각 실의 크기와 형태가 맞게 되어 있었습니까?
4. 예로 보내 드린 도면과 같이 지붕처마선을 도면에 그려 주세요.
5. 기둥과 기둥 사이의 간격이 기억이 나신다면 도면에 기입하여 주세요.
6. 마루폭 크기가 어떻게 됩니까?

〈그림 4〉 1차 수정도면

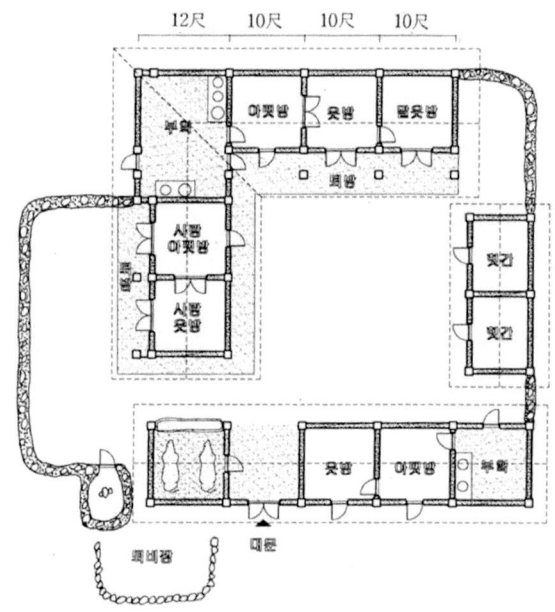

12尺 10尺 10尺 10尺

〈그림 5〉 최종 확인도면

〈표 1〉 평안도 자료제공자의 인적사항

성 명	출생연도	원주소	비 고
차만석	1921	평북 박천군	농업, 중류계층
김병주	1922	평북 용천군 북중면 원봉리 123번지	농업, 하류계층
김승봉	1922	평북 정주군 고안면 독장동	농업, 하류계층
김은정	1934	평북 운산군 운산면 조양동 79번지	농업, 중류계층
이한호	1927	평북 의주군 가산면 천감동	농업, 중류계층
김헌구	1927	평북 태천군 서면 임천동 137번지	농업, 중류계층
이완영	1932	평북 초산군 송면 앙강리	공업, 중류계층
강조경	1929	평북 운산군 북진읍 진동 260	공업, 중류계층
이기활	1935	평북 태천군 남면	농업, 중류계층
김성욱	1928	평북 용천군 부라면 삼용동	농업, 하류계층
정의선	1923	평북 철산군 부서면 겸복동 98	농업, 상류계층
원시준	1920	평북 구성군 사기면 화양동	농업과 상업, 중류계층

이정겸	1916	평북 운산군 동신면 이동 396	농업, 중류계층
김명호	1933	평북 용천군 외상면 해현리	어업, 중류계층
황봉호	1922	평북 정주군 고덕면 일신동	농업, 중류계층
김봉삼	1933	평북 정주군 남서면 서호동	농업, 중류계층
차수찬	1925	평북 선천군 심천면 고군영동	상업, 중류계층
박형배	1920	평북 선천군 남면 건산동 689	농업, 상류계층
김창서	1922	평북 의주군 월화면 월하동	농업, 중류계층
김희용	1929	평북 신의주시 하동	상업, 중류계층
김기선	1927	평북 정주군 갈산면 애도동	농·수산업, 상업, 상류계층
김봉의	1929	평남 진남포시 억량기리 136	상업, 중류계층
황석조	1913	평남 평양시 율3리 103번지	농업, 공무원, 하류계층
이극성	1933	평남 중화군 수산면 노전리	농업, 하류계층
이대원	1927	평남 강서군 초리면 강선리	공업, 중류계층
강인원	1937	평남 순천군 선소면 용암리 277	농업, 중류계층
변남철	1928	평남 용강군 용월면 송석리 313	농업, 하류계층
이순호	1922	평남 개천군 중남면 인곡리	농업, 중류계층
강인선	1928	평남 평양시 서문통 대찰리 75-3	상업, 중류계층
송광일	1923	평남 진남포시 비석리 99	교사, 하류계층
김기운	1932	평남 평양시 기림리 201-29	상업, 중류계층
장영곤	1927	평남 진남포시 비석리 55	공무원, 중류계층
홍정남	1929	평남 대동군 남형제산면 학교리 275	농업, 중류계층
황종일	1939	평남 덕천군 덕천면 장안리 163	농업, 공업, 하류계층
김대식	1923	평남 평양시 종로 관후리 232	상업, 중류계층
최창준	1922	평남 안주군 입석면 송산리 139	농업, 상류계층
이내홍	1927	평남 성천군 사가면 장림리 323	농업, 중류계층
김기순	1931	평남 맹산군 원남면 기양리 388	농업, 상류계층
박인순	1930	평남 평원군 노지면 문명리 732	농업, 중류계층
황용학	1927	평남 강서군 강서면 덕서리	농업, 중류계층
정경섭	1922	평남 평원군 천산면 용암리 387	농업, 상류계층
박심원	1931	평남 평원군 순안면 남산리 270	농업, 중류계층
서승욱	1923	평남 덕천군 풍덕면 율곡리	농업, 중류계층
백윤걸	1925	평남 덕천군 일하면 달하리 218	농업, 중류계층
정흥락	1910	평남 용강군 금국면 서남상리 757	농업, 상류계층
하기석	1910	평남 진남포시 마시리	공업, 중류계층
윤도현	1913	평남 평양시 문수2리 137	상업, 중류계층

3. 자료제공자와 자료의 성격

  최종적으로 얻어진 평안도의 자료는 평안도 전체지역에서 고루 입수된 것은
아니었다. 정주나 운산, 용천군과 같이 한 군에서 3~4건의 사례가 제공된 경
우도 있지만 어떤 군의 경우는 단 1건도 회신되지 않은 경우도 있었다. 특히
평안북도에서 오늘날 자강도로 편입되어 있는 자성, 후창, 위원, 강계, 화천군
이나 삭주, 영변, 화천군 등의 자료는 단 1건도 수집되지 않았다. 평안남도에서
도 함경도와 접경한 영원군, 양덕군의 자료를 확보하지 못했다. 이러한 지역에
대해서는 훗날의 연구로 미루는 수밖에 없었다.

  그럼에도 불구하고 평안북도의 경우, 전체 19개 군 중 10개 군에 소재하는
자료를 발굴하였고, 평안남도에서는 전체 14군 중 11군의 자료를 확보했다는
것이 이 연구의 성과라고 할 수 있다. 지역별 차이를 검증하기에 그리 부족한
편은 아니었다. 물론 입지성격별로 분류해 보면 농촌지역이 가장 많아 32건으
로서 전체의 68%를 차지한다. 아주 드문 사례로서 어촌지역이 2건, 광산지역
에서 1건이 수집되었다.

  한편 도시지역에서도 12건의 사례를 얻을 수 있었는데 이는 북한 주거연구
에서 큰 의미를 갖는다. 그것은 도시지역의 주거성격을 파악할 수 있는 자료인
동시에 일제시기의 변화를 살펴볼 수 있는 사례이기 때문이다. 지금까지 북한
지역 주거에 관한 한 농촌에 소재한 사례만이 소개되어 왔기 때문에 도시적 차
이나 근대적 변화 등을 해석하기 어려웠던 것이다.

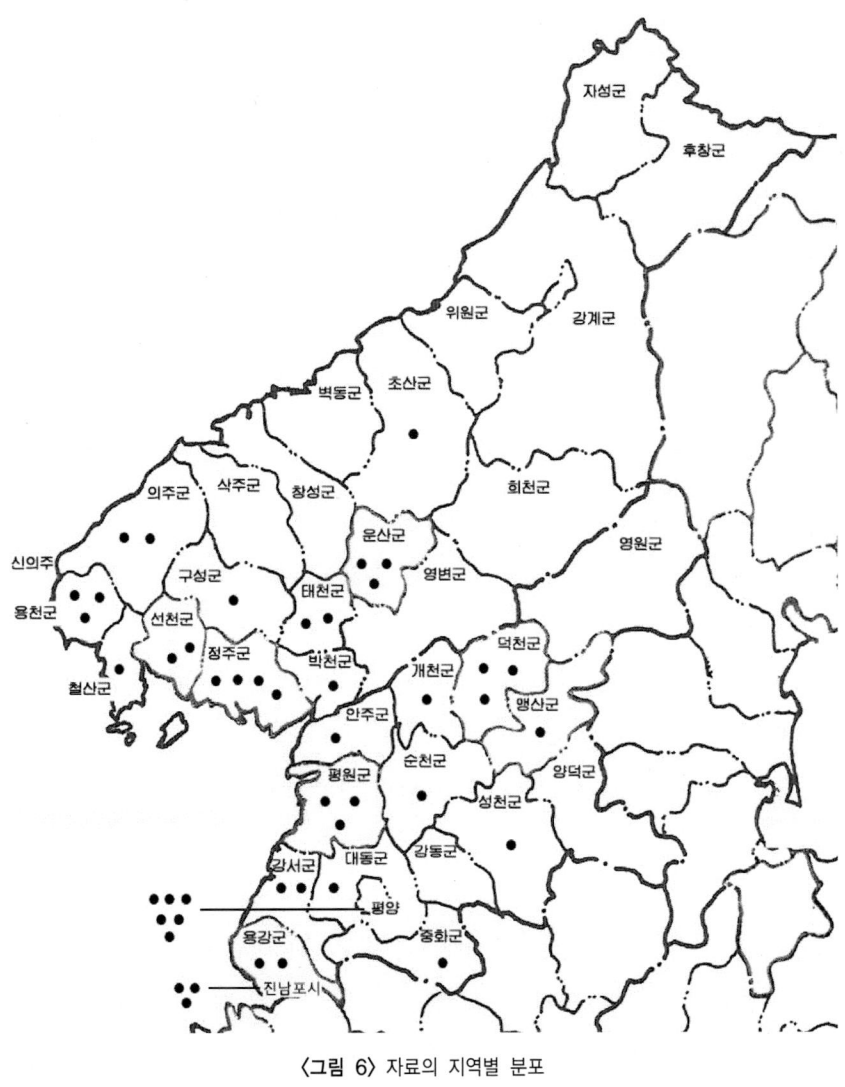

〈그림 6〉 자료의 지역별 분포

<表 2> 마을 입지

마을 입지	평안북도	평안남도	계
농 촌	15	17	32
어 촌	2	0	2
도 시	3	9	12
기 타	1	0	1

　　자료제공자의 연령분포를 살펴보면 1935년 이후 출생자에서부터 1915년 이전 출생자에 이르기까지 폭이 넓다. 가장 높은 빈도수를 차지하는 것은 1915년부터 1935년 사이에 출생한 분들이었다. 출생 연도 1925~1934년이 24명으로 전체의 55% 정도를 차지하며, 1915~1924년 사이가 14명으로 31%를 차지한다. 이들은 대부분 한국전쟁 시기에 월남한 분들이기에 1950년을 기준으로 당시의 나이를 산출하면 월남 당시 15세에서 30세에 이르는 사람들이었다.

　　월남 당시의 나이는 그들의 인지적 성숙도를 반영한다. 앞서 언급한 것처럼 15세 이상이면 환경적 인지가 완전히 성숙한 나이로 보기 때문에 옛집에 대한 이들의 기억은 비교적 정확한 것이라 볼 수 있다. 또한 당시에 청년기이거나 결혼한 상태로서 마을이나 가족사에 대한 기억도 신뢰할 만한 것이라고 할 수 있다.

　　설문지에 기재된 가족사항을 살펴보면 우선 가족 수에 있어서 대가족의 형태가 보편적이었음을 알 수 있다. 4인 이하의 가족구성은 단 1건도 없었고, 모두 4인 이상의 가족으로 구성되었는데, 5~7인 가족이 20건, 8~10인 가족이 16건, 11인 이상이 4건으로 나타난다. 8인 이상으로 구성된 가구가 전체의 42%에 이를 정도로 대가족을 형성하고 있었다. 이러한 가족구성은 근대화 이전의 전통적인 가족형태가 지속되고 있었음을 보여 주는 것이다.

　　가족유형은 대부분 직계가족으로서 3대가 동거하는 형태를 취한다. 간혹 혼

인한 차남이 분가하기 이전의 상태로서 조카들과 함께 거주하는 가족유형도 볼 수 있으나 그리 흔하지는 않았다. 별도로 기술한 내용 중에서는 머슴이나 소작인 등 혈연이 아닌 구성원이 거주하는 경우도 있었으나 가족 수에는 포함하지 않았다.

　당시 이들 가족의 생업은 농업이 압도적 다수를 차지한다. 전업농의 사례 수는 29건으로서 전체의 61%에 해당한다. 어업을 전업으로 하는 가구는 1가구에 지나지 않는다. 도시지역이나 도시 근교농촌, 혹은 읍면 소재지 등에서는 상업이나 농업과 상업을 겸하는 가구가 대부분이었다. 사례수는 11건으로서 전체의 23%를 차지한다. 도시지역에서 공무원이나 교사 등 서비스업에 종사하는 사례도 2건이 있었다. 공업도시에서 공업에 종사하거나 광산촌에서 광산업에 종사하는 사례도 4건이 조사되었다.

〈표 3〉 자료제공자의 연령분포

출생연도	평안북도	평안남도	계
1935년 이후	1	2	3
1925~1934년	11	14	25
1915~1924년	9	6	15
1915년 이전	0	4	4

〈표 4〉 자료제공자의 가족구성

가족 수	평안북도	평안남도	계
4인 이하	2	5	7
5~7인	8	12	20
8~10인	9	7	16
11인 이상	2	2	4

당시의 경제계층을 묻는 항목에는 하류계층이었다고 응답한 사람이 9인, 중류계층이 28인, 상류계층이 7인으로 나타난다. 중류층의 사례가 전체의 60% 정도를 차지할 정도로 많다는 것은 지역의 보편적인 주거형식을 검토하기에 충분한 사례수이다. 상류계층이 상대적으로 적기는 하지만 계층적 차이를 살펴보기에 부족한 편은 아니다.

농촌지역의 경우 경작규모는 계층인식과 밀접한 관계가 있다. 계층별로 경작규모를 살펴보면 하류계층인 경우 3천 평 이하, 중류계층은 3천~3만 평, 상류계층의 경우 3만 평 이상의 규모로 나타난다. 특히 상류계층은 경작면적의 편차가 심하여 최소 26,000평에서부터 최대 350,000평에 이르기까지 사례별 차이가 크다. 특이한 것은 어느 계층이든 논보다는 밭이 더 많은 경향을 보여 준다는 것이다. 이는 평안도 지역의 지형과 관련이 있다. 함경도 접경에 이르는 동부지역은 산악지대가 많고 토양이 척박하여 논농사에 적합하지 않고, 황해 연안에 이르는 좁은 지역에 논농사가 가능한 평야지대가 있기 때문이다. 조선 후기의 기록에도 논의 면적이 밭 면적의 1/6에 지나지 않았다는 기록을 볼 수 있다.

〈표 5〉 자료제공자의 생업

생업	평안북도	평안남도	계
농업	14	15	29
어업	1	0	1
상업	2	4	6
농. 상 겸업	2	3	5
광공업	2	2	4
서비스업	0	2	2

〈표 6〉 자료제공자의 계층인식

계 층	평안남도	평안북도	계
하류	3	6	9
중류	14	14	28
상류	3	4	7

〈표 7〉 계층별 평균 경작규모

(단위: 천 평)

계 층	논	밭	기타	경작면적 계
하류	1.0	1.9	0.1	3.0
중류	1.5	5.8	0.9	8.2
상류	38	52.5	9.1	99.6

자료제공자들이 그려 준 주택은 언제 지어진 것일까? 설문지에 답한 주택의 건립연대를 보면 대부분 자신의 주택이 언제 지어졌는지에 대해 분명히 기억하고 있었다. 건립연대를 잘 모르겠다고 답한 사례는 6건으로서 전체에 13%에 지나지 않는다. 이 중에는 너무 오래되어서 기억나지 않는 경우도 있고, 이사 온 집이라서 그 주택의 연혁을 알 수 없는 경우도 있었다. 그러나 대부분의 실향민들은 최소한 10년 단위의 기억을 가지고 있었으며 심지어 정확한 연도를 기재한 경우도 있었다.

주택의 건립연대를 일제시기 이전과 일제시기, 그리고 해방 이후로 나누어 보면 일제시기에 지어진 집이 62%로서 절반 이상을 차지한다. 그러나 그 이전에 지어진 집도 20%가 넘어 조선 후기나 말기의 사례도 얻을 수 있었다. 가장 오래된 것은 평북 선천군의 박형배 씨 댁으로서 400년 전에 지었다고 하는 상류주택이다. 남한지역이라면 문화재급에 해당하는 사례이다. 1910년대 이전의 사례들은 조선 말기까지 지속된 전통형식을 보여 준다는 점에서 대단히 중요한 자료라고 할 수 있다.

　비록 일제시기에 건립된 집이라고 하더라도 1920년대 이전 농촌지역의 집들은 전통형식을 유지하는 사례가 많기 때문에 1930년대 이후의 사례와는 비교가 될 수 있다. 일제시기 중반까지 농촌에서는 주거문화의 급격한 변화가 이루어지지 않았기 때문이다. 한편 일제시기 후반에 건립된 주택들도 학문적으로는 큰 의미가 있다. 식민지화에 따르는 주택의 변화나 근대화의 영향을 살펴볼 수 있기 때문이다. 해방 이후에 건립된 사례도 2건이 나타나지만 해방 직후의 사례이기 때문에 큰 의미는 없다.

<표 8> 주택의 건립연대

건립연대	평안북도	평안남도	계
1910년 이전	6	4	10
1910~1945년	12	17	29
1945년 이후	0	2	2
미상	3	3	6

제2장

평안도의 역사와 생태환경

평안도의 역사와 생태환경

I. 평안도의 지역사

평안도 지역은 한반도의 서북지역으로서 우리 민족 국가의 기원이었던 고조선의 강역이다. 한반도에서 가장 이른 시기부터 국가문명이 시작된 지역인 셈이다. 역사에 의해 알려진 바와 같이 위만조선이 한(漢)나라에 의해 멸망한 후 이 지역에는 한나라의 식민군현인 한사군 중 하나인 낙랑군이 설치되었다. 낙랑군은 한 군현 식민통치의 중심지 역할을 했던 것으로 알려진다.

식민 지배자로서 한인들은 이 지역에 한나라의 문명과 문화를 이식시켰고, 이는 주변지역으로 영향을 확대하게 된다. 당시 중국의 한나라는 세계적인 문명국가로서 높은 수준의 문명을 가지고 있었다. 이러한 고도문명에 직접 접할 수 있었던 낙랑지역은 한반도에서 한(漢) 문화의 개항지와 같은 역할을 했을 것으로 생각된다.

압록강 유역에서 흥기한 고구려는 기원후 313년 낙랑군을 축출하고 이 지역의 지배권을 회복하였다. 고구려는 광개토대왕 대에 이르러 요동과 만주, 그리고 남쪽으로는 임진강과 한강에 이르기까지 광대한 영토를 확장하였다. 광개토왕의 뒤를 이은 장수왕은 서울을 평양으로 옮겨 새 국도를 경영했다. 평양천도는 평안도 일대가 강대한 고구려의 정치, 경제, 문화의 중심지역으로 성장할 수 있었다는 의미를 갖는다. 평양일대는 오늘날의 수도권과 같이 고대문명의 중심이었던 셈이다.

고구려는 나당연합군에 의해 멸망한다. 고구려를 멸망시킨 당나라는 평양에 안동도호부(安東都護府)를 두어 한반도 전체를 총관했지만 그 시기는 매우 짧았고 고구려의 유민들이 건국한 발해는 이 지역을 서경압록부(西京鴨綠府)에 편입시켰다. 발해의 남서부 지방으로 전락한 셈이다. 그러나 고려의 건국에 따라 이 지역은 다시 한반도의 중심지역으로 위상을 높이게 된다. 고려 성종조에 전국을 10개도로 나눌 때 이 지역은 패서도(浿西道)3)가 되었고, 11세기에 5도 양계로 구분할 때 이 지역은 북계에 속하게 된다.

하지만 고려 때까지도 고구려의 옛 땅을 모두 회복하지는 못한 채 평안북도 일대는 여진족의 영역으로 남아있었다. 조선시대에는 태조 이래 역대 왕들의 북진정책에 힘입어 한반도에서 여진족 축출이 꾸준히 추진되었다. 성종 초에 는 청천강을 넘어 박천·영변·영산·태천 등지와 압록강 하류 영안까지 회복 하게 되었다. 따라서 이 지역은 여진, 거란 등 만주에 근거를 둔 이민족과 대립 하는 군사접경지역이 된 것이다.

평안도라는 지명이 처음 사용된 것은 조선왕조 수립 이후의 일이다. 태종은 전국을 8도로 재편하면서 평양의 평(平) 자와 안주의 안(安) 자를 합쳐 평안도 라는 지명을 만들었다. 철령관의 서쪽에 있다 하여 관서(關西)지방이라고도 불 렸다. 또한 청천강을 기준으로 북쪽지역을 청북(淸北), 남쪽지역을 청남(淸南) 으로 나누었는데 이것은 1896년 전국을 13개 도로 나눌 때 평안남도와 북도가

---

3) 패수(대동강)를 끼고 서쪽에 자리 잡은 도라는 뜻에서 패서도로 명명되었다.

갈라지는 단초가 된다. 그러나 한양으로 천도한 조선왕조는 평안도를 서북지방의 변방으로 취급함으로써 역사의 중심에서 멀어지게 된다.

　응답자들이 거주했던 행정구역은 일제시기에 이루어진 것이다. 일제는 조선시기의 지방행정체제를 유지하면서 식민통치에 유리한 중앙집권적 행정체계를 수립하였다. 일제 말기에 평안북도는 1개부(신의주) 19개 군으로 되어 있었으며, 평안남도는 2개부(평양, 진남포부), 14개 군으로 관할되었다. 평안북도의 장계군, 자성군, 후창군, 위원군, 초산군, 회천군 등이 새로 설립되는 자강도에 편입된 것은 해방이후인 1949년의 일이다.

　이로써 응답자들이 거주할 당시의 행정구역은 평안남도의 경우 평양시와 진남포시 등 2개의 시와 대동군, 강서군, 룡강군, 중화군, 강동군, 성천군, 양덕군, 평원군, 안주군, 개천군, 순천군, 덕천군, 맹산군, 녕원군 등 14개 군으로 이루어진다. 평안북도의 경우 신의주시를 비롯하여 의주군, 구성군, 태천군, 운산군, 녕변군, 박천군, 정주군, 선천군, 철산군, 룡천군, 삭주군, 창선군, 벽동군, 강계군, 자성군, 후창군, 위원군, 초산군, 희천군 등 19개 군으로 이루어진다.[4]

---

4) 행정구역의 변화에 대해서는 아래 책을 참조하였다.
　조선과학백과사전출판사 편, 『조선향토대백과』 3권 평안남도, 5권 평안북도, 평화문제연구소, 2005.

〈그림 1〉 1945년 말 평안도의 행정구역

2. 평안도의 지형과 기후

평안도는 북쪽으로 압록강을 경계로 중국과 접하고, 동쪽으로는 함경도와 경계를 이루는 낭림산맥, 서쪽으로는 서해와 접하는 연안지역이다. 동쪽은 높은 산악지대를 이루고 서쪽으로는 점차 낮아져 평야지대를 이루는 동고서저의 지형을 가지고 있다. 그러나 산악지대라고 해서 고산이 많은 편도 아니고, 산지 면적이 넓은 편도 아니어서 전체적으로는 저산성 구릉지대라고 할 수 있다.

평안북도의 경우 산지는 72%, 평야는 28% 정도로 평야보다는 산지가 많다. 그러나 평균해발이 227m이고 해발고도 200m 이하의 지역이 전체의 57%에 이르러 전체적으로 낮은 구릉지를 형성한다. 높은 산은 동북쪽, 즉, 낭림산맥 부근에 집중 분포하며, 서해안 쪽으로는 넓은 평야지대가 연안을 이룬다. 평안남도와의 경계는 산이 아니라 청천강으로 구분되어 예로부터 청남과 청북이라는 지역구분이 이루어졌다.

평안북도를 지형으로 구분하면 대략 4지역으로 구분된다. 첫째는 연안지역으로서 압록강 하구에서 남쪽으로 용천·철산·선천·정주군 등이 포함된다. 이 지역은 서해에 접한 낮은 구릉지대로서 하천에 의한 비옥한 충적평야가 넓게 펼쳐진다. 둘째는 압록강사면지역으로서 압록강에 면하는 의주·삭주·창성·벽동·초산·위원의 6개 군이 여기에 포함된다. 하류지역에서는 신의주평야라는 넓은 평야지대가 형성되지만 상류에서는 작은 골짜기에 작은 평야가 주민들의 생산지와 거주지를 이룬다. 셋째는 자강고원지대로서 현재 자강도로 편입되어 있는 압록강 상류지역에 해당한다. 이 지역은 개마고원의 서쪽지역으로 높고 험준한 산악이 중첩된 고원지대이다. 원시냉대림이 발달하여 우리나라 임업의 대종을 이루는 압록강 삼림지대가 바로 이곳이다.

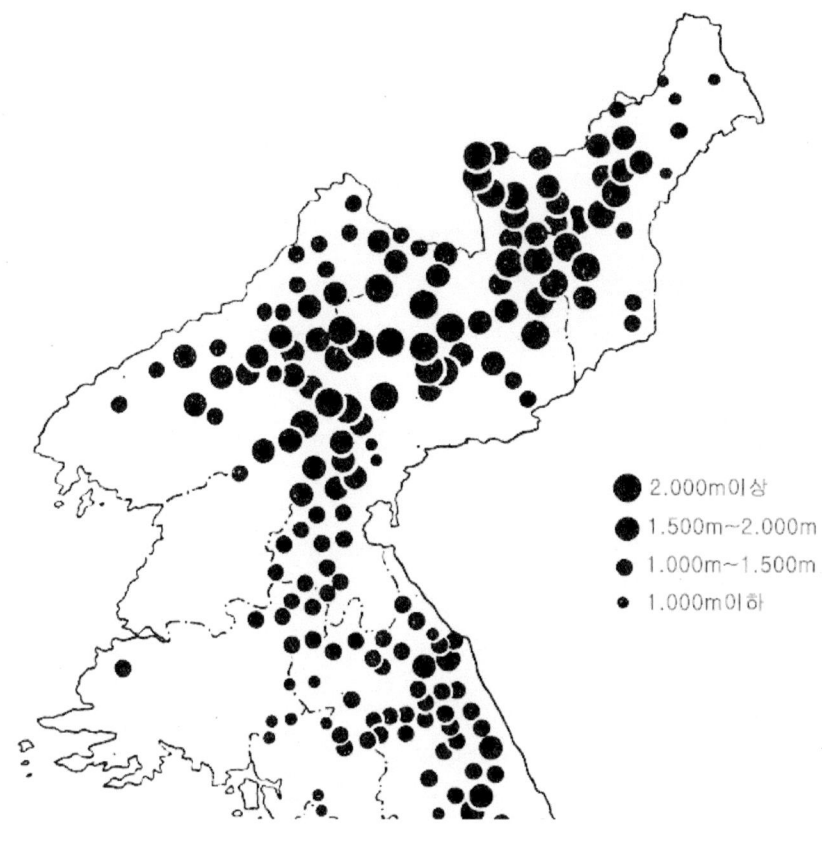

〈그림 2〉 북한 지방의 산악분포5)

평안남도 역시 동쪽으로 낭림산맥을 경계로 함경남도와 접경을 이룬다. 1,000m 이상의 고산들이 이어지는 영원·맹산·양덕군은 내륙 고산지대의 성격을 갖는다. 함경도와 접경지대이기는 하지만 통로가 고산지형이라 예로부터 통행이 어려웠다. 이는 함경도와 평안도의 지역문화 차이를 뚜렷하게 만드는

---

5) 지지편찬위원회, 『한국지지』, 국립지리원, 1980, 167쪽.

배경이 되기도 했다. 묘향산맥이 지나는 영원·덕천군 일대와 언진산맥 부근의 성천·강동·중화군 또한 산간지대를 형성한다.

그러나 서쪽으로 가면서 지형은 점차 낮아지고 서해안과 청천강, 대동강에 이르는 넓은 평야지대를 갖는다. 인구 또한 황해연안 평야지대에 집중되어 평양이나 진남포 같은 대도회지가 형성되었다. 도내에서 대동강 유역면적이 차지하는 비율은 78.6%이지만 전체적으로는 산지가 많아 논보다는 밭농사가 주류를 이룬다. 지역적으로 보면 동부산악지대에는 밭이 많고 서부 평야지대에는 논이 많은 경작형태가 이루어진다.

기후도 지형적 조건에 따라 차이가 있다. 평안도는 한반도의 북단으로서 남부지역에 비해 겨울이 길고 추운 지역이다. 전반적으로는 대륙성기후의 특징을 가지고 있으나, 평안도는 특히 냉대 기후구에 속한다. 다만 지형적 요인에 따라 평안도 안에서도 지역적 차이가 나타난다. 평안도를 기후적 특성에 따라 지역별로 나누어 보면, 현재 자강도 일대의 개마고원지대와 낭림산맥 서사면에 해당하는 북부 내륙형 그리고 황해연안에 이르는 북부 서안형으로 나누어진다.[6]

1) 개마고원형

가장 북쪽에 위치한 개마고원은 한국의 지붕이라 불리는 높은 지역이다. 따라서 내륙의 대륙성 기후지역이며 월평균기온 0도 이하의 달이 5개월 이상이나 된다. 1월 평균기온은 영하 14도에서 영하 20도에 이르고, 7월 평균기온은

---

6) 김광식외 14인, 『한국의 기후』, 일지사, 1982, 95-98쪽.

20~24도이며 연평균은 2~6도 내외이다. 기온의 연교차는 40도를 넘어 심한 대륙성 기후의 성격을 갖는다. 강수량은 연간 600~800mm에 불과할 만큼 비가 적어 농업에 불리한 지역이며, 식물분포 상으로 아한대침엽수림이 무성하여 임산자원의 보고를 이룬다.

2) 북부 서안형

낭림산맥 서사면 중북부 서안에 면한 지역으로서 대체로 평야를 북에서부터 연결하는 평북의 삭주로부터 영변, 황해도의 신막을 잇는 지역으로서 동쪽으로는 내륙형과 경계하며 남쪽은 멸악산맥을 경계로 중부지방과 구분된다. 겨울철 북서 계절풍의 영향을 심하게 받아 연평균 기온 9~11도, 1월 평균기온 영하 8~10도로서 같은 위도의 동해안지방에 비해 춥다. 반대로 여름철에는 동해안지역보다 평균기온이 약간 높다. 강수량은 1,100~1,300mm로 우리나라 3대 다우지역의 하나가 된다.

3) 북부 내륙형

북부서안형의 내륙 쪽 지역으로 낭림산맥 서쪽의 높은 산지나 구릉지역이다. 이 지역에는 북서계절풍이 강하게 불고 평균기온은 8~10도로 해안지역보다 낮고 특히 겨울철 기온이 낮다. 연강수량은 1,000~1,100mm로 비교적 많은 지역이다. 일조율은 62~63%가량이 되어 우리나라에서 가장 높기 때문에 산악지역이면서도 감자, 조, 옥수수, 콩 등의 생산량이 많다.

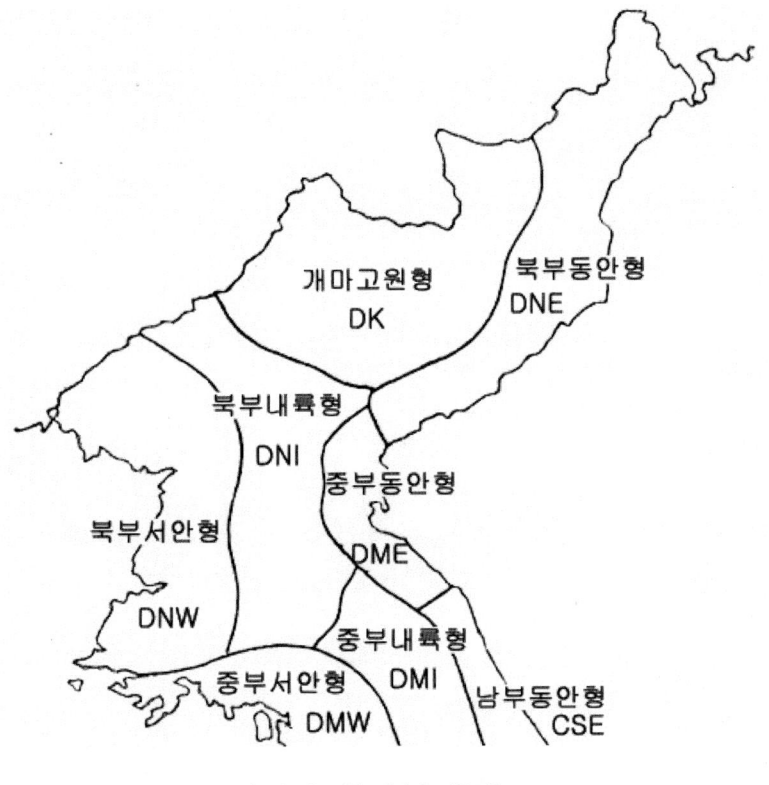

〈그림 3〉 북한 지방의 기후구[7]

3. 평안도의 마을과 생업

평안도는 한반도의 다른 지역에 비해 농토가 적고, 척박하여 농업생산이 풍부하지 못했다. 특히 동북 산악지대는 높은 산과 고원으로서 소수의 화전민을

---

7) 지지편찬위원회, 『한국지지』, 국립지리원, 1980, 238쪽.

제외하고는 거의 사람이 살지 않는 지역이었다. 그러나 서해연안지대는 중국으로 통하는 교통로로서 상업이 발달하고 중국문물을 쉽게 접할 수 있었던 지역이었다. 한편 북쪽은 국경지대로서 군사기지가 많이 주둔해 있었다. 조선후기 실학자인 이중환은 그의『택리지(擇里志)』에서 평안도의 생태환경을 다음과 같이 기술하였다.

"대개 청천강 이남을 청남이라고 하는데 지형이 동서로 좁고, 이북은 청북이라고 하는데 지형이 동서로 뻗쳐 매우 넓다. 온 도가 동쪽으로는 등마루(백두대간)와 가까워서 산이 많고 평지가 적으며, 또 (논밭에) 물을 댈 만한 시냇물이나 못물이 모자란다. 그래서 논이 아주 적고, 들에는 모두 밭농사를 짓는다. 기씨(기자조선)와 고씨(고구려)가 한창이었을 때는 땅이 좁고 백성은 많아, 산을 깎아 개간한 곳이 많았다. 그러나 그 뒤 여러 차례 청나라 군사들에게 쫓겨나, 땅이 많이 황폐해졌다. 게다가 왕씨(고려)가 통일한 뒤에는 백성들이 삼남지방으로 많이 내려가 지금은 들은 넓고 사람은 드물어졌다. 산에 농사짓는 곳이 적다.
서쪽으로는 바다와 가까운 여러 고을에서 조수를 막아 논을 만든 곳이 많다. 그러나 밭보다는 적으므로, 온 도의 쌀값이 삼남보다 늘 비싸다. 민간에서는 뽕과 마를 심어 베짜기를 일삼고, 생선과 소금은 아주 귀하다. 비록 바닷가에 있는 고을이라도 소금을 굽는 곳이 많지 않다. 이 지방에서는 대나무, 감, 닥나무, 모시가 생산되지 않는다. 청북은 지대가 높고 추우며 북쪽 국경과 가까워, 역시 꽃과 과일이 없고 물산도 매우 적다. (그러므로) 백성들이 매우 게으르고 구차하게 산다. 오직 평양과 안주 두 고을만 큰 도회지인데, 시장에 중국물산이 많다. 장사치로 사신을 따라 (중국에) 오가는 자들은 늘 큰 이익을 얻어 부유하게 된 자들도 많다. 청남은 내지와 가까워서 문학을 숭상하는 풍속이 있지만, 청북은 풍속이 어리석어 무예를 숭상한다. 오직 정주에서만 과거에 오른 문사들이 많이 나왔다.[8]"

---

8) 이중환(허경진역),『택리지』, 한양출판, 1996.10, 37-38쪽.

이처럼 농업생산을 중시했던 근대 이전 평안도는 함경도, 강원도와 더불어 척박한 땅으로 인식되었다. 산악지대가 많고 토양이 척박하여 농업생산이 발달하지 못한 탓이다. 국조보감에 "하삼도(下三道)는 논이 기름진 곳이 많은 대신 척박한 곳은 적고, 경기·황해도는 기름지고 척박한 곳이 각기 절반이고, 강원도·함경도·평안도는 척박한 곳이 더 많다"[9]는 기록을 볼 수 있다.

조선 후기의 경작지 면적으로 보면 강원도, 함경도에 이어 세 번째로 작고, 황해도의 절반 정도에 지나지 않았다. 숙종조에 조사된 경작지 면적을 보면 "경기는 밭이 6만 1,862결, 논이 3만 9,394결이고, 충청도는 밭이 16만 528결, 논이 9만 4,680결이고, 전라도는 밭이 19만 4,167결, 논이 18만 2,992결이고, 경상도는 밭이 19만 354결, 논이 14만 6,424결이고, 황해도는 밭이 10만 2,475결, 논이 2만 6359결이고, 평안도는 밭이 7만 1,958결, 논이 1만 8,846결이고, 함경도는 밭이 5만 6,212결, 논이 5,031결이고, 강원도는 논밭이 4만 4051결이었다. 도합 논밭 139만 5,333결이었다."[10] 경작지 면적이 적었을 뿐만 아니라 논보다는 밭이 많았음을 알 수 있다.

그러나 경작지 면적에 비해 인구는 많았다. 쌀값이 삼남에 비해 늘 비싸다는 이중환의 기술은 생산량에 비해 인구가 많았던 당시의 상황을 설명해 준다. 18세기에 조사된 호구 수[11]를 보면 평안도는 호가 29만 6,433호, 구가 127만 4,405구로서 전국에서 경상도(호가 36만 2,131호, 구가 156만 8,880구) 다음으로 많은 인구를 가지고 있었다. 인구의 대부분은 논농사가 이루어지는 황해연안 평야에 집중되었다. 내륙은 산악지대로서 농지가 적을 뿐만 아니라 화전 농업이 주류를 이루어 인구밀도가 낮기 때문이다. 조선초기의 인구밀도를 보면 현

---

9) 『국조보감』 제38권, 효종조2, 4년(1653).

10) 이유원(1814~1888), 『임하필기』 제21권 문헌지장편(文獻指掌編) 숙종조의 결총.

11) 이유원(1814~1888), 『임하필기』 제20권, 문헌지장편(文獻指掌編), 호구(戶口).

재 자강도 일대에는 거의 사람이 살지 않고, 청천강, 대동강 하구에 펼쳐진 평
야지대에 집중된 것을 볼 수 있다<그림 4>.

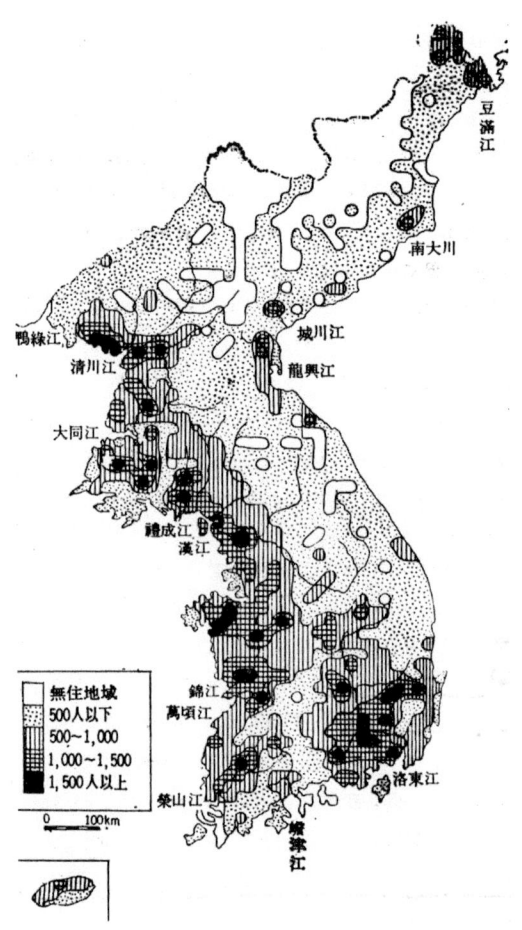

無住地域
500人以下
500~1,000
1,000~1,500
1,500人以上

0 100km

〈그림 4〉 조선초기의 인구등밀도선도[12]

---

12) 오홍석, 『취락지리학』, 교학사, 1980, 132쪽.

이러한 생태환경의 차이는 생활양식과 직결되게 마련이다. 생태환경의 차이로 평안도 지역을 구분한다면 행정구역의 구분과는 관계없이 기후구나 지형차이와 유사하게 나누어진다. 즉, 황해 연안의 평야지대와 낭림산맥의 고산지대, 그리고 그 사이에 내륙 구릉지대라고 할 수 있다. 각 지역은 역사적 경험과 더불어 독특한 생태환경을 기반으로 지역마다 독특한 생업조건, 생활양식 및 거주환경을 가지게 된다.

먼저 황해 연안의 평야지대는 압록강, 청천강, 대동강을 비롯한 큰 강들의 하구로서 비옥한 충적토의 평야로 형성된다. 넓은 평야와 풍부한 농업용수를 기반으로 농업이 발달해 왔다. 평안도 전체로 보면 논보다는 밭이 훨씬 많지만 그나마 논농사가 발달한 곳은 이 지역이다. 해안지역에서는 간척사업을 통해 농토를 확보하고 논농사를 짓기도 했다. 물론 해안지역이기에 풍부한 해산물이 생산되는 지역이기도 하다. 평안도 인구의 대부분은 이곳에 집중되어 있고 예로부터 읍성취락이 발달한 곳이다. 역사 이래 수도급의 대도시가 소재했으며, 중국과 한반도를 연결하는 가장 중요한 교통로이기도 했다. 국제적 교통로에 입지한 대도시에서는 상업이 발전하기 마련이다.

이러한 지정학적 특성은 조선중기 허목의 관서지에서 잘 나타난다. "패왕(霸王)이 번갈아 도읍하던 곳이었고 오민[五民 사(士)·농(農)·공(工)·상(商)·고(賈)]이 모여들던 곳이었다. 패수 서쪽은 부유하고 화려함을 숭상하였으며 특출한 인물이 많았다. 용만(龍灣 의주)과 안삭[安朔, 삭녕(朔寧)]은 중국으로 가는 길목이며 물화(物貨)가 많이 유통되는 곳이기도 하며, 특산물은 사(絲)·마(麻)·염(鹽)·철(鐵), 그리고 여러 종류의 해산물 등이다. 만년(萬年)과 청새(青塞)의 동쪽에서는 인삼·칠(漆)·초낱(貂豽)과 피혁(皮革) 등의 특산물을 바쳤다"[13]고 기술했다.

그러나 조선시대 이후 평안도는 이민족과 경계를 이루는 서북변방으로 취급되어 중앙정계로부터 소외되었다. 조선 후기 실학자인 성호 이익은 "서북 삼도(西北三道 황해도·평안도·함경도)의 출신은 써 주지 않은 지가 벌써 4백여 년이 되었다"[14]라고 개탄하였다. 변방이기는 하지만 중국과 통하는 주교통로이기도 했다. 늘 사신이 오가는 길목이기에 중국문화에 쉽게 접할 수 있었고, 역관들도 이 지역 출신들이 많았다.

이들은 조공무역에 참여함으로써 일찍부터 상업이 발달하는 데 기여했다. "장사치로 사신을 따라 (중국에) 오가는 자들은 늘 큰 이익을 얻어 부유하게 된 자들도 많다"는 이중환의 설명은 바로 이러한 정황을 반영해준다. 한편 국경지역에서 이루어지는 국제무역을 바탕으로 만상과 같은 거대 상단을 성장시키기도 했다. 이에 조선시대까지도 이 지역은 물산이 풍부하고 번성한 지역으로 인식된다. 이유원은 『임하필기』에서 "관서(關西)는 번화한 지역에 위치하여 풍속이 과장된 것이 많다"[15]고 표현했다. 송시열도 "평안도는 본래 번화한 곳으로서 사람들이 성색(聲色)을 즐겼다"[16]고 설명했다. 모두 연안 읍성지역의 번성한 모습을 설명한 것이다.

국제교통로서의 지역특성은 일제시기에까지 이어진다. 1905년 경의선 철도 부설에 따라 이 지역의 읍성도시들은 서울에서 만주로 통하는 철도교통의 거점으로 되었고, 근대문물을 하역하는 정거장이 되었다. 일제시기를 거치면서 공업화에 의한 이 지역의 인구집중은 더욱 고조되었다. 일제는 이 지역의 풍부한 석탄을 약탈하기 위해 대규모 탄전을 개발했고, 이는 평남 북부탄전지대를

---

13) 허목 (1592~1682), 『미수기언』 제48권, 속집 사방2, 관서지.

14) 이덕무(1741~1793), 『청장관전서』 제60권 앙엽기 7.

15) 이유원(1814~1888), 『임하필기』 제31권 순일편(旬一編) 각도(各道)의 풍속.

16) 송시열(1607~1689), 『송자대전』 제208권, 행장.

형성하게 된다. 풍부한 석탄생산은 화력발전소 건설의 견인차 역할을 담당했으며, 해방 이후 공업지대로 성장하는 기반이 되었다. 이에 따라 전통적인 읍성도시였던 의주, 남포, 평양 등은 급속한 산업화의 영향에 따라 인구가 밀집된 근대도시로 변모하게 된다. 응답자들이 월남전 마지막으로 거주했던 평안도 대도시의 모습은 바로 일제시기 근대도시의 거주환경을 반영하고 있다.

평안도라고 해서 동일한 생태환경을 갖는 것은 아니다. 평안도에서도 북부 압록강 연안과 중부 내륙지방은 해안지방과 크게 차이를 이룬다. 비록 저산성 구릉지이기는 하나 평야가 적어 논농사가 적고 밭농사를 위주로 하는 경작형태를 취하게 된다. "온 도가 동쪽으로는 등마루(백두대간)와 가까워서 산이 많고 평지가 적으며, 또 (논밭에) 물을 댈 만한 시냇물이나 못물이 모자란다. 그래서 논이 아주 적고, 들에는 모두 밭농사를 짓는다"는 이중환의 설명은 이 지역의 생태환경을 잘 묘사했다.

구릉지를 이용한 화전농이 많은 것도 이 지역의 특징이다. 조선중기 이후 북방지역은 전쟁을 피하기 위한 피난처로서, 정쟁에서 밀려난 사람들의 유배지나 도피처로서, 가산을 탕진한 유민들의 새로운 개척지로서 인구가 유입되고 산지까지 개척이 이루어졌다. 평안도의 고산지대는 변방으로서 안전하게 은거할 수 있고, 토지가 사유화되어 있지 않아 개간할 수 있는 여유가 많았기 때문이었다. 더욱이 산지는 폐쇄적 공간 속에서 식량, 연료, 음료수 등이 갖추어져 저차원의 자급경제가 실현될 수 있을 뿐 아니라, 감자, 옥수수, 약초의 재배에 적합한 땅임을 알게 되면서 평지의 영세농민에게 인기가 높아갔던 것이다.

고산지대나 고원지대에 정착한 사람들은 주로 화전을 일구어 생활의 수단으로 삼았다. 1928년의 화전민을 지역분포로 볼 때 북부지방이 80.1만 명, 중부지방 37.5만 명, 남부지방이 6.3만 명이며, 그 가운데서도 북부지방은 전체의 70% 이상을 점유하여 화전경작의 집중지역으로 알려지고 있다. 화전이라는 생산양식은 마을의 형성에도 큰 영향을 미치게 된다. 논농사를 짓는 평야지대와는 달리 가옥밀도가 낮은 이른바 산촌형(散村型) 마을이 만들어지는 것이다.

　논농사를 짓는 지역에서는 수리관개, 못자리, 모내기, 김매기, 수확에 이르기까지 같은 시기에 해야 할 공동작업과정이 많다. 또한 평야지대는 논이 연속하여 펼쳐 있어서 집거를 하는 형태가 유리하다. 이에 반하여 밭농사를 짓는 지역에서는 농경지 자체가 구릉과 산지 완사면에 분산되어 있을 뿐만 아니라 농작물이 다양하고 작업내용과 과정도 다양하여 공동작업보다 개별 작업이 가능하다. 이에 많은 가구가 모여 사는 집거(集居)의 필요성이 적은 것이다.

　수렵과 화전에 의존하는 생업형태는 낭림산맥의 고산지에 이르면 더욱 현저하게 나타난다. 북쪽으로는 자강고원지대로서 현재 자강도로 편입되어 있는 압록강 상류지역에 해당한다. 이 지역은 개마고원의 서쪽지역으로 높고 험준한 산악이 중첩된 고원지대이다. 원시냉대림이 발달하여 우리나라 임업의 대종을 이루는 압록강 삼림지대가 바로 이곳이다. 평안남도에서도 역시 동쪽으로 낭림산맥을 경계로 함경남도와 접경을 이룬다. 1,000m 이상의 고산들이 이어지는 영원·맹산·양덕군은 내륙 고산지대의 성격을 갖는다.

　이 지역은 역사적으로 오랫동안 이민족(주로 여진족)과 지배권을 다투는 지역이었고 정주환경이 열악했기에 거의 사람이 살지 않는 무주(無住)지역으로 남아 있었다. 주로 유민들의 은신처로서 소수의 사람들이 들어와 수렵이나 약초채집에 의존해 살아가고 있었다. 조선시대 이 지역의 토산품이었던 사(絲)·삼[麻]·담비[貂]·청서(靑鼠)·동철(銅鐵)·인삼·화피(樺皮)·지치[紫草]·꿀

등은 이 지역의 생업형태를 잘 설명해 준다. 따라서 이 지역의 거주환경은 좁은 골짜기를 따라 주호밀도 낮은 산촌(散村) 형식을 취하게 되며, 폐쇄적·방어적 형태의 주거공간이 만들어졌다.

이 지역은 험준한 산악지대로서 거주환경에 적합하지는 않았지만 삼림자원의 보고이기도 했다. 원시냉대림이 발달하여 풍부한 목재를 생산할 수 있었기에 일제시기에는 남벌의 대상이 되기도 했다. 현재 자강도에 편입되어 있는 개

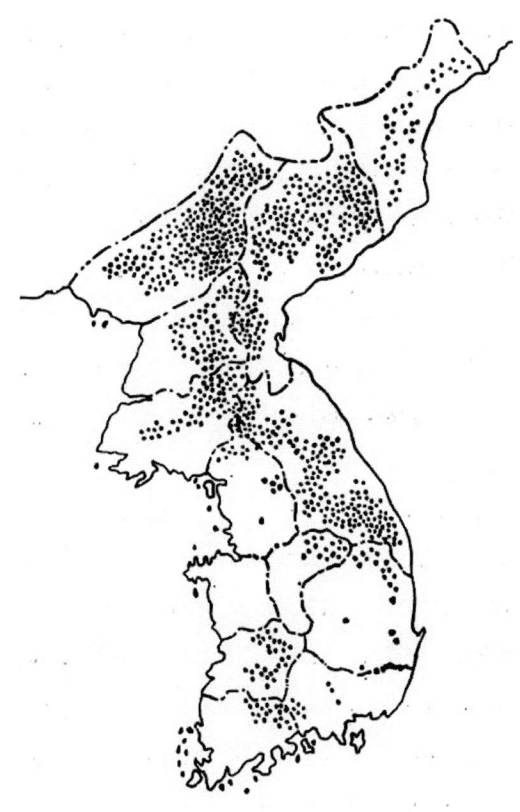

〈그림 5〉 1920년대 화전민의 분포도[17]

마고원 일대와 평북의 벽동, 창성, 동창, 운산 그리고 천마산 줄기의 삭주, 대관, 천마 일대는 가장 좋은 임상을 갖는 지역으로 알려진다. 평안남도에도 대흥, 덕천, 양덕군 등이 임산기지들로 사용되고 있다.

　여기에서 생산되는 목재들은 주로 갱목으로 많이 사용되었는데 그 이유는 이 지역이 지하자원의 매장지역과 겹치기 때문이다. 일제시기부터 대규모 광산개발이 이루어지고 여기에 필요한 갱목들을 현지에서 생산되는 목재로 사용하는 일이 많았다. 따라서 광산촌과 목재가공을 겸하는 산지촌락이 형성되기도 했다. 지리학자 오홍석은 근대 광산촌의 형성과정을 다음과 같이 설명했다.

　　"농업경제 중심의 사회조건에서 방치되었던 부재공간이 근대적인 산업기술의 도입과정에서 거주지로 변모하게 된 것이다. 거주지로 변모되었다는 것은 경제활동과 생활이 공존하는 취락이 성립되어 갔음을 의미하며, 이들 취락은 입지상의 산촌(山村), 기능상의 광산촌으로 분화되면서 고유한 개성을 지녀 갔다. 입지상으로 보아 근세사회에서 이미 화전을 경작하는 산촌과 중복된 바 없지 않으나 화전취락이 불법적이고 고립된 생활공간을 이루었다면 광산촌은 다분히 계획적인 것이며, 집단거주의 성격을 띠었던 것이다."[18]

---

17) 오홍석, 『취락지리학』, 교학사, 1980, 153쪽.
18) 앞의 책, 157-158쪽.

제3장

평안도 옛집의 유형과 성격

평안도 옛집의 유형과 성격

1. 평안도 옛집에 대한 지금까지의 연구들

한반도의 옛집은 지역에 따라 어떻게 다를까? 한국의 전통 주거를 지역별로 분류하여 그 성격을 연구하기 시작했던 사람들은 일제시기 일본인들이었다. 일본인 학자들의 연구는 일부 학문적 호기심도 있었지만, 주로 조선총독부의 식민지 통치를 위한 시정자료를 얻기 위해서였다. 그들이 조사한 대상도 주로 철도연변을 따라 채집한 것으로서 그 내용도 거의 견문기와 같은 피상적 이해 수준이었다.[19] 그러나 이러한 자료들이 축적되면서 학문적 분석과 해석이 이루어지고 이론적 체계를 수립함으로써 한국 전통민가의 성격에 대한 학문적 토대를 만들게 된다.

집의 성격에 따라 한반도 전 지역을 가장 먼저 구분했던 사람은 岩槻善之(1924)이다. 그는 평안도 일대를 서선형(西鮮型)이라고 구분하고 다음과 같이 집의 성격을 설명했다. "방은 일렬로 되어 있어서 전체가 일자형(一字型)으로 되어 있다. 대청은 어떠한 대저택에서도 설치하지 않는다." 즉, 살림채의 평면

---

19) 조성기, "한국남부지방의 민가에 관한 연구", 영남대 박사논문, 1985, 3쪽.

형태가 일자형이라는 점이 중부지방의 ㄱ자형과 다르다는 사실을 알아낸 것이다. 남부지방, 즉 남선형(南鮮型)도 일자형이지만 대청이 있다는 점에서 차이를 두었다.

그러나 남부지방의 집이라고 해서 반드시 대청이 있는 것은 아니었다. 오히려 서민주거에서는 대청이 없는 집이 많기 때문에 살림채의 평면형태만으로 서선형과 남선형을 구분하기에는 무리가 있었다. 이에 野村孝文(1938)은 경성형(京城型)과 중선형(中鮮型)을 합하여 도회형(都會型)으로 보고, 남선형과 서선형을 통합하여 일반형으로 보았다. 그는 북선형(함경도 지역)에 대해 방이 전자형(田字型), 용자형(用字型)으로 배치된 점을 특징으로 들었고, 일반형에 대해서는 방이 일자형으로 배치된 평면으로서 북선, 제주도를 제외한 한반도 전 지역에 분포되어 있는 한국민가의 기본형이라고 생각하였다. 도회형의 특징은 방과 방 사이에 마루를 갖고 있는 것이라고 하였다. 그의 분류법에 의하면 평안도는 특별한 지역적 특성이 있는 것이 아니라 한반도에 널리 분포되어 있는 일반형으로 본 것이다.

그러나 일본학자들은 주거 전체를 본 것이 아니었다. 그 일부인 살림채 건물만을 보고 그 성격을 이해하려 했다는 데서 한계가 있었다. 이러한 분류방식은 일본의 민가를 분류하는 방식에서 비롯된다. 일본의 민가는 대부분 1동의 건물에 모든 주거공간을 수용하는 집중형식이기 때문에 창고나 축사 등 부속건물들의 존재는 그리 중요하지 않았다. 일본민가에도 분동형(分棟型)이라는 형식이 있지만 이는 한 건물에 지붕만 분리한 형식일 뿐이다. 따라서 일본민가의 지역적 분류는 대부분 살림채 건물의 평면형식을 기준으로 이루어졌다[20].

이 같은 분류방식은 그들이 이웃나라의 주택을 이해하는 데에도 그대로 적

---

20) Kazuo Nishi & Kazuo Hozumi, *What is Japanese Architecture?*, Kodansha International Ltd., 1985, pp.84-85.

용되었다. 조사지표에 부속건물이 포함되어 있기는 하지만 독립적으로 설명될 뿐 주건물과 어떤 관계를 가지고 있는지 파악한 사례는 보기 드물다. 일제시기 한국민가를 조사 연구한 일본인 학자들 또한 살림채와 부속채 전체를 포함하여 그 배치방식을 분류한 학자는 없었다.

그러나 이와 같은 분류방식은 해방 이후까지 지속되었다. 이영택[21]은 전국을 중부형, 남부형, 관서형, 관북형으로 나누었고 평안도 지방인 관서형(關西型)에 대해 일자형이 과반수이고 ㄴ자형, ㄷ자형도 있다고 설명했다. 이 지역 민가의 살림채가 일자형(一字型)만이 아니라 ㄴ자형, ㄷ자형도 있음을 알아내었으나, 이 역시 살림채의 평면형태만을 분류기준으로 삼은 것이다.

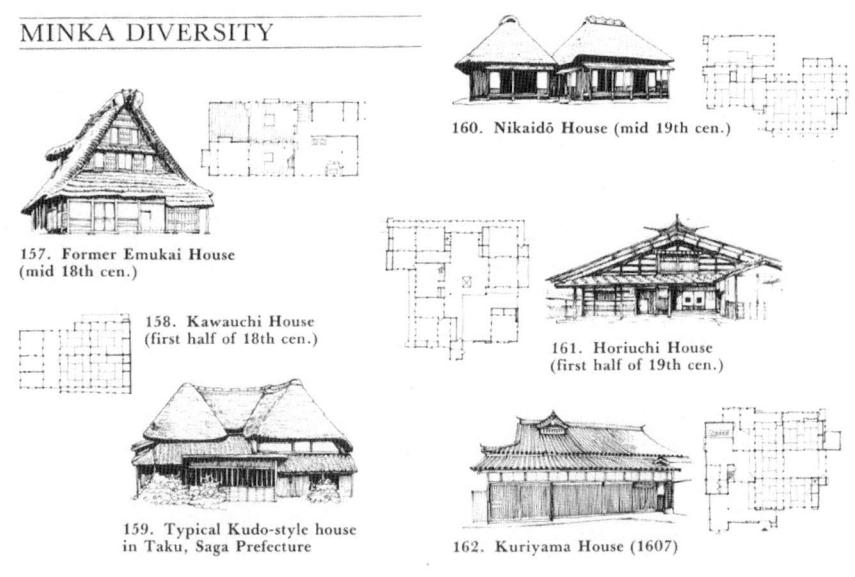

MINKA DIVERSITY

157. Former Emukai House (mid 18th cen.)

158. Kawauchi House (first half of 18th cen.)

159. Typical Kudo-style house in Taku, Saga Prefecture

160. Nikaidō House (mid 19th cen.)

161. Horiuchi House (first half of 19th cen.)

162. Kuriyama House (1607)

〈그림 1〉 일본민가의 분류방식

---

21) 이영택, "평면구조상에서 본 한국의 가옥분포", 지리 1-1, 한국지리교육회, 1965.

    1980년대에 들어 전통민가를 연구하는 학자들은 살림채의 공간을 배열하는 방식에 주목하기 시작했다. 살림채가 같은 일자형이라도 그 안에 공간이 한 줄로 배열되는 지역이 있고, 두 줄 이상 겹으로 배열하는 지역이 있다는 사실에 주목한 것이다. 이에 따라 공간이 한 줄로 배열되는 집을 '홑집', 혹은 '외통집'이라 하고, 두 줄 이상으로 배열되는 집을 '겹집', 혹은 '양통집'이라 구분하였다.

    이러한 두 유형이 지리적으로 어떻게 분포하는가를 연구하는 데 몰두했다. 지리학자인 장보웅[22]은 홑집을 '단열형(單列型)'이라 하였고, 겹집을 '복열형(複列型)'으로 명명하였다. 그는 함경도와 강원도 및 경상북도 북부지역, 그리고 제주도를 복열계열로 보고, 나머지 지역을 단열계열로 구분하였다. 민속학자인 김광언[23]은 황해도를 겹집계열에 포함시켰을 뿐 분류방법은 동일했다. 즉, 한국의 전통민가를 겹집과 홑집의 두 계통으로 나누었다는 점에서는 차이가 없었다.

    그러나 이들은 한국의 옛집이 지역에 따라 건물구성부터 다르다는 사실에 주목하지 못했다. 북부지역 특히 함경도 지역의 주택들은 모든 공간이 살림채 안에 집중됨으로써 살림채 1동으로 주택을 만드는 단동(單棟)형식이 일반적이지만, 남부지방에서는 한 주택 안에 여러 건물을 짓는 다동(多棟)형식이었다. 북부지방에서는 외양간을 비롯한 사육공간이나 방앗간, 고방과 같은 작업 및 수장 공간도 살림채 안에 두지만 남부지방의 주택에서는 이를 살림채에 두는 경우는 거의 없다. 남부지방에서 살림채는 거의 침실로만 구성되며, 외양간이나 방앗간 등 부속공간은 별도의 건물을 지어 사용하는 것이다.

---

22) 장보웅, 『한국의 민가연구』, 진보제, 1986.
23) 김광언, 『한국의 주거민속지』, 민음사, 1988.

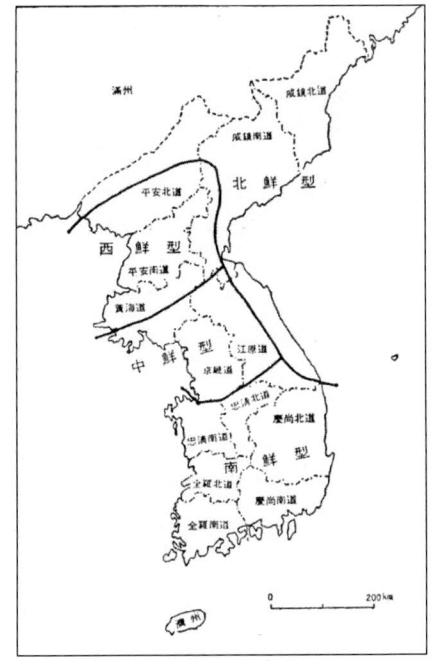
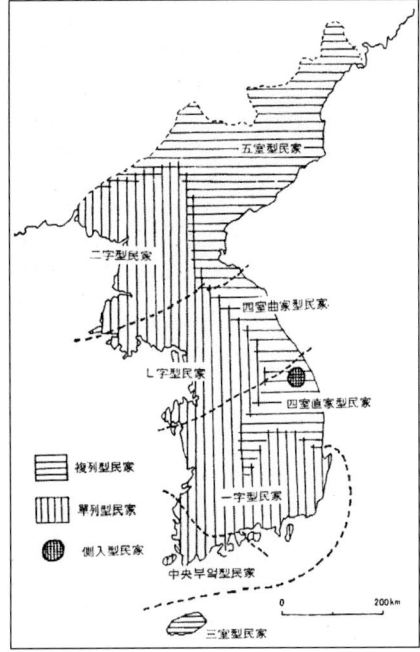

〈그림 2〉 岩規善之의 분류(1924)　　　　〈그림 3〉 장보웅의 분류(1981)

　　이에 남부지방에서는 비록 소농계층이라도 최소한 2채 이상의 건물이 있으
며 경제력이 높아질수록 비록 살림채 규모는 작지만 부속건물수가 증가하는
경향을 보여 준다. 한편 부속채에 침실을 두는 경우도 많기 때문에 살림채와
부속채의 관계는 대단히 중요한 의미를 갖는다. 남부지방의 대목들은 '살림채
(큰채, 위채)가 주인이고 부속채(아래채, 초당채)는 하인이기 때문에 살림채보
다 위에 있거나 높아서는 안 된다'고 할 정도이다. 또한 부속채는 살림채의 앞
을 막지 않도록 직각으로 배치되는 것이 원칙이었다.
　　심지어 부속채가 살림채보다 큰 경우도 많다. 남부지방의 경우 살림채가 홑
집 4~5칸이 보통인데, 부속채는 겹집으로 6~8칸을 갖는 경우도 있다. 따라서

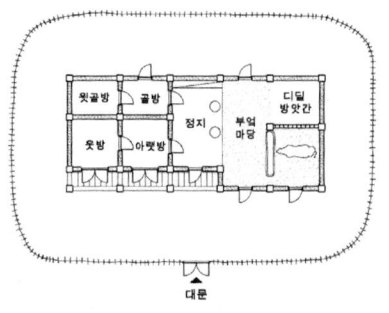

〈그림 4〉 함경도 중농주거의 배치평면사례   〈그림 5〉 남부지방 중농주거의 배치평면사례

살림채만 보아서는 경제력을 알 수 없을 정도로 부속채는 중요한 의미를 갖는다. 만일 살림채만 가지고 비교한다면 북부지방의 주택은 남부지방보다 훨씬 크고 공간의 수도 많기 때문에 더 부유한 집으로 오해될 소지마저 있다.

또한 종래의 분류방법은 지역적 특징과 차이를 정확히 설명하기 어려운 방법이었다. 북부지방의 주택은 모든 공간을 살림채에 집중시키는 집중형으로서 보온과 방어에 유리한 주거형식이다. 이에 비해 남부지방의 주택은 넓은 안마당을 두고 여러 건물에 공간을 분산 배치하는 분산형으로서 통풍과 채광, 환기에 유리한 주거형식이다. 살림채의 평면형태만 가지고는 이러한 특징을 설명하기 어렵기 때문에 분류의 의미가 없었던 것이다.

평안도의 집에서 부속채와 살림채의 배치가 특징적이라는 사실에 주목한 사람은 리종묵(1961)을 비롯한 북한 학자들이다. 리종묵은 집의 형식을 먼저 구분하고 그 분포지역을 분석했는데, 평안도 지역에 '쌍채집'이라는 형식이 집중적으로 분포한다는 사실을 밝혀내었다. 그는 쌍채집에 대해 다음과 같이 설명했다.

"쌍채집은 우리나라 서북부 지대, 즉 랑님산맥, 북대봉 산맥 이서 지대에 압도적으로 분포되어 있는바 남으로는 멸악산맥 지대까지 분포되어 있다. 그러나 멸악산맥 쪽으로 가면서 쌍채집은 그 수가 점차 감소되고 그 반면에 다른 형태의 주택들과 병존한다. 그리고 남쪽으로 가면서는 같은 쌍채집이라고 해도 그 외관에 다소 차이가 있다. 예를 들어 지붕의 구조형식과 문의 배치 등에서 같은 분포구역 내에서도 대동강을 계선으로 그 이북지대와 그 이남지대가 다른바, 대동강 이북지대에서는 배집이고 그 이남지대에서는 우산각집이다."[24]

또한 그는 평안도 집의 특성이 기본적으로 2채로 구성된다는 사실에 주목하였다. 물론 평안도에서도 건물 1채로 구성되는 '외채집'이 있었다. 그러나 외채집은 빈곤한 농민들이 이용한 주택으로서 특수한 지역에서만 나타나는 형식이 아니며, 이 지역에서도 경제력이 모자라 쌍채집을 지을 수 없기 때문에 먼저 몸채만 지은 것이 외채집이라고 하였다. 쌍채집은 몸채와 앞채로 형성되며 몸채와 앞채는 일정한 거리를 두고 서로 평행하게 위치하는바, 몸채와 앞채 간에는 그 좌우에 울담장을 축조한다. 그리하여 몸채와 앞채 사이에 생기는 장방형의 공간을 안뜰이라고 하는데 앞채의 밖에도 앞뜰이 생긴다고 설명했다.

황철산도 주거유형을 크게 외통과 양통계열로 분류하고 외통계열에 一字형[외채집], 二字형[쌍채집], 그리고 ㄱ자형, ㄷ자형, ㅁ자형이 있다고 하였다. 여기에서 대청마루가 없는 집을 서북부형이라고 보고 대청마루가 있는 집을 중남부형이라고 분류했다. 그는 一字형[외채집]과 二字형[쌍채집]은 농촌에 많고 ㄱ자형, ㄷ자형, ㅁ자형은 평양을 중심으로 한 서북지방과 개성, 서울을 중심한 중부 및 그 이남지방에 분포된다고 설명했다. ㄱ자형, ㄷ자형, ㅁ자형은 대지를 절약한다는 점, 방물을 이용하기 편리한 점, 외관상 형태가 아름다운 점 등으

---

24) 리종목, "우리나라 농촌주택의 류형과 그 형태", 문화유산 5호, 과학원 출판사, 1960.

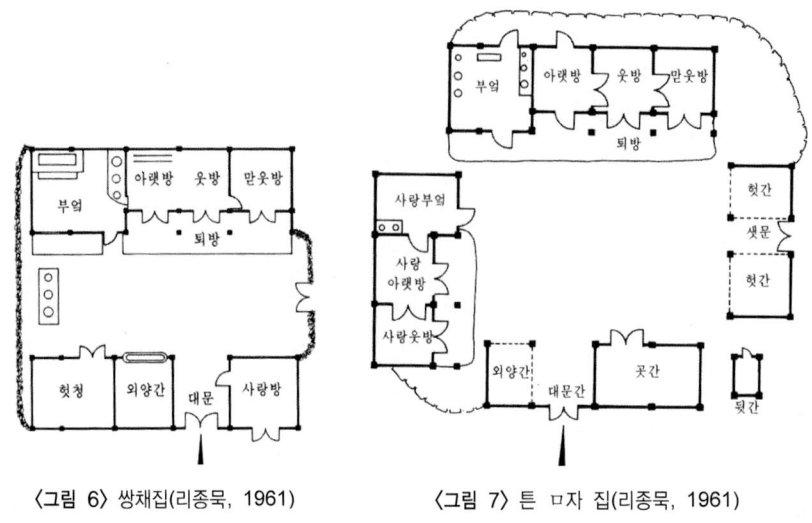

<그림 6> 쌍채집(리종묵, 1961)   <그림 7> 튼 ㅁ자 집(리종묵, 1961)

로 보아 원래 도시에서 발생하여 농촌에도 파급된 것이라는 설에 동조한다[25]. 즉, 살림채가 꺾음형으로 되어 있는 유형은 농촌지역의 일자형과 발생배경이 다를 것이라고 본 것이다.

이러한 지역적 성격들은 해방 이후 남한학자들에 의해 재해석된다. 남한학 자들은 2채를 의미하는 쌍채형보다는 2채가 평행하게 배열된다는 의미에서 '이 자형(二字型)'이라는 명칭을 더 선호했다. 또한 건물의 공간들이 한 줄로 배열 된다는 점에서 함경도의 겹집과 구별하려 했다. 장보웅은 평안도의 민가를 단 열 이자형(單列 二字型)이라고 분류했는데 그 성격을 다음과 같이 설명하였다.

"단열의 이자형(二字型) 민가는 몸채와 부속건물이 평행하게 배치된 형으로서 주로 관서지방에 많이 분포한다. 횡장방형의 일자형을 기본으

───

25) 황철산, "우리나라 과거 주택의 류형과 그 형성 발전", 고고민속 3호, 과학원출판사, 1965, 3-4쪽.

로 하여 부속건물이 별동으로 배치되어 드물게 ㄴ자형, ㄷ자형과 ㅁ자형도 있다. 별동으로 세우는 부속건물의 유무는 그 집의 경제력과 사회적 지위를 반영하는 것이다. 이자형은 중국민가에서 볼 수 없는 한국특유의 민가형이라 생각된다."[26]

그는 건물의 공간구성이 홑집형[단열형]이라는 점에서 함경도 집의 겹집형[복열형]과 구별하였고, 살림채가 일자형 이외에도 ㄴ자형, ㄷ자형과 ㅁ자형도 있음을 지적했다. 한 걸음 더 나아가 이 지역의 ㄴ자형[꺾음형, 곡가형]은 경기지역의 그것과 차이가 있다는 점을 밝혀냈다. 또한 이자형을 중국민가에서 볼 수 없는 한국특유의 민가형이라고 생각했는데 이는 논란의 여지를 남겨 주었다.

김광언(1988) 역시 북한학자들의 연구를 토대로 평안도 집의 지역적 특성을 설명했다. 그는 우리나라의 민가를 홑집계열과 겹집계열로 나누고 평안도는 홑집계열에 속한다고 보았다. 다만 평안북도 북부지방에는 함경도에 뿌리를 둔 전자형(田字型) 겹집이 분포한다고 분석했다. 평안도 집에 대한 그의 설명은 다음과 같다.

"평안도에는 우리나라 북부지방의 등뼈라고 할 낭림산맥에 머리를 둔 강남산맥, 적유령산맥, 묘향산맥이 동북에서 서남으로 뻗어 내렸다. 그러나 이들의 대부분은 북도에 몰려 있어서 험준한 산악지대를 이룬 반면 남도에는 이들의 영향이 거의 없어 서반부에 너른 평야가 펼쳐졌다. 강남산맥과 적유령산맥을 낀 평안북도 북부지방에, 함경도에 뿌리를 둔 이른바 전자형(田字型) 겹집이 분포하는 반면, 평안남도 평야지대에는 중부지방에 많은 일자집, 기역자집, 이자집(二字) 따위의 홑집이 산재하는 것도 이러한 자연환경의 영향 때문이라고 생각된다.
평안도 서민가옥은 다른 지역과 마찬가지로 평면이 일자형으로 구성

---

26) 장보웅, 앞의 책, 70쪽.

되는 것이 보통이나 중류가옥의 대부분은 기역자형을 이룬다. 이에 비해 상류가옥 중에는 일자집을 앞뒤에 나란히 세우는 경우가 많고 북부형 겹집인 전자형(田字型)이나 미음자로 된 똬리집도 있다. 이들의 분포지역을 구체적으로 살펴보면 똬리집은 평안남도 남부와 대동강 연안의 이북 지역에 많고 전자형 겹집은 평안북도 낭림산맥 북단 좌우측인 자성군, 회창군, 위원군, 소산군 등지의 산간지대에 집중적으로 분포한다. 기역자형은 평안남도 북대봉산의 서남쪽인 성천군, 덕천군 주변에 모여 있다. 일자형은 평안남도 평야지대인 대동군과 강동군 일대 그리고 평안북도 삭주군과 같은 북도의 서남쪽 평야지대인 선천군, 철산군에 산재한다."27)

이 같은 김광언의 설명은 장보웅이나 북한학자들의 연구결과와 크게 다르지 않다. 다만 평안북도 북부지방에는 계열이 다른 겹집이 분포한다는 사실과 二자형을 상류가옥으로 본 것, 그리고 一자형과 ㄴ자형, ㄷ자형, ㅁ자형은 각기 분포지역이 다르다는 점이 추가되었다. 또한 튼 ㅁ자형과 '똬리집'을 동일하게 취급하여 황해도 집과 유사하게 보았다. 그러나 이러한 분석은 북한학자들이 제공한 소수의 사례와 그들의 주장을 토대로 한 것이어서 검토해 보아야 할 여지가 많다. 특히 평안북도 낭림산맥 북단에 분포한다는 전자형(田字型) 겹집의 사례를 제시하지 못했다.

2. 평안도 옛집의 여러 형식

지금까지 한국 민가의 형식을 분류한 학자들의 방식을 보면 그 분류기준이

---

27) 김광언, 앞의 책, 197쪽.

혼동되어 있음을 알 수 있다. 첫째는 주거건물 전체의 배치형태와 한 건물의 평면형태를 구분하지 못했다는 점이다. 예를 들어 二자형, ㄴ자형, ㄷ자형, ㅁ자형 등으로 분류하는 것은 건물배치를 기준으로 분류된 것이기에 살림채의 평면 형태와는 관계가 없다. 즉, 살림채가 一자형일 수도 있고 ㄴ자형, ㄷ자형일 수도 있다. 예를 들어 외채 ㄴ자형은 배치도 건물평면도 ㄴ자형이지만 2채 ㄴ자형은 각 건물이 일자형 평면을 갖는다. 마찬가지로 2채 ㄷ자형은 일자형 건물과 ㄴ자형 건물이 ㄷ자형으로 배치된 것을 의미하며, 3채 ㄷ자형은 각 건물평면이 일자형이라는 것을 의미하는 것이다.

두 번째는 계층분류와 지역분류가 혼재되어 있다는 점이다. 예를 들어 규모가 3칸 이내이고 외채 일자형 홑집은 빈농, 혹은 소농계층의 주거형식으로서 지역에 관계없이 나타나는 형식이다. 이러한 형식을 '오막살이형'으로 보는 견해도 있다. 물론 부속채가 필요하지 않은 도시지역에서 나타나기도 한다. 농촌과 도시지역의 차이를 설명하는 데에는 의미가 있지만 농촌민가의 지역별 차이를 구분할 때에는 의미가 없다. 또한 지역에 따라 계층별 주거유형이 다르기 때문에 특정한 지역 안에서 계층적 차이가 설명될 필요가 있다.

세 번째, 건물의 공간이 한 줄로 배열되는지, 또는 두 줄 이상으로 배열되는지의 문제는 건물의 배치나 평면 형태와는 무관하다는 점이다. 즉, 홑집이냐 겹집이냐의 구분은 한 건물에서 간구성에 따라 구분하는 것으로서 二자형, ㄴ자형, ㄷ자형, ㅁ자형에 관계없이 홑집이 될 수도 있고 겹집이 될 수도 있다는 점이다.

따라서 분류체계를 보다 명확하게 하기 위해서는 먼저 건물 수와 배치형식을 구분하고 다음에 건물의 평면형식, 그 다음에 공간배열형식으로, 최종적으로 특징적인 공간의 유무로 구분하는 것이 바람직할 것이다. 이러한 분류방식을 사용하여 자료제공자들이 보내준 주거형식을 분류해 보면 다음과 같다.

건물 수	살림채 평면	부속채 평면	배치 형태	사례수	비고
1채	ㅡ자형	없음	ㅡ자형	5	도시 3, 광산 1, 어촌 1
1채	ㄱ자형	없음	ㄱ자형	4	도시 3, 어촌 1
1채	ㄷ자형	결합	ㄷ자형	1	
1채	ㅁ자형	결합	ㅁ자형	1	도시 1
2채	ㅡ자형	ㅡ자형	二자형	11	
2채	ㅡ자형	ㄴ자형	ㄷ자형	2	도시 1
2채	ㄱ자형	ㅡ자형	ㄷ자형	4	
2채	ㄷ자형	ㅡ자형	ㅁ자형	1	도시 1
2채	ㄱ자형	ㄴ자형	ㅁ자형	3	
3채	ㅡ자형	ㅡ자형	ㄷ자형	3	도시 2
3채	ㄱ자형	ㅡ자형	ㅁ자형	2	
4채	ㅡ자형	ㅡ자형	ㅁ자형	8	
기타				2	
계				47	

1) 외채 일자집

　1동의 살림채만으로 주거를 구성하는 형식이다. 살림채는 4~5칸의 공간으로 이루어지며 한 줄로 배치되는 홑집형식을 취한다. 이 형식은 리종목의 설명처럼 빈곤한 농민들이 이용한 주택으로서 특수한 지역에서만 나타나는 형식이 아니며, 이 지역에서도 경제력이 모자라 쌍채집을 지을 수 없기 때문에 먼저 몸채만 지은 것이다. 말하자면 빈곤한 소농계층에서 대문채 없이 지은 집이다. 근대시기 이후에는 경리시설이 필요하지 않은 광산촌이나 도시지역의 중산층에서 이러한 형식의 집을 짓기도 했다. 이러한 형식은 평안도 지역에서만 나타나는 것이 아니라 전국에서 보편적으로 나타나는 소농형식이라고 할 수 있다. 실향민들의 자료에서도 농촌지역에서는 나타나지 않으며 도시나 광산촌에서

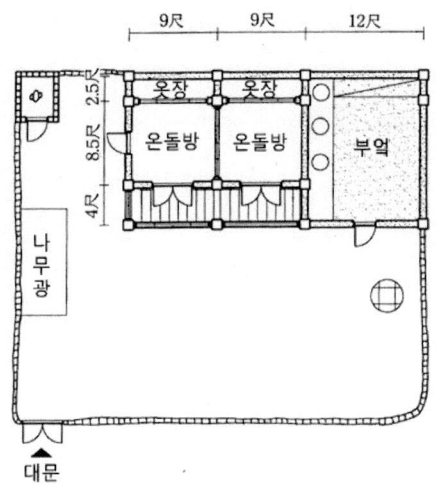

〈그림 8〉 외채 일자집의 사례(진남포시 하기석 씨 댁)

소수 발견되었다.

2) 외채 ㄱ자 집

외채 ㄱ자 집 또한 1동의 살림채만 갖는 형식이다. 다만 평면이 ㄱ자형으로 꺾어진다는 차이가 있을 뿐이며, ㄷ자형이든 ㅁ자형이든 이렇게 꺾은 모양을 갖는 집을 '꺾음집'이라 부르기도 한다. 꺾음집은 주로 도시지역에서 많이 나타나는 유형이다. 도시지역에서는 가로에 면하는 대지의 폭이 좁은 경우가 많기 때문에 많은 공간이 필요한 집을 일자형으로 배열하기가 어렵다. 따라서 대지를 따라 구부려 배치하는 하면서 꺾음집의 모양이 나타나게 된다. 꺾음집 또한 평안도의 독특한 형식이라고 볼 수는 없다. 황해도 및 중부지방에서는 보편적으로 나타나는 형식이기 때문이다.

꺾음형 살림채를 갖는 경우, 부엌을 모퉁이로 꺾인다는 점은 평안도 집의 중요한 특징이다. 중부지방에도 꺾음집이 많지만 안방을 모퉁이로 꺾이는 것이 일반적이다. 이 때문에 '부엌 꺾음형'과 '안방 꺾음형'으로 구별하기도 한다. 평안도의 꺾음집은 부엌 꺾음형으로 분류되는 것이다.

꺾음집에서 대청마루가 없다는 점도 평안도 집의 특징이다. 북한학자들은 꺾음집이 개성지구에 압도적으로 많이 분포한다고 하는데 개성지구를 남으로 벗어나면서 이러한 꺾음집에는 대청이 필수적으로 설치된다고 하였다. 수집된 자료에서도 대청을 갖는 사례는 1건도 없었다. 평양시에 소재했던 김대식 씨 댁에는 모퉁이에 마루방을 두는 경우가 있었는데 그 위치나 폐쇄성으로 보아 중부지방의 대청이라고 보기는 어렵다.

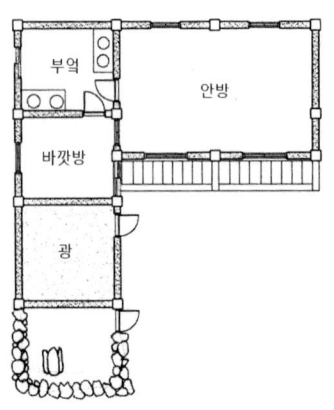

〈그림 9〉 평안도 외채 ㄱ자 집의 사례

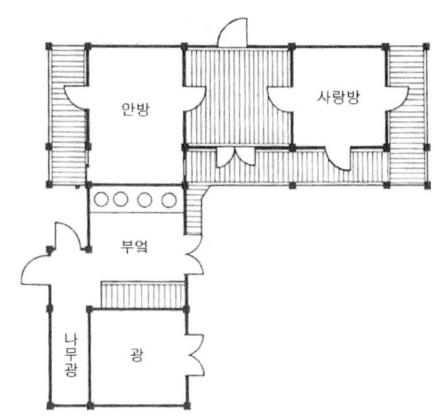

〈그림 10〉 중부지방 안방 꺾음형 사례

3) 二자집

이미 여러 학자들이 발견한 것처럼 평안도 주거의 가장 보편적인 형식은 2채가 평행하게 배치되는 二자형이다. 이번 조사에서도 이 형식의 빈도수는 11호로서 가장 많은 사례를 차지한다. 살림채(안채, 위채, 몸채)와 부속채(앞채)가 나란히 배치되면서 두 채 사이에는 담장을 쌓아 폐쇄적인 안마당(뜰, 뜰안)을 형성하게 된다. 부속채에는 대문간을 두어 남한지역에서 대문채와 같은 역할을 하지만 외양간이나 헛간 등 생산공간을 겸한다는 점에서 특징적이다.

중요한 특징은 두 채가 반드시 평행하게 배치된다는 점이다. 남부지방에서도 살림채와 부속채로 구성되는 형식이 많지만 평행하게 배치되는 경우는 드물다. 2채로 구성될 때는 거의 직각으로 배치된다. 二자집에 대해 남부지방의

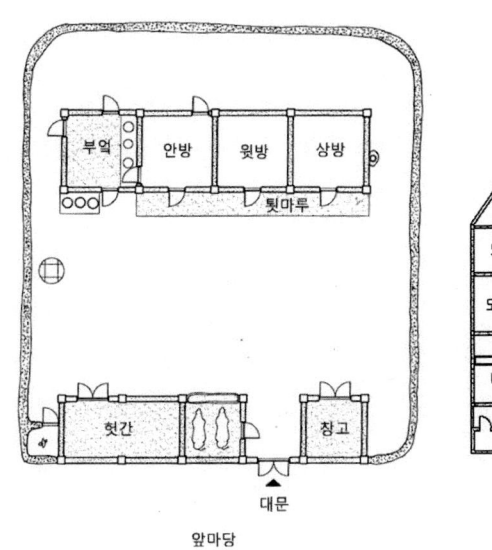

〈그림 11〉 二자집의 사례(평남 박심원 씨 댁)

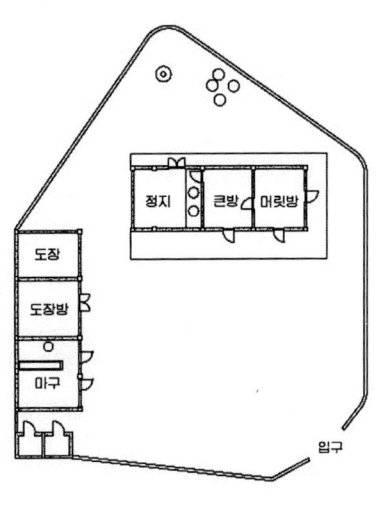

〈그림 12〉 남부지방 2채 집 사례

전통목수들은 "안마당의 채광이 나빠질 뿐만 아니라 주인 격인 살림채의 진로를 막기 때문에 좋지 않다"[28]고 설명한다. 3채로 구성될 경우에도 부속채는 살림채와 대향하지 않도록 배치된다. 평안도 사례에서는 오히려 두 채가 직각으로 배치되는 경우가 단 한 건도 발견되지 않았다. 그만큼 二자집은 평안도 주거형식의 뚜렷한 특징으로 나타난다.

4) 튼 ㄷ자집, 튼 ㅁ자집

二자형을 기본으로 하고, 아래 위 두 채 사이에 경리시설로 사용되는 부속채를 한쪽, 혹은 양쪽에 배치한 형식도 자주 나타난다. 소위 ㄷ자형, ㅁ자형으로 분류되는 형식이다. 이때 살림채 앞 좌우에 배치되는 건물을 '옆채'라 하고 또는 각각 '동채', '서채'라 부르기도 한다. 옆채에는 보통 창고나 고방과 같은 경리시설을 수용하는데 침실을 두는 경우도 많다. 경제력이 높아질수록 침실이나 수장공간의 수요가 늘어나게 되고 이를 수용하는 부속채를 살림채 좌우에 배치하여 튼 ㄷ자형이나, 튼 ㅁ자형을 이루게 되는 것이다. 따라서 이러한 주거형식은 중농 이상의 계층임을 시사해 준다.

이러한 형식은 남부지방에서도 흔히 나타난다. 그러나 살림채와 대문채가 평행하게 배치된다는 점과 내정이 좁고 폐쇄적인 장방형을 이룬다는 점에서 평안도의 특성을 보여 준다. 말하자면 위채와 앞채가 평행하게 배치되는 二자형을 골간으로 하여 좌우에 부속채를 부가한 형식일 뿐이다. 따라서 二자집의 발전형이며, 완성형이라고 볼 수 있다. 실향민들의 자료에서 ㄷ자형 배치를 이

---

28) 강영환, "삼척이남 동해안지역 전통민가에 관한 연구", 서울대 박사논문, 1989, 55쪽.

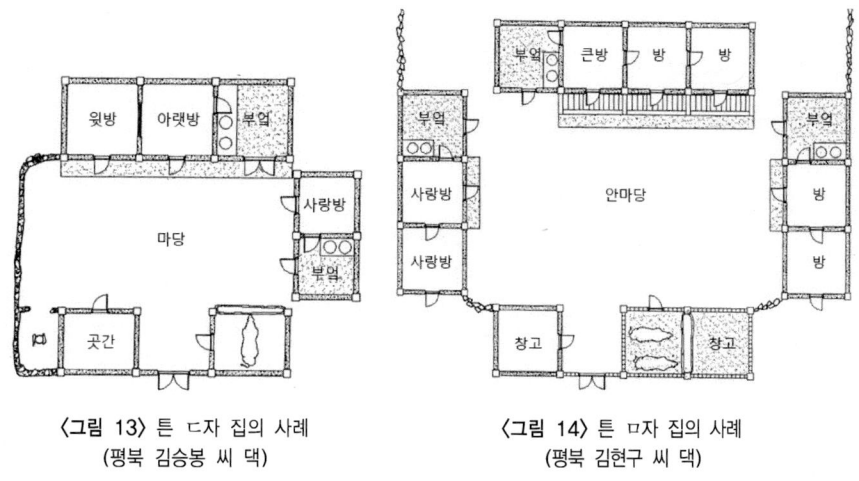

<그림 13> 튼 ㄷ자 집의 사례
(평북 김승봉 씨 댁)

<그림 14> 튼 ㅁ자 집의 사례
(평북 김현구 씨 댁)

루는 사례는 3호, 부속건물 2채를 양옆에 배치하여 튼 ㅁ자 배치를 이루는 경우 8호가 나타나, 합하면 11호의 빈도수를 차지한다. 기본형인 二자형과 합하면 22호로서 평안도 전체 사례의 거의 절반을 차지한다.

이 밖에도 살림채나 부속채를 꺾음집으로 하여 튼 ㄷ자 집, 튼 ㅁ자 집의 형태를 갖는 집이 있으나 이 역시 이자집의 변형이라고 할 수 있다. 황해도 지역에서 흔히 보이는 폐쇄형 ㅁ자 집의 사례는 단 1건의 사례만이 나타난다. 이와 같은 사례들을 종합해 보면 평안도 전통주거형식의 지역적 특징은 다음과 같다.

① 2채 이상의 건물로 이루어진다.
② 각 건물은 공간이 한 줄로 배열된 홑집(외통)형이다.
③ 살림채와 앞채(대문채)는 평행하게 배치된다.
④ 그 밖의 부속채는 살림채와 앞채 사이에 배치되어 ㄷ자형, 혹은 ㅁ자형을 이루게 된다.

⑤ 살림채 모서리에 부속채가 결합하여 꺾음집을 이룰 수도 있다.

⑥ 꺾음집일 경우 부엌을 모퉁이로 꺾인다.

⑦ 대청이 없다.

<표 2> 二자형과 변형

형식	2채 二자형	3채 ㄷ자형	4채 ㅁ자형	2채 ㄷ자형	3채 ㅁ자형	2채 ㅁ자형
배치 형태						
사례 수	11	3	8	4	2	3

3. 평안도 二자집의 구성과 성격

1) 건물 배치와 외부공간

한국의 옛집만큼 다양하고 풍부한 외부공간을 갖는 집은 드물다. 집에 있는 외부공간을 흔히 마당이라고 하는데 그 용도나 위치에 따라 다른 마당을 갖기 때문이다. 상류계층의 집에서는 행랑마당, 사랑마당, 안마당, 후원 등 위치에 따라 다른 이름을 가지며 그것을 사용하는 사람도 다르다. 서민계층의 집이라고 해서 마당이 없는 것은 아니다. 특히 농가에서는 탈곡이나 타작, 건조 등 농사에 필요한 작업을 수행하기 위해 마당이 필수적이다. 마당을 배치하는 방법도 지역에 따라 차이가 있다.

평안도 二자집은 두 개의 외부공간을 갖는다. 하나는 대문채 밖에 있는 마당이고, 다른 하나는 대문채 밖에 있는 마당이다. 자료제공자들은 '뜰'과 '마당', '안마당'과 '바깥마당', '안뜨락'과 '앞마당' 등으로 구별하여 부른다. 대문 앞에 있는 공지는 담장과 같은 경계가 없음에도 마당, 바깥마당, 앞마당과 같은 명칭을 갖는다. 뜰은 주거 내부에 있는 외부공간이며, 마당은 주거 외부에 있는 외부공간인 셈이다.

담장과 같은 경계가 없고 대문 밖에 있는 공터라고 해서 주택 외부의 공공용지는 아니다. 거기에는 가축우리나 방앗간 등의 생산시설이 있는 경우가 많다. 담장이 없을 뿐이지 엄연히 주택에 포함된 사유지이다. 물론 평북의 이한호 씨 댁처럼 바깥마당에 울타리를 두르는 사례도 있다. 그는 "바깥마당의 울타리는 산에서 싸리를 베어다 둘러치고 봄에는 울타리 사이에 자장나무를 약 2m 간격으로 세워 호박넝쿨이 올라가도록 하였다"고 기록하였다. 안마당의 양변에는 폐쇄성이 높은 흙돌담을 쌓는 것과 차이가 있다. 즉, 바깥마당의 울타리는 경계용이지만 안마당의 흙돌담은 방어적 성격이 강한 것이다.

바깥마당은 추수한 겉곡식을 임시로 쌓아두고 타작이나 탈곡 등 농작업이 이루어지는 장소로 이용된다. 평남의 황석조씨는 "바깥마당이 타작용으로 사용되었는데. 가을에 추수하여 곡식을 소달구지로 운반저장한 후 2~3월에 타작했다"고 기술했다. 그는 도면에서도 바깥마당에 나락과 서석, 수수 등의 잡곡을 쌓아놓는 장소를 구별하여 그렸다. 비록 소농계층이지만 생산공간으로서 사유화된 바깥마당이 반드시 필요했음을 시사해 준다. 또한 평북의 이한호 씨는 "겨울 저녁이면 바깥마당에 물을 뿌려두고, 얼어 빙판이 되면 그 위에서 도리깨로 옥수수, 콩, 팥 등을 타작한다"고 기술했다.

앞뜰이 사유화(私有化)된 외부공간으로서 집주인에 의해 관리된다는 사실은 북한학자의 책에서도 나타난다. 리종묵에 의하면 "앞뜰은 주로 영농작업과 관계되어 있는 곳인데 특히 탈곡장으로나 알곡 건조장으로 사용하면서 곡초 낟가리를 만드는 곳인 만큼 낟알의 유실을 방지할 정도로 잘 손질하여야 했다. 따라서 일 년에 한 번씩 꼭 흙에 매질을 하는 것이 관습으로 되어 있다. 뜰에다 흙 매질을 하는 일은 보통 탈곡에 앞서서 하며 일단 매질을 한 다음에는 물론이고 일상적으로 이 뜰을 잘 거두는 것이다."29)

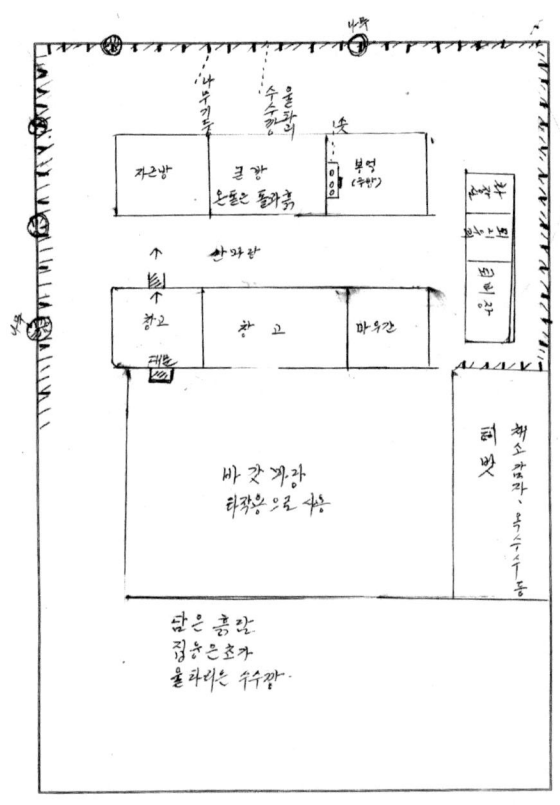

⟨그림 15⟩ 평남 황석조 씨 댁

---

29) 리종묵, 『우리나라 농촌주택에 관한 연구』, 과학원 출판사, 1961, 150쪽.

한편 대문 안에 있는 외부공간은 뜰, 뜨락, 안뜰, 안마당, 마당 등으로 불린다. 이곳은 두 채의 건물과 담장으로 경계를 만든 대단히 폐쇄적인 공간이다. 모든 건물은 마당을 향해 배치되기 때문에 가족들의 사생활이 노출되는 공간이기도 하다. 이 때문에 대문채에 소작인이나 머슴 등 가족 외 사람들이 기거하는 경우, 이 공간들은 바깥마당을 향하도록 배치되는 사례가 많다. 평북의 김창서 씨 댁에서는 안마당 중간에 내외 담을 세워 시선을 차단한 경우도 발견된다. 안마당은 생활공간이자 수장공간의 기능을 가졌던 것으로 보인다. 평북의 이정겸 씨 댁은 안마당 가운데 2칸의 창고를 두었는데 한 칸은 쌀 창고이며, 다른 한 칸은 가축사료고라고 기재했다.

二자집에서 안마당은 가로가 길고 세로가 짧은 세장방형의 모습을 갖는다. 가로의 길이는 살림채(본채, 안채)의 길이에 따라 다른데, 보통 4~5칸으로 구성되므로 36~45척 정도가 된다. 살림채와 대문채 사이의 거리는 15척에서 30척 정도에 이르는 것이 보통이므로 마당은 장방형을 이루게 된다. 아주 작은 경우(평북 김병조 씨 댁)는 4m(11척) 정도로 기재된 것도 있는데, 남부지방에 비해 폐쇄적인 안마당의 성격을 잘 보여 준다.

안채와 앞채(대문채) 사이 세로 변에는 담장을 쌓거나 부속건물이 자리한다. 담장은 대문채로부터 시작하여 건물 모두를 둘러싸는 경우도 있고 뒷마당까지 포함하는 경우도 있다. 이로써 대문채가 앞마당에 노출되는 경우가 많다. 담장의 종류는 경제력에 따라 다른데, 부유한 집에서는 흙돌담을 쌓고 기와지붕을 얹으나 중농 이하에서는 울타리를 사용하는 예가 보통이다. 울타리는 수숫대를 짜서 세우는 바자울이다. 담의 높이는 보통 6~8척 정도로 기재했는데 이 정도의 높이면 침입을 막기 위해서는 부족하고 허술하다. 따라서 二자집에서의 담장은 시선을 차단하거나 겨울철 바람을 막는 용도로 사용되었을 것이다.

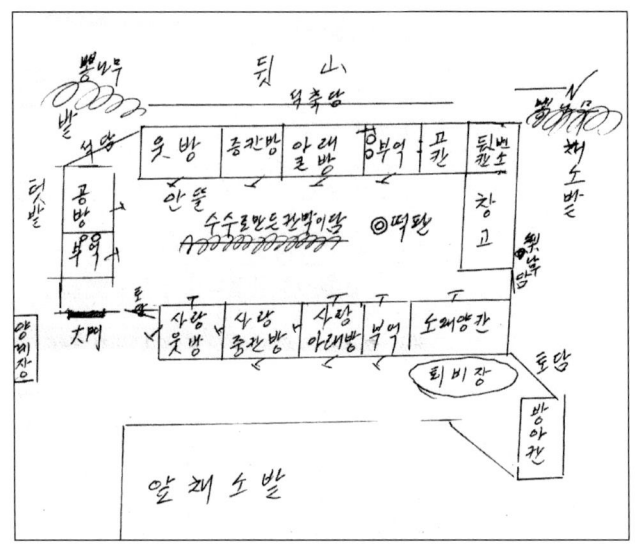

<그림 16> 평북 김창서 씨 댁

2) 건물의 구성과 대문채

기본적으로 二자집은 살림채(위채, 본채)와 대문채(앞채, 아래채)로 구성된다. 살림채와 대문채는 평행하게 배치되기에 같은 향을 가지며 특수한 대지조건을 제외하고는 대부분 남향으로 배치된다. 평북 김승봉 씨의 기술에 의하면 '북한은 추운 지방이므로 99%는 남향부락이 형성되어 있다'고 하였다. 방위가 표시된 자료를 보면 남향집이 많기는 하지만 절대다수는 아니다. 여기에 부속채가 추가되면 각각 동쪽과 서쪽에 배치되어 ㄷ자형 혹은 ㅁ자형의 배치를 이루기 때문에 이를 '동채', '서채'로 부르는 경우도 있다.

평행하게 배치되는 살림채(위채)와 대문채(아래채)는 길이를 동일하게 맞추는 것이 보통이다. 북한 학자도 이것은 二자집의 특징이라고 기술한 바 있다.

보통 몸채의 간수와 앞채의 간수를 동일하게 하여 맞추는데 간수가 다를 경우에는 한 간의 길이를 다르게 하여 맞추는 경우도 있다. 평남 백윤걸 씨 댁의 경우처럼 몸채는 4칸, 대문채가 5칸인데 몸채는 10척 정도, 대문채는 9척 정도로 치수를 달리하여 건물 폭을 맞추는 사례를 볼 수 있다.

실향민들의 자료에서 건물이나 공간의 크기를 표현한 경우는 매우 드물다. 건축일에 참여한 사람이 아니고는 수치를 기억하기란 대단히 어렵기 때문이다. 평남의 박인순 씨는 공간의 규모를 정확히 기재했다는 점에서 소중한 자료를 제공해 주었다. 치수를 기재한 다른 사례와 비교했을 때도 큰 차이가 나지 않기 때문에 평안도 집의 전형적인 규모계획이라고 생각된다.

박인순 씨 댁은 두 채가 평행하게 배치된 二자집이다. 다만 앞채에 대문을 두지 않는다는 점에서 전형적인 二자집과는 차이가 있다. 대지가 도로에 면하고 있어 바깥마당을 확보하기 위해 출입구의 위치를 변경시킨 것으로 생각된다. 이 집에서 모든 공간의 가로 폭(도리간)은 12尺이며 세로 폭(보간)은 9尺으로 기재했다. 이로써 위채와 아래채의 가로 폭이 정확하게 일치한다. 물론 안뜰도 정연한 장방형의 모습이 될 수 있었다.

방의 크기를 가로 12척, 세로 9척으로 정한 것은 남부지방과 큰 차이가 있다. 남부지방의 옛집이라면 그 반대로 가로 9척, 세로 12척으로 만든 것이 보편적이기 때문이다. 물론 평안도의 다른 사례에서는 방의 가로 폭을 10척이라고 기재한 경우가 많았다. 그렇다 해도 남부지방에 비하면 넓은 편이다.

사례가 적어 단정 짓기는 어렵지만, 평안도의 주거공간은 마당에 면하는 면이 넓다는 것을 알 수 있다. 아마도 추운 지역이기에 일조를 많이 받기 위해 가로 폭을 넓게 한 것이 아닌가 추측된다. 툇마루의 폭도 남부지방과 차이가 있다. 남부지방에서는 툇마루의 폭이 4척이상이 되지만 이 집에서는 3척짜리 툇마루를 설치했다. 다만 사랑방 옆으로 둔 모퇴는 6척으로 했는데 이는 사랑

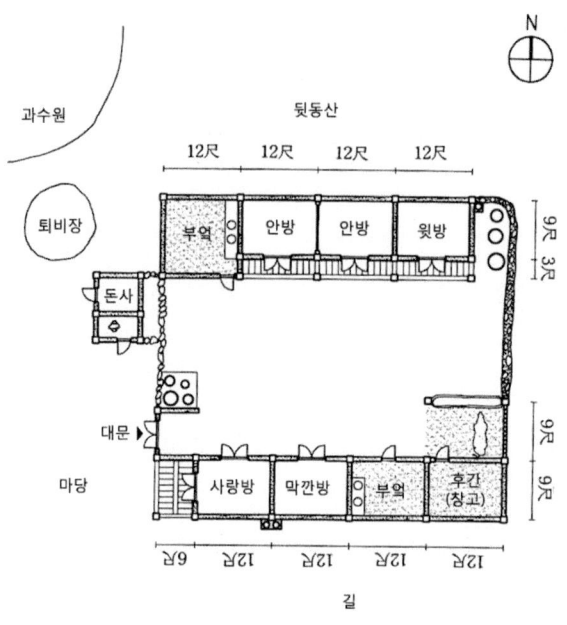

〈그림 17〉 평남 박인순 씨 댁

대청과 같은 용도로 추측된다.

평안도 집에서 대문채에는 대문만 있는 것이 아니다. 대문채는 적어도 3칸 이상으로 이루어지는데, 대문간 1칸과 외양간, 창고(고방) 등으로 구성된다. 대문간은 대문채의 중간에 두는 것이 통상적이다. 중간에 둘 경우 대문이 열리면 안마당의 사생활이 노출되기에 측면에 두는 경우도 발견된다. 김창서 씨 댁과 같이 안뜰 가운데 담을 세워 시선을 차단하는 경우도 있다. 대문간은 사람의 출입만이 아니라 소가 외양간으로 출입하는 통로가 되기도 한다. 따라서 외양간을 대문간 옆에 두는 경우가 많다.

대문간은 지붕이 덮인 곳이기에 여름철 거주공간으로 사용되기도 했다. 평남의 강인원 씨에 의하면 "여름에는 대문을 열어 놓고 멍석을 깔고 식사나 더

위를 피하는 용도로 사용했다"고 한다. 남부지방의 마루처럼 그늘을 제공하는 공간이 적은 평안도 지방의 주거에서 대문간이 그 역할을 담당했다는 사실을 보여준다. 강인원 씨 댁은 대문간 위에 다락방을 두어 2층의 대문간을 만들었다고 하는데 그 지방에서 이런 형식이 2~3% 정도 된다고 했다. 마치 소슬대문과 같은 대문채의 모습을 그려주기도 했다. 선천군 차수찬 씨 댁에서도 2층의 대문채를 사용했다. 강 씨 댁은 중농계층이라 기재했고, 주택은 거의 소농형에 가까운 작은 집이지만 2층으로 구성된 대문간을 두었다는 점이 특이하다.

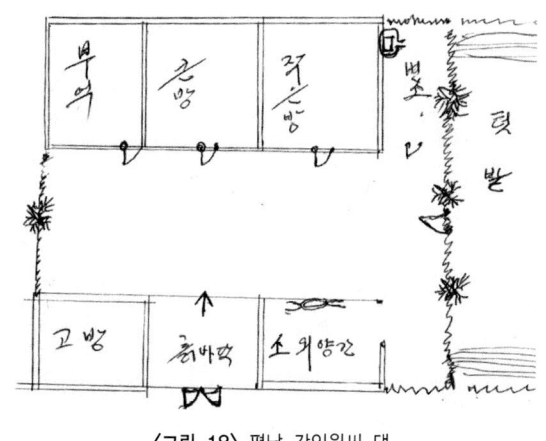

〈그림 18〉 평남 강인원씨 댁

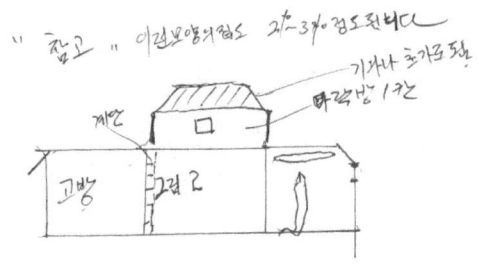

〈그림 19〉 강인원씨 댁 대문채 입면

대문채에 침실을 둔 사례도 자주 나타난다. 자료제공자들은 대문채에 있는 침실을 흔히 사랑방이라고 기재했다. 그러나 평안도의 사랑방은 남부지방의 사랑방과 전혀 다르다. 남부지방에서는 가장이 기거하지만 평안도 집에서는 주로 머슴들이 기거하는 곳이다. 평북 원시준 씨 댁의 경우처럼 사랑방에 소작인이 사는 경우도 있고, 평북 김창서의 설명처럼 하인이나 행인들의 기거용인 경우도 있다. 평북 이정겸 씨는 "사랑방은 동절기에 부락청소년을 모집하여 한문학습을 위한 야학서재로 운영했다"고 기술했다. 이에 따라 사랑방의 출입구도 밖을 향해 설치된다. 안마당의 주인가족 사생활이 침해될 우려가 있기 때문이다. 앞 그림에서 본 김창서 씨 댁처럼 안마당 가운데 담을 세워 시선을 차단한 경우도 볼 수 있다.

3) 툇마루와 토방

살림채(위채, 몸채)는 주인가족이 거주하는 건물이다. 부엌과 2~3개의 방으로 이루어진다. 남부지방에서는 방으로 들어가기 전에 툇마루를 두어 출입하는 것이 통상적이다. 평안도 지방에서는 툇마루를 두지 않는 집이 많다. 건립연대가 오래되고 농촌에 있는 집일수록 툇마루를 사용하는 예가 적다. 도회지에 소재하는 집들이나 일제시기 이후 건립된 집들에서 툇마루가 많이 나타나는 것으로 보아 근대시기 이후 남부지방에서 보급된 것이 아닌가 추측된다.

툇마루가 있다고 해도 툇기둥을 세워 툇간을 만든 집은 드물며, 마루의 폭도 3척 이내에 불과하다. 남부지방의 목수들은 툇간이 없이 방 앞에 설치한 마루를 '쪽마루'[30] 또는 '뜰마루'[31]라고 부르며 툇마루와 구분한다. 또한 툇마루 폭이 4척 이상이 되어야 '툇집'이라고 부른다.[32] 이런 기준으로 보면 평안도의 툇마루는 '쪽마루' 또는 '뜰마루'에 불과하다.

남부지방에서 툇마루는 침실만큼 중요한 생활공간이다. 처마를 통해 그늘이 제공되며, 눈비를 막아주는 한편 침실의 프라이버시를 지키기 위한 공간의 켜이기도 하다. 주인의 허락이 없이 툇마루에 올라서는 것은 실례가 된다. 방으로의 출입만이 아니라 신을 벗지 않고 방을 연결해 주는 통로이며, 특히 여름철에는 접객, 식사, 취침, 작업 등 거의 모든 주거생활이 이루어지는 공간이다. 평안도에서 툇마루의 발달이 늦어진 것은 바람이 세고 한랭한 겨울철 기후조건 때문이 아닌가 생각된다.

평안도 집에서는 남부지방의 툇마루에 해당하는 부분에 '토방(퇴방, 토당)'을 두는 경우가 많다. 토방은 기단 상면을 고운 흙으로 매질한 정도로 만들어진다. 평북의 김명호 씨는 토당에 대해 자세한 설명을 보내 주었다. "토당이란 평북지방 사투리가 아닌가 생각되며 집 처마 낙숫물이 떨어지는 안쪽에 약 30∼100cm 내외 높이로 돌을 쌓고 마루 놓을 공간을 마루 없이 황토 흙을 다져 평면을 유지하며 신발 등의 물건을 놓을 수 있는 건조한 생활공간을 말한다." 토방에 비록 마루가 깔려 있지는 않지만 그 기능은 남부지방과 툇마루와 동일하다는 것을 알 수 있다.

토방은 서민주택만이 아니라 상류주택에서도 사용했던 것으로 나타난다. 평북의 원시준 씨는 자신의 집이 상류주택이라고 하면서 토방의 존재를 표현해 주었다. 또한 안채 토방의 높이는 1.3m, 모서리채 토방 높이는 0.5m라고 기술했다. 건물에 따라 토방 높이가 달랐음을 증언한 것이다. 살림채와 부속채의 위계차이를 두기 위한 방편으로도 사용된 것을 볼 수 있다.

---

30) 쪽마루는 툇간이 없이 벽기둥에 결합하여 만든 마루를 말한다.
31) 뜰마루는 이동이 가능한 마루로서 평상이라고 부르기도 한다.
32) 강영환. "삼척이남 동해안지방 전통민가에 관한 연구", 서울대 박사논문, 1989, 59쪽.

〈그림 20〉 평북 원시준 씨 댁

4) 살림채와 부속채의 공간

부엌과 침실들로 구성된 평안도 집의 살림채는 보통 부엌과 아랫방(큰방), 윗방(맞웃간방) 등으로 구성된다. 주인부부가 거처하는 곳이 큰방인데, 2칸 통간으로 되어 있는 사례도 적지 않게 나타난다. 가족원 수가 적을 경우 여러 개의 침실이 필요하지 않아 방을 넓게 사용한 것으로 이해되지만 평안도 집의 특징이라고도 볼 수 있다. 북한학자 리종묵은 "아들을 결혼시킨 후 큰 방을 반분하여 간벽으로 막고 아랫방과 윗방으로 완전히 구분하여 사용한다"고 설명한다.

한 집에서 여러 세대가 거처하는 경우에는 노인과 자녀 혹은 어린 손자들이 큰 방에 거처하며 젊은 세대는 윗방 또는 다른 방(맞웃간, 건넌방)에 거처하게 된다. 살림채에 침실을 하나 더 갖는 경우 부엌의 반대편에 있는 방을 '맞웃간

방(맏웃간)'이라고 하는데 여기에는 살림을 물려준 노인세대가 거처하는 사례가 많다. 평북 이기활 씨는 이 방의 북쪽 벽에 '제실로서 지방 모시는 곳'이라고 기재했다. 살림채 안에 제실을 둔 희귀한 사례이다. 별도의 사당을 건립할 수 없는 경우 살림채 안에 제실을 설치했다는 사실을 확인할 수 있다.

살림채와 대문채 사이 안마당의 측면 변에 부속채를 갖는 경우도 있다. 여기에는 돼지우리나 퇴비사와 같은 생산공간이 마련되기도 하지만 보통 나락이나 가재도구를 수장하는 창고를 세우는 경우가 많다. 이때 창고에는 지하에 움을 파서 김칫독을 저장하는 수장공간이 마련되기도 한다. 지하 움을 갖는 창고는 특히 평안남도 지역에서 많이 나타나는데, 마루방을 두는 경우, 마루방 밑은 거의 지하 움을 두고 있다. 마치 움집처럼 지하의 항온성을 이용하여 냉장고와 같은 식료품 저장창고를 만든 것이다.

살림을 물려준 부모세대가 동채나 서채와 같은 별도의 건물에 침실을 마련하여 거처하는 경우도 많다. 평북 원시준 씨 댁(앞 그림)에서 서쪽 건물의 침실은 시아버지가 사용한 곳이라고 기재하였다. 이 경우 서채는 남부지방 사랑채에 해당하는 것이다. 평북 김현구 씨 댁의 경우 주택은 4채의 건물이 ㅁ자형으로 배치된 형식으로서 남부지방의 튼 ㅁ자형 배치와 유사하다. 다만 대문채를 제외한 3채 모두 온돌방을 가졌다는 점이 특이하다. '동채'라고 부르는 동쪽 건물은 가족용 침실로 구성되며, '서채'는 사랑채로서 손님들을 위한 접대실이라고 기재했다. 평북 김승봉 씨는 모서리채를 사랑채라 하고 그 안의 침실을 '서당방'이라 기재했는데 이야말로 남부지방의 사랑채와 같은 기능이다. 즉, 대문채에 있는 사랑방은 머슴이나 하인, 소작인을 위한 행랑방이며 모서리 변에 있는 부속채가 진짜 사랑채의 기능을 갖는 것이다.

이처럼 경제적 여유가 있고 대가족이면 침실의 수요가 많아지는데 부속채를 세워 여분의 침실을 마련하는 사례를 볼 수 있다. 살림채를 5칸 이상으로 만들

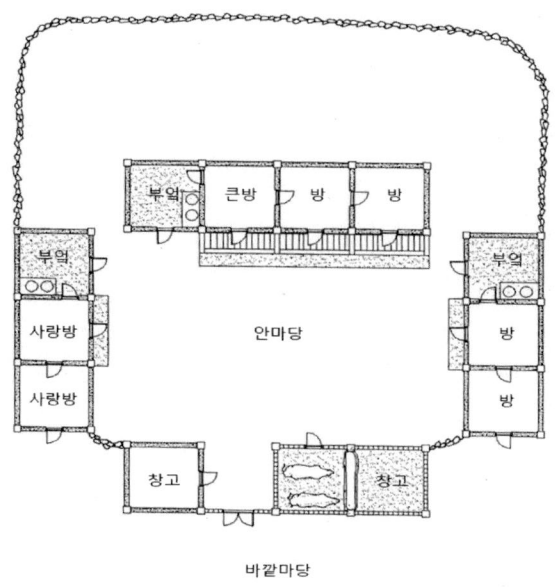

〈그림 21〉 평북 김현구 씨 댁

면 건물 길이가 길어져 대지를 효율적으로 쓰기 어렵기 때문에 측면에 별동의 부속채를 둔 것이라고 할 수 있다. 따라서 건물 3채나 4채로 ㄷ자형이나 ㅁ자형 배치를 이루는 형식은 기본적으로 二자형의 변형에 불과한 것이다.

　부속채가 살림채와 결합되면 소위 '꺾음집'이 된다. 그러나 '꺾음집'이라고 해서 특별한 공간구성을 갖는 것은 아니다. 二자집에서 모서리채가 살림채와 결합되었을 뿐이다. 평북의 김성욱 씨 댁처럼 온돌방을 갖는 부속채가 살림채와 결합하여 '꺾음집'이 되었다. '꺾음집'은 부엌을 모퉁이로 꺾이게 되는데, 그 이유에 대해 평남의 서승욱 씨는 다음과 같이 설명한다. "ㄱ자형은 부엌이 건물 꺾임 부분에 있어 양쪽 방에 불을 넣기 쉬울 뿐만 아니라 부엌면적이 넓어져서 주부들이 겨울철에 이곳에서 여러 가지 일을 한다." 즉, 난방을 위한 가

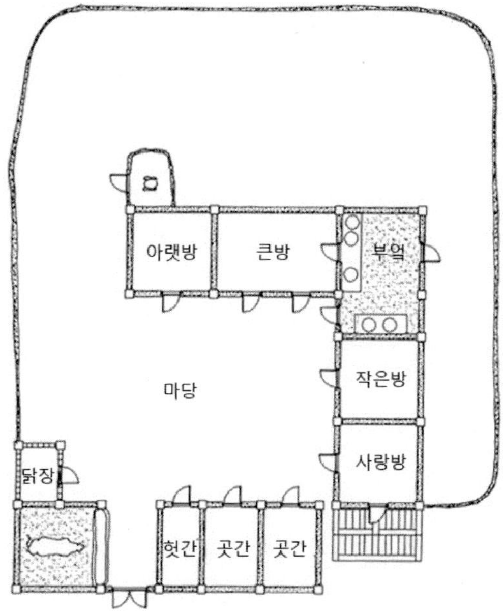

〈그림 22〉 평북 김성욱 씨 댁

사노동의 절약, 넓은 주부공간의 확보를 배경으로 본 것이다. 또한 대지 폭에 한계가 있거나 안마당의 폐쇄성을 높일 필요가 있을 때도 꺾음집이 유리한 것으로 볼 수 있다.

북한학자 리종묵은 이러한 "꺾음집이 개성지구에 압도적으로 많이 분포되어 있으며, 특히 개성지구를 남으로 벗어나면서 이러한 꺾음집에는 대청이 필수적으로 설치된다"고 했다. 그러나 평안도 실향민들의 자료를 분석해 보면 꺾음집이 특정한 지역에 집중적으로 분포한다고는 볼 수 없다. 내륙이나 해안에 관계없이 분포할 뿐만 아니라 같은 지역에서 二자형이나 튼 ㅁ자형과 동시에 나타나기 때문이다. 물론 평양과 같은 대도시의 도시주택에서 꺾음집이 많이 나타나는 것은 도시라는 입지조건과 더불어 분석해 보아야 할 대목이다.

제4장

평안도 옛집의 지역적 차이

평안도 옛집의 지역적 차이

1. 광산촌과 어촌의 집

평안도 안에서 지역별로는 어떤 차이가 있었을까? 민속학자 김광언은 평안도 안에서도 지형차이가 있어 평안북도의 북부지방은 다른 주거형식이 존재한다고 기술한 바 있다. 즉, "산악지대가 집중되어 있는 평안북도 북부지방에, 함경도에 뿌리를 둔 이른바 田자형 겹집이 분포하는 반면, 평안남도 평야지대에는 중부지방에 많은 일자집, 기역자집, 이자집 따위의 홑집이 산재하는 것도 이러한 자연환경의 영향 때문"[33]이라고 생각하였다.

그러나 실향민들의 자료를 분석해 보면 평안도 지방에서 지역에 따른 주거양식의 차이는 거의 나타나지 않는다. 입수한 주거형식을 지도상에 위치시켜 보면 아래 <그림 1>과 같다. 이 그림에서 볼 수 있는 바와 같이 二자집을 기본으로 하는 ㄷ자, ㅁ자형의 변형이 지역에 관계없이 나타나고 있다. 다만 서해안에 가까운 도시지역에서 살림채가 ㄱ자나 ㄷ자형을 이루는 꺾음집이 비교적 많이 나타나는 정도의 경향을 볼 수 있다.

---

33) 김광언, 『한국의 주거민속지』, 민음사, 1988, 197쪽.

그러나 실향민들의 자료만으로 지역차이가 없다고 단정하기는 어렵다. 삭주, 창성, 벽동, 위원, 강계, 자성, 후창 등 압록강 연안에 위치한 여러 군에서는 주택자료가 입수되지 않았기 때문이다. 유일하게 초산군에서 1건의 자료가 입수되었는데, 이마저 일제시기 광산촌의 집이어서 전통적인 주거유형과는 거리가 멀다. 따라서 평안도 양통집의 존재를 비롯한 지역적 차이는 후일의 숙제로 남겨둘 수밖에 없다.

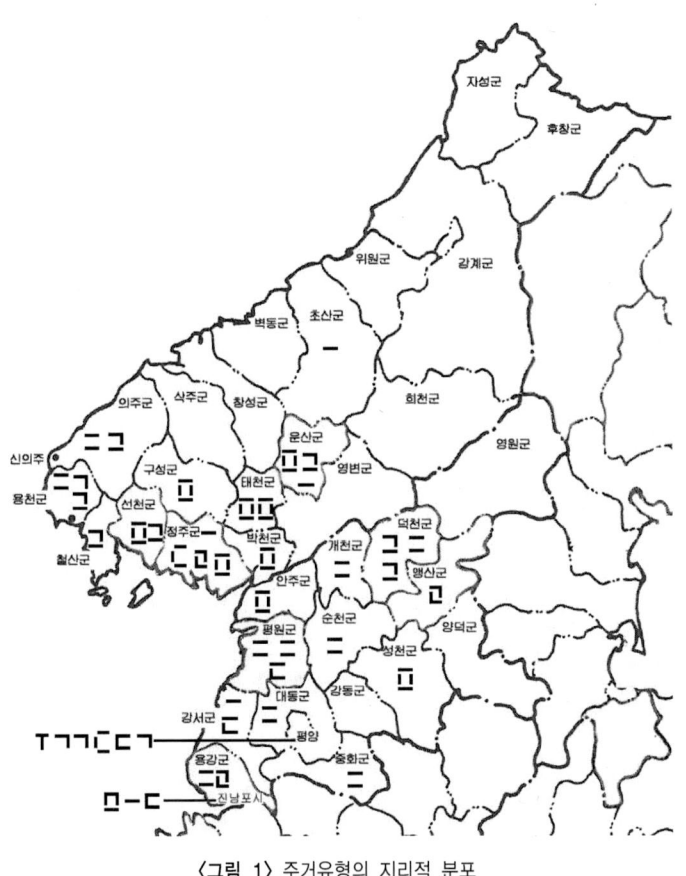

〈그림 1〉 주거유형의 지리적 분포

지형적·지리적 조건에 따라 가장 뚜렷한 차이를 갖는 지역은 낭림산맥 일대의 산악지대라고 할 수 있다. 이 지역은 고산형 산악지대로서 농지면적이 협소하고 척박한 지역이었기에 사람이 거의 살지 않았던 부재공간이었다. 조선 중기 이후 전쟁을 피하기 위한 피난처로서, 정쟁에서 밀려난 사람들의 유배지나 도피처로서, 가산을 탕진한 유민들의 새로운 개척지로서 인구가 유입되고 산지까지 개척이 이루어졌으나 인구가 대량으로 유입된 것은 아니었다. 또한 화전과 수렵에 의존하는 생업형태를 가졌기에 큰 마을을 이루지도 못했다.

이러한 생태환경에서 가장 중요한 것은 보온과 방어의 효율성이다. 함경북도의 고산지대, 고원지대가 그러하듯 이 지역은 한반도에서 가장 추운 지역이며, 산짐승이나 도적들의 피해가 큰 지역이었기 때문이다. 주호밀도가 낮은 산촌(散村)에서는 마을 단위의 집단적 방어가 어렵기 때문에 특히 각 주호 단위의 방어가 더 필요해진다. 따라서 주거형식도 폐쇄적이고, 방어에 유리한 형태를 취하게 마련이다. 그러나 앞서 살펴본 바와 같이 산악지대의 특징적인 사례는 수집되지 않았기 때문에 함경북도와 같은 집중형 주거가 있었는지, 혹은 평안도 특유의 주거형식이 있었는지 확인할 방법이 없다.

평안도 산악지대에 집단적인 촌락이 형성되기 시작한 것은 일제시기로 알려져 있다. 일제의 전쟁수행과 자원수탈 정책에 따라 광산개발이 이루어지고, 평안도 산악지대는 풍부한 임산자원과 지하자원을 가졌기에 개발을 피할 수 없었던 것이다. 광산개발을 위해서 광산촌이 형성되는 것은 당연한 일이다. 광산촌의 집들은 과거 화전농의 주거와는 무관한 형식이었다. 그것은 광부들의 거처를 제공하기 위해 건립된 계획적이고 집단적인 주택으로서 일제시기 근대적 형식을 취하게 된다.

〈그림 2〉 일제시기 광산촌의 모습[34]

　실향민의 자료에서도 이러한 광산촌의 주택이 수집되었다. 우선 초산군 이완영 씨 댁의 사례를 들 수 있다. 이 집은 압록강 중류의 초산군에 소재했던 집으로서 마을은 산악지대에 있는 광산촌이라고 기재했다. 주택은 외채형 겹집으로서 담장의 경계를 표시하지 않았다. 마을 배치도에서 유사한 평면형식의 이웃집이 그려져 있는 것으로 보아 표준화된 주택을 집단적으로 건설한 것을 알 수 있다.

　살림채의 평면은 평안도에서 보기 힘든 양통집인데 함경도의 양통집과는 전혀 다르다. 살림채는 4개의 침실과 1개의 부엌으로 구성되었다. 그중 침실 2개는 각각 2칸 규모를 통칸으로 사용하는 장방이다. 부엌의 규모도 2칸이다. 이

---

34) 일본국서 간행회, 『사진으로 보는 근대한국 하』, 서문당, 1986, 53쪽.

러한 평면구성은 1가구용으로 보기에는 너무 크다. 평면이 좌우 대칭으로 구성되고 각 침실에서 출입구가 설치된 것을 보면 2가구용이었을 것으로 추측된다. 지붕은 슬레이트이며 창호가 모두 미닫이인 점을 보면 일제시기에 집단적으로 건설된 근대주택의 모습을 확인할 수 있다.

이렇게 외채형 살림채만을 갖는 양통집은 공업지대에 있는 근로자들의 주택에서도 나타난다. 평남 강서군에 소재했던 이대원 씨 댁이 그 사례에 속한다. 강서군은 평안남도의 서해안지역인데 이 집은 공업지대에 있었다고 한다. 응답자도 당시의 생업을 공업으로 기재한 것을 보면 공장에 근무했던 것으로 생각된다. 농업과 관련된 생산시설이나 부속채가 전혀 없는 것을 보면 전형적인 도시형 주택의 모습을 갖는다. 울타리를 두르기는 했지만 겨우 건물을 가릴 정도이지 외부공간으로서 마당은 대단히 협소하다.

이 집은 1920년대에 건립된 것으로 기억하는데 평면은 이 지역에서는 드물게 겹집이다. 가로 방향으로 4칸이니 전체 8칸으로 이루어진다. 침실은 방 하나가 4칸 규모로서 내벽을 없애고 통간으로 사용했다. 정지 맞은편으로는 헛간

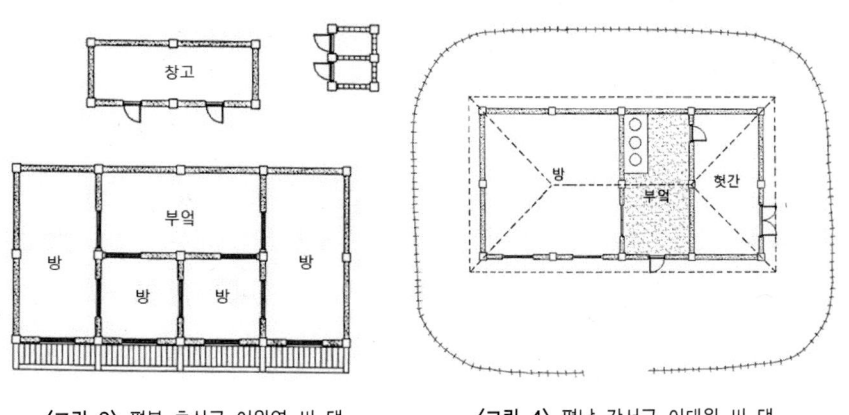

〈그림 3〉 평북 초산군 이완영 씨 댁   〈그림 4〉 평남 강서군 이대원 씨 댁

을 두었다. 가옥의 구조는 전통식 목구조임에도 불구하고 양통집이라는 점이 특이하다. 이 역시 함경도의 전통적인 양통집과는 거리가 멀다. 따라서 광산촌이나 공업지대에서 나타나는 양통집은 산업노동에 의존하는 생업형태를 갖는 근로자들의 주거로서 근대시기에 출현했을 것으로 보인다.

양통집은 해안가의 어촌에서도 발견된다. 평북 정주군의 김기선 씨 댁을 그 사례로 들 수 있다. 이 집은 평안북도 정주군 서해바다에 있는 애도 섬에 소재했던 집이다. 500여 호가 모여 사는 섬마을이며 해안선을 따라 밀집된 취락이었다고 한다. 응답자의 가정은 상업과 수산업, 농업을 겸하는 상류계층이라고 기재했다. 집 안에 점포가 있고 해산물 창고를 둔 점으로 보아 농업소득보다는 해산물 상점을 운영하는 소득이 더 많았을 것으로 짐작된다.

집의 전면이 바다를 향하지 않고 도로를 향한다는 점이 특이하다. 뒷마당이 넓고 뒷마당을 향해 툇마루를 가설한 점으로 보아 본래 집은 바다를 향하도록 건립되었을 것으로 추측된다. 이후 도로에 면하여 점포와 창고를 증축하면서 앞뒤가 뒤바뀌었을 것이다. 농가로부터 주상복합으로 변형되는 모습을 보여주는 흥미로운 사례라 하겠다.

주택의 평면도 이 지역의 전형적인 二자 외통집과는 달리 외채 양통집이다. 도로에 면한 열은 나중에 증축된 것이라 하더라도 본래 두줄백이 양통집으로 건립된 것을 알 수 있다. 전면과 후면은 바람막이 관계상 모두 유리문이었고 간막이 문은 일본식 장지문(후스마)이었다고 한다. 따라서 일제시기 일본주거의 양식을 채용한 것이 아닌가 의심된다. 그러나 전통적으로는 황해도나 경기도의 해안가에서 이러한 양통집이 많이 발견되기도 한다. 평안도 어촌에서도 방풍에 유리한 양통집이 있었을 것으로 추정할 수도 있다. 다만 사례 수가 적어 검증하기는 어렵다.

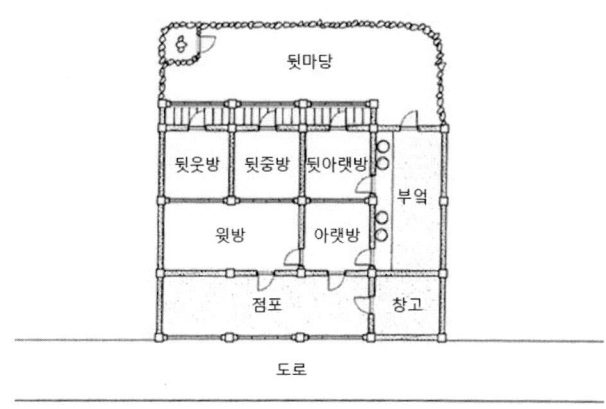

바다

뒷마당

뒷웃방 | 뒷중방 | 뒷아랫방 | 부엌

윗방 | 아랫방

점포 | 창고

도로

〈그림 5〉 평북 정주군 김기선 씨 댁

2. 도시의 집

평안도 옛집에서 가장 뚜렷한 지역적 차이는 농촌과 도시 주거의 차이라고 할 수 있다. 사실 근대도시의 형성은 일제시기 이후에 이루어진 일이지만 그 이전에도 읍성이라고 하는 전통도시들이 존재했었다. 평안도는 이미 고대국가 시대로부터 고구려의 수도인 평양성이 있었던 지역이다. 조선시대에도 중국과 통행하는 서북 교통로로서 평양이나 의주는 감영이 설치되는 전국 5대 도시에 해당했다. 조선후기의 인구로 보면 평양이 30,900호, 의주가 15,000호 이상이 되는 대도시였다. 물론 도호부급의 지방읍성도 강계, 창성, 성천 등 14개 읍성 이 존재했었다.

읍성 안에 소재하는 주택의 형식은 농촌의 형식과 분명 큰 차이가 있었을 것으로 생각된다. 그러나 일제시기 이전 읍성주거에 대해서는 연구된 것이 별로 없어 그것이 농촌마을의 주거와 어떻게 다른지 정확히 알려지지는 않는다. 다만 읍성 안에 거주했던 사람들의 주류는 지방행정에 종사했던 하급관리들로서 중인계층이 많았다고 알려진다. 이들은 주로 지방관청에 근무하는 사람들이었기에 오늘날의 도시인들과 유사한 생업형태를 가졌을 것으로 생각된다.

또한 읍성은 인구가 밀집된 곳이기에 농촌과는 다른 입지조건을 가졌다는 점에서 다른 주거계획이 필요했을 것이다. 좁은 대지면적과 이웃집과의 경계, 그리고 도로와의 관계 등 고려해야 할 요소가 많기 때문이다. 농촌과 같이 농작업을 위한 넓은 마당이 필요하지는 않지만, 채광과 환기를 고려하여 대지를 효율적으로 사용하기 위해서는 꺾음집이 유리했을 것이다. 일제시기에 촬영된 평양시의 모습은 밀집된 도시환경과 꺾음집으로 구성된 도시주택의 모습을 보여 준다.

〈그림 6〉 일제시기 평양시의 모습[35]

---

35) 일본국서 간행회, 『사진으로 보는 근대한국』, 서문당, 1986, 30쪽.

실향민들이 제공한 자료 중에서 전통 읍성형 주거의 모습으로 추정되는 사례는 평남 강서군의 황용학 씨 댁이다. 이 집은 평안남도 강서군 강서면 면소재지에 소재했던 집이다. 강서면은 조선시대 읍성이 있었던 곳은 아니지만 1914년 행정개편에 따라 면소재지로서 도회가 된 곳이다. 하지만 당시만 해도 농업을 경영하는 가정이 많았던 것 같다. 자료제공자의 가정도 소규모의 농지를 경작하는 중농계층이라고 기재했다. 주택의 입지가 면 소재지이기 때문에 전통가옥이 적다고 기술했으나 이 집은 목조와가로서 전통한옥의 구조를 보여 준다.

주택의 대지는 세로축이 긴 장방형으로서 도시 내 택지의 특징을 가지고 있다. 가로축이 긴 평안도 전통 농촌주택을 수용하기에는 적합하지 않다. 이러한 대지 안에서 二자형 주거를 배치하기 위해서는 가로 길이를 줄여야 했을 것이

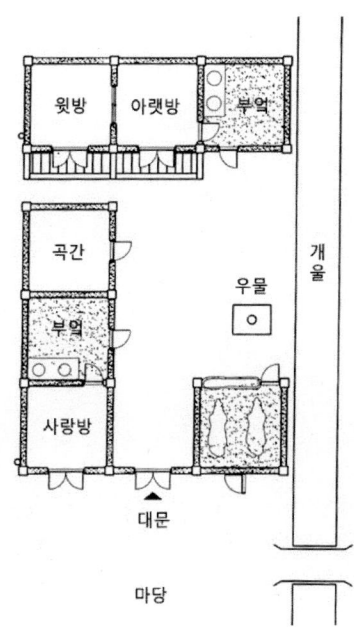

〈그림 7〉 평남 강서군 황용학 씨 댁

다. 이 집에서는 대문채와 모서리채를 결합하여 ㄴ자형 꺾음집을 만들었다. 이로써 一자형 안채와 ㄴ자형 아래채를 결합하여 ㄷ자형 배치를 이루었는데 대지형상에 따라 안마당의 세로축(남북축)이 긴 장방형의 형태를 갖게 되었다. 또한 건물 사이에는 높은 흙돌담을 쌓아 밖에서 안마당이 노출되지 않도록 하였다. 평안도의 전통적인 주거양식이 도시 내의 정형화된 입지환경에 어떻게 적응하는지를 보여 주는 사례라 하겠다.

이처럼 세로축이 긴 장방형 대지에 꺾음집을 만드는 것은 읍성 및 근대도시 주거의 특징이라고 할 수 있다. 폭이 좁은 대지에 응축된 주거공간을 배치하면서도 전통주거형식을 유지하는 모습을 보여 준다. 도시주거가 농촌주거와 다른 또 하나의 특징은 경리시설이나 생산시설이 없다는 점이다. 도시인들의 생

〈그림 8〉 ㄱ자 꺾음집의 모습36)

활은 주로 서비스업과 같은 3차 산업에 종사하는 생업형태를 갖기 때문에 농경과 관련한 공간은 필요하지 않다. 따라서 거주공간으로만 이루어지는 것이 도시주거의 특징이라고 할 수 있다.

二자형 주거에서 대문채(앞채)는 대문간만이 아니라 외양간, 헛간, 창고 등을 포함하는 경리공간으로 이루어진다. 대문채(앞채)를 제외하면 一자 외통형 살림채만 남게 된다. 여기에서 살림채의 가로길이를 최소화하기 위해 꺾음집을 만들면 외채 ㄱ자 집을 형성하게 된다. 이렇게 1동의 살림채만으로 구성되고 그 평면을 ㄱ자 꺾음집으로 만드는 사례가 도시지역에서 흔하게 발견된다.

평양시의 강인선 씨 댁은 그 대표적인 사례라 하겠다. 이 주택은 평양시 중심가인 서문통 거리에 면한 가로변에 있었다고 한다. 집 주변을 그린 입지도를 보면 격자형 가로망과 장방형의 택지가 반복적으로 정연하게 배열된 것으로 보아 계획적으로 이루어진 토지구획정리지구인 것으로 보인다. 대지는 앞뒤에 도로에 면하고 옆으로는 이웃집 대지와 경계를 이루며 역시 세로축이 긴 정형의 장방형으로서 전형적인 도시 안의 택지임을 보여 준다. 이웃집과의 경계는 벽돌담으로 쌓았다고 한다.

주택은 일제시기인 1930년대에 건립된 한옥으로서 기와집이다. 응답자의 가정도 상업에 종사하는 가정으로서 도시형 생업형태를 가지고 있었다. 당연히 생산, 경리시설이 필요하지 않았을 것이다. 건물형식은 외채 ㄱ자 집의 형식으로서 대문채나 부속채가 없이 살림채만으로 구성된다. 부엌을 모퉁이로 꺾는 것은 이 지역 꺾음집의 특성이다. 부엌은 채광이 필수적인 곳이 아니어서 마당에 면할 필요가 적고, 이렇게 하면 부엌에서 양쪽 방에 불을 땔 수 있기 때문이다.

좁은 대지를 효율적으로 사용하게 위해 공간을 중층화하는 것도 도시주거의

---

36) 조선유적유물도감편찬위 편, 『북한의 문화재와 문화유적』, 서울대학교 출판부, 2000, 168쪽.

특징이라고 할 수 있다. 이 집에서는 거실이라고 기재한 공간이 있는데, 청마루 거실이라고 표현했다. 누마루처럼 마룻바닥을 두었던 것이다. 이 거실의 지하에는 움을 파서 김장독을 두었다고 기록했다. 또한 부엌 위에 안방에서 출입하는 다락방을 두었다고 했다. 진남포시의 김봉의 씨도 부엌 위에 중층 다락을 만들었다고 기술했다. 이처럼 공간을 수직적으로 나누어 사용하는 예는 평양시 김대식 씨 댁을 비롯한 여러 사례에서도 나타난다.

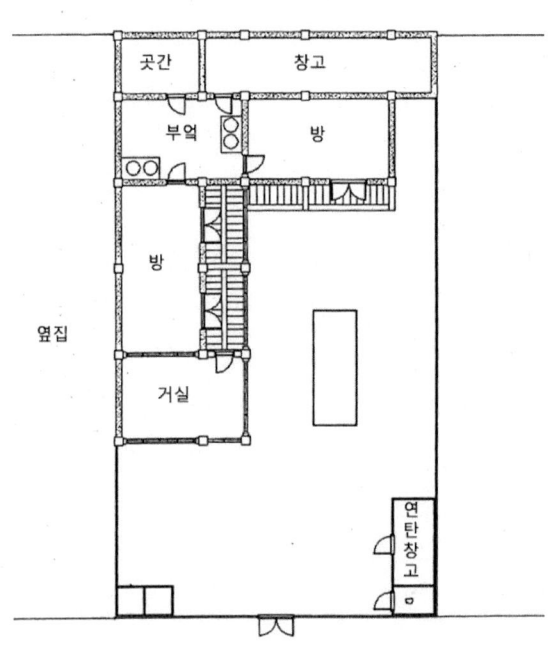

〈그림 9〉 평양시 강인선 씨 댁

물론 도시지역의 집이라고 해서 외채 ㄱ자 꺾음집만 있는 것은 아니다. 경제력이 높거나 침실이 더 필요할 때는 부속채를 더 지어 ㄷ자형 배치를 만들기도 하고 심지어 ㄷ자형 살림채를 만드는 경우도 있다. 이 경우 마당은 더욱 좁아지고 폐쇄적이 될 수밖에 없다. 이와 같은 ㄷ자형 배치는 서울을 중심으로 하는 대도시에서 유행했던 형식이다. 그러나 평안도의 도시주거들은 평면구성에 있어 서울지방의 집들과 다른 모습을 보인다.

대표적인 사례는 평양시내에 소재했던 김대식 씨 댁이다. 이 집은 1930년대 건축된 것으로 기억하는데 목조 기와집으로서 도시형 한옥의 모습을 보여 준다. 택지는 정방형에 가까우며 북쪽과 동쪽은 도로에 면하고 나머지는 이웃집과 접해 있다. 응답자의 가정은 상업에 종사하는 중류계층으로서 농업과 관련한 공간이나 설비를 볼 수 없다.

마당을 정원화한 것도 농촌주거와 다른 점이다. 농촌주거에서 마당이란 주로 농작업에 사용되는 외부공간이다. 수확물을 건조시키기도 하고 저장하는 공간으로 사용된다. 따라서 조경으로 채우는 일은 거의 없다. 상류주택에서도 정원은 별도의 영역에 조성하거나 후원으로 가꾸기는 하지만 안마당을 정원으로 꾸미는 사례는 거의 없었다.

건물의 배치형식은 일제시기 서울지역에서 유행하던 도시형 한옥과 너무도 유사하다. 방 앞에 툇마루를 두고 유리미서기문을 두었다. 대문간 옆으로 문간 방을 두는 방식도 서울의 도시형 한옥과 흡사하다. 그러나 평면구성으로 보면 서울지역의 것과 크게 다르다. 우선 부엌을 꺾음집의 모서리에 두고 사랑방과 안방을 격리하였다. 대청을 중앙에 두고 침실을 격리하는 방식이 아니라 침실 2칸을 통간으로 사용하고 마루방을 끝에 배치하는 방식도 서울지역에서는 잘 나타나지 않는 형식이다. 마루방은 서재로 사용했다고 하는데, 마루방 밑에 지하실을 두어 김장독을 보관하거나 창고로 사용하고 유사시에는 방공호로 사용한다고 기술했다.

살림채를 ㄷ자 꺾음집으로 만든 사례도 나타난다. 진남포시의 장영곤 씨 댁은 ㄷ자형 살림채와 一자형 아래채로서 ㅁ자형 내정을 형성했다. 살림채가 ㄷ자형인 것은 이 지역에서 흔히 볼 수 없는 형식이다. 부엌이 모퉁이로 한 번 꺾이고, 마루방이 모서리로 또 한 번 꺾였다. 한정된 대지 형상에 많은 침실을 배치하기 위해 구부려 배치한 것으로 추정된다. 사랑방이 남향하도록 배치한 것도 특이한 사례이다. 아래채에는 큰 창고와 움, 그리고 화장실을 두었다. 사랑방 옆에 마루방을 둔 것은 앞서 강인원 씨 댁이나 김대식 씨 댁 등에서도 볼 수 있는 이 지역 도시주거의 특징이라고 할 수 있다. 다만 지하에 움은 마루방 밑이 아니라 아래채에 두었다고 한다.

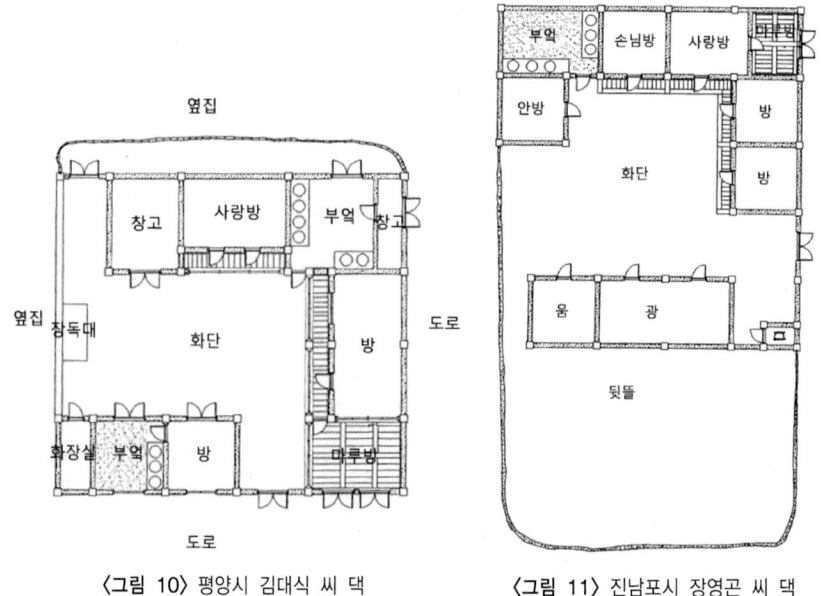

〈그림 10〉 평양시 김대식 씨 댁   〈그림 11〉 진남포시 장영곤 씨 댁

3. 지붕형태와 재료의 지역성

주거형식의 지역적 차이가 나타나는 또 다른 요소는 지붕이라고 할 수 있다. 북한 학자들에 의하면 대동강 이북 지역에서는 맞배지붕이 많았다고 한다. 본래 민가에 맞배지붕을 사용하는 것은 중국적인 문화로 볼 수 있다. 오늘날 중국 동북지방에서도 한족(漢族)주거는 맞배지붕, 조선족 주거는 우진각 지붕으로 확연하게 구분된다.

맞배지붕이란 가장 간단한 지붕형식으로서 양쪽 마구리가 수직으로 끊긴 지붕을 말한다. 따라서 양쪽 마구리에는 경사진 지붕면이 없으며 마구리 벽면이 용마루까지 노출된다. 우진각지붕은 사방이 경사면을 갖는 지붕형식이다. 팔작지붕과 다른 점은 용마루 끝에서부터 처마까지 경사를 갖는다는 점이다. 한국에서는 초가지붕이 거의 모두 우진각 지붕의 형식이며 고급건축에서는 창고나 문루의 지붕으로 많이 쓰인다. 팔작지붕은 우진각 지붕과 같이 사방에 경사면을 갖으나 측면 지붕 위에 삼각형 합각부분이 있다는 점이 다르다. 기와집에서 가장 보편적으로 사용되는 지붕형식이다.

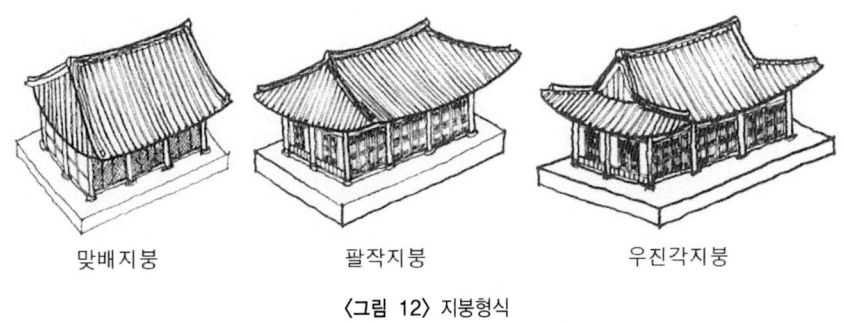

맞배지붕　　　　　팔작지붕　　　　　우진각지붕

〈그림 12〉 지붕형식

그렇다면 대동강 이북 평안도 지방에서 맞배지붕이 나타나는 이유는 무엇인가? 리종묵의 설명은 다음과 같다.

"배집(맞배집)은 우리나라 서북부인 대동강 이북지역에 지배적으로 보급되어 왔는바 이것은 과거 원시주택에서 볼 수 있었던 '배집(맞배집)'이 계속 발전하여 존속한 것으로 볼 수 있으며 동시에 과거 중국의 영향도 적지 않게 받은 것 같다. 배집(맞배집)을 일명 '주각집'이라고 하는데, 그것은 옛말 중국 주나라 집 형태라는 의미라 하며 일반적으로 중국집 형태라는 의미로 통한다.

과거 중국에서 일반 민가에는 우산각집(우진각집) 또는 학각집(팔작집)을 건축하지 못하게 하고 배집을 강요하였는바, 20세기 초까지만 해도 중국은 궁전 또는 종교적 건물이 우산각집(우진각집)이나 학각집(팔작집)이었고 일반 민가에서는 배집(맞배집)이 지배적이었다. 이러한 사실은 배집(맞배집)이 중국 주택의 기본형이었다는 것을 말해 주는바, 우리나라 서북지방은 중국에 인접하여 있고 또 과거 우리나라와 중국과의 교역 또는 문화교류의 주요 통로가 이 지역이었던 만큼 이 지방은 중국문화의 영향을 비교적 많이 받을 수 있었던 것이다. 특히 배집(맞배집)이 서북 지방에서도 그 남쪽에 비하여 북부에 더 많고 대동강 쪽으로 남하하면서 적어지는 동시에 우산각집(우진각집)과 병존한다는 것이다.[37]"

그러나 실향민들의 자료에서는 맞배지붕이 자주 나타나지 않는다. 평북 용천군의 김병주 씨댁, 평북 정주군의 김승봉 씨 댁, 선천군의 박형배 씨 댁 등 3건 정도의 사례를 확인했을 뿐이다. 이것으로는 어느 정도 일반화되어 있었는지를 확인하기 어렵다. 원래부터 주류가 아니었는지, 아니면 시대적 변화인지 검증할 수도 없다. 따라서 맞배지붕의 지역적 분포에 대해서는 숙제로 남겨 두기로 한다.

---

37) 리종묵, 앞의 책, 125쪽.

〈그림 13〉 중국 동북지방
한족주거 맞배지붕

〈그림 14〉 중국 동북지방
조선족주거 우진각지붕

　주거형식의 지역적 차이가 나타나는 또 다른 요소는 지붕재료에서 볼 수 있다. 한국 전통주거에서 지붕재료는 주로 계층적 차이를 반영하는데, 서민들은 볏짚을 사용하는 초가집을 짓는 것이 일반적이며 상류계층들은 기와를 사용하여 기와집으로 짓기 때문이다. 그러나 지역에 따라서는 억새나 갈대, 굴피, 너와, 청석 등 그 지역에서 쉽게 구할 수 있는 재료를 사용하여 각 지역의 독특한 주거형태를 만들기도 했다.

　실향민들의 자료에서 볏짚이나 기와를 제외하고 가장 많이 나타나는 재료는 청석이다. 청석은 돌기와, 돌너와, 천연 슬레이트 등으로 표현되고 있는데

〈그림 15〉 성천 시가지의 청석지붕 집[38]

납작하게 쪼개지는 점판암을 말한다. 청석으로 지붕재료를 삼은 것은 이미 조선시대 문헌에서도 나타날 만큼 오래된 재료이다. 서유구의 임원경제지에는 다음과 같은 설명을 볼 수 있다.

"산간지방 민가에서는 석판을 가지고 지붕을 덮기도 한다. 그 돌은 빛깔이 푸르고 얇기가 나무판자와 같아서 큰 것은 4~5자가 되고 작은 것은 1~2자가 된다. 한 켜 한 켜 서로 쌓으면 비바람을 피할 수 있다. 기와지붕에 비한다면 대단히 내구적이기는 하나 추위가 너무 심한 것이 흠이다. 창고나 광, 뒷간에 이 제도를 쓸 만하고 특히 담장을 덮는 데 유용하다."

38) 일본국서간행회, 앞의 책, 53쪽.

청석은 시장에서 쉽게 구할 수 있는 재료가 아니기에 생산지에서만 사용될 수 있었다. 강원도 동북부 지역을 중심으로 경기도 북부, 북한의 개성 일대, 충청북도 일부 지역에서 많이 생산된 것으로 알려진다. 실향민들의 자료에서 청석지붕의 사례를 찾아보면 평안남도 덕천군이 가장 많고, 개천군·중화군·성천군·맹산군 등 평안남도의 동부 산악지대에 집중적으로 분포한다는 사실을 알 수 있다. 평남 덕천군의 서승욱 씨는 이 지역에서 "천연 슬레이트가 생산되어 모든 주택은 돌 지붕이다"라고까지 기술하였다.

그러나 청석이 생산되는 지역에서도 아무나 청석지붕을 사용할 수 있는 것은 아니었다. 청석은 볏짚만큼 쉽게 구할 수 있는 재료가 아니었을 뿐 아니라, 청석을 가공하여 지붕널로 만들고 이를 지붕에 잇기 위해서는 초가보다 비싼 값을 치러야 했기 때문이다. 평남 중화군의 이극성 씨는 "부유한 집은 기와, 중류는 청석, 하류는 초가지붕이었다"고 기록해 주었다. 즉, 기와만큼 고급재료는 아니지만 중류계층 이상이 되어야 청석지붕을 만들 수 있었다는 것이다.

초가보다 비싼 값을 치르고도 청석을 선호한 이유는 우선 아름다움(또는 고급스러움)이라고 볼 수 있다. 청석은 기와와 비슷한 형태를 갖기 때문에 기와지붕과 같은 외관을 표현할 수 있었기 때문이다. 또한 청석은 기와만큼 수명이 긴 재료이기도 하다. 이 때문에 '천년 능에'라고 불릴 만큼 내구성이 뛰어난 재료였다. 최소한 3년마다 이엉을 새로 해야 하는 초가보다 훨씬 수명이 길었던 것이다.

그러나 청석은 평평한 널의 형태이기 때문에 쌓은 방법도 다르고 지붕의 경사도 차이가 있었다. 접착제가 없이 청석을 포개어 쌓아 만드는데 지붕경사가 급하면 쉽게 미끄러져 내리는 단점이 있었다. 이 때문에 청석지붕은 경사가 완만해지기 마련이다. 또한 양면 경사가 시작되는 용마루 부분은 방수를 위해 기와를 사용해야 했다.

한편 갈대가 많이 나는 해안가에서는 갈대지붕이 만들어지기도 했다. 갈대 또한 조선시대부터 민가에서 사용된 오랜 지붕재료이다. 임원경제지에 의하면 "근해의 해변가에서는 갈대로 집을 짓는데 벚나무 집을 덮은 것에 비해 대단히 좋고 볏짚에 비한다면 상당히 내구력이 있다. 다만 토산품이 아닌 곳에서는 사용할 수가 없다"고 하였다. 갈대 또한 생산지에서나 사용할 수 있는 재료로서 강 하구나 해안가에서 주로 나타난다.

평남 진남포시의 김봉의 씨는 "당시 마을에 너와집이 1채, 큰 갈대지붕의 초가가 십여 채 남아 있었다. 바다갈대를 이용하여 3~4년 갈지 않아도 되며 보통 50~60cm 두께로 여름에 시원하고 겨울에 보온성이 뛰어난 것이 특징"이라고 기술했다. 이러한 갈대지붕은 낙동강 하구에서도 흔히 볼 수 있었는데 대동강 하구에서도 확인된 것이다.

억새와 갈대는 내구력이 좋은 재료로서 경남의 대목들이 '초가 삼년, 샛집39) 10년, 기와 만년'이라고 할 정도로 오래 사용할 수 있는 재료였다. 갈대지붕은 뿌리 쪽이 지붕표면으로 나오는 이른바 '비늘이엉'의 수법으로 만들어진다. 공극률이 크기 때문에 지붕두께도 두꺼워지고 지붕의 경사도 급하게 된다. 지붕의 무게도 무거워지는 만큼 기둥이나 보도 굵은 재료를 사용해야 한다. 따라서 중농 이상의 계층에서나 사용될 수 있는 재료였다.

---

39) 억새로 만든 지붕을 말한다.

〈사진 16〉 진남포시의 비늘이엉 집[40]

〈사진 17〉 경남지방의 갈대지붕 집

---

40) 앞의 책, 49쪽.

제5장

평안도 옛집의 계층적 차이

평안도 옛집의 계층적 차이

　전통사회에서 집은 신분의 상징이기도 했다. 신분이 다르면 생업이나 생활
양식도 다르고, 집을 통하여 권위를 표현하기 때문이다. 과거 양반사회에서는
반상의 구별이 있고, 관직의 높낮이에 따라 집의 규모나 장식을 법으로 규제하
기도 했다. 그러나 신분제가 폐지된 조선후기 사회에서는 신분계급의 차별보
다는 경제력에 따라 집의 형식을 달리하게 된다. 경제력만 허용된다면 더 크고
고급스러운 집을 지을 수 있었던 것이다. 따라서 조선 후기의 농촌사회에서는
소농, 중농, 부농 등 주로 농업생산력을 기준으로 주거계층이 나누어진다. 그렇
다면 평안도에서는 계층에 따라 집의 형식이 어떻게 달랐을까?

I. 소농계층의 집

과거 농촌 사회에서 자기 집을 가지고 있는 최하위 계층이라면 지주에게 고용되어 생활을 영위하는 머슴계층이라고 할 수 있다. 조선 후기에 노비제도가 폐지되면서 신분적으로는 예속되지 않았으나 경제적으로는 상류계층에 의존할 수밖에 없었던 계층이다. 이들은 과거 솔거노비처럼 주인집 일부에 거주공간을 갖는 경우도 있으나 외거노비(外居奴婢)처럼 독립된 거처를 갖는 경우도 있었다.

비록 독립적인 주택을 가지고 있다고 하더라도 지주(고용자)에게 노동력을 제공해야 하기 때문에 이들은 지주집 근처에 거처를 마련하게 된다. 평안도에서는 "예전에 이처럼 큰 집 주위에 一자형집 2~3채를 세우고 노비나 일꾼들을 기거시켰는데 이 집을 '노비마가리집'이라고 하였으며, 이 집에 사는 사람을 '마가리사람'이라고 낮추어 불렀다"[41]고 한다. 물론 이들의 집은 가장 작고 저급한 주택이었음에 분명하다. 남한에서는 이를 '오막살이형'으로 분류하는 학자도 있다.

평안도 주거형식 중에서 가장 저급한 집은 '외채집'이다. 외채집은 대문채(앞채)가 없이 살림채만 갖는 집을 의미한다. 평안도 집에서 대문채(앞채)는 대문간만이 아니라 외양간이나 창고 등 경리시설을 수용하기 위한 건물이다. 따라서 농촌주거에서 대문채가 없다는 것은 영농시설이 없는 것이기에 지주집에 노동력을 제공하고 신공을 받아 생활을 영위하는 최하위 계층임을 의미한다.

---

41) 김광언, 앞의 책, 202쪽.

〈그림 1〉 보통강변의 외채집[42]

〈그림 2〉 외채집 전경[43]

　그러나 도시에 소재하는 외채집은 약간 차이가 있다. 도시인들의 생계 형태는 2차, 3차 산업에 종사하는 경우가 대부분이기 때문에 농경을 위한 경리시설이 필요하지 않다. 따라서 살림채만 있어도 주거생활에 불편하지 않다. 실향민들의 자료에서도 도시의 중류 이상 계층에서 외채집의 사례가 더러 발견된다. 따라서 도시에서 외채집을 갖는 계층을 반드시 하류계층이라고 보기는 어렵다.

　그러나 실향민들이 제공한 자료에서 이러한 외채집의 소농주택은 보이지 않

42) 일본국서간행회, 앞의 책, 44쪽.
43) 조선유물유적도감편찬위, 앞의 책, 167쪽.

는다. 대지주급의 부농주거에서 집 주변에 그려진 작은 주택들이 이들의 주택이었을 것으로 추정될 뿐이다. 입수된 자료 가운데 가장 하류계층은 작은 농지를 경작하던 소작농이다. 이들의 주택은 비록 저급한 건축이기는 하나 평안도의 지역성을 보여주는 최소한의 주택이라는 점에서 의미가 있다.

평남 대동군의 홍정남 씨 댁은 평안도 소농주거의 대표적인 사례라 하겠다. 홍정남 씨의 가정은 논 2,500평, 밭 2,000평을 경작하는 농민이었다고 하는데 스스로 최하 빈민계층이라고 기재했다. 경작규모로 볼 때 아마도 남의 땅을 빌어 경작하는 소작농이었을 것으로 짐작된다. 주택의 위채와 아래채는 건립연대가 다르고 건축형식도 차이가 있다. 위채는 당시 150년 정도 된 것으로 전해들었다고 하는데 기둥이 없는 토담집이며 초가 '끊침 지붕'이었다고 설명했다. 그가 그려준 입면도를 보면 초가 맞배지붕이었을 것으로 짐작된다. 아래채는 1910년대에 건축된 것으로서 초가 우진각 지붕으로 작도했다. 이처럼 살림채보다는 대문채를 더 고급스럽게 만든 사례가 다수 발견되는 것으로 보아 단순히 건립연대의 차이만은 아닌 것 같다.

주택은 위채(본채)와 아래채(앞채) 두 건물로 구성되어 전형적인 二자집이다. 두 채 모두 우진각 초가지붕이었다고 한다. 물론 중농 이상의 주택에서도 二자집은 보편적으로 나타나는 이 지역의 대표적 형식이지만 건물 규모가 각각 3칸에 불과하다는 점에서 소농계층의 특징을 갖는다. 두 채로 구성되지만 반드시 평행하다는 점이 남부지방의 소농주거와 다른 점이다.

두 채 사이에는 수숫대로 엮은 바자울을 1.8m 높이로 둘렀는데 겨우 안마당을 가릴 정도이다. 담장의 구조나 재료 또한 소농주거의 특징을 보여 준다. 평남출신 이극성 씨의 설명처럼 "부유한 집은 흙돌담을 쌓고 기와를 얹은 담이

<그림 3> 평안도 이자집의 모습[44]

며, 가난한 집은 대개 수숫대를 틀어 짜서 울타리를 만들었기" 때문이다. 비록 울타리 같은 허술한 담장이지만 평안도 집에서 담장을 두르지 않는 집은 보기 힘들다. '울도 담도 없는 집'이라고 표현되는 남한지방의 소농주거와 비교하면 평안도의 집에서 담장은 필수적인 요소라고 할 수 있다.

또한 아무리 작은 규모의 집이라도 농촌주거라면 2개의 마당을 갖는 것이 통상적이다. 이 집에서도 대문채 밖에는 바깥마당이라고 기재하여 안마당과 구별하였다. 바깥마당은 농작업을 하는 곳이라고 부연하였다. 소농계층의 작은 집에서도 외부공간을 구별하여 사용하는 것이 필수적이었다는 사실을 보여준다.

3칸짜리 아래채는 중간에 대문간을 두고 양 옆에 창고와 외양간을 배치했다. 중농 이상의 계층에서 흔히 보이는 곡물 수장공간이 없다는 점도 경제력을 반영한다. 대문은 '7푼 정도의 송판으로 두 짝 빗장거리'라고 설명했는데 남부지

44) 앞의 책, 168쪽.

방에서 흔히 볼 수 있는 널대문이다. 보통 사립문을 사용하는 남부지방의 소농주거와 다른 점이다. 아래채와는 별도로 돼지우리를 두어 변소와 겸하였다. 살림채 또한 3칸인데 부엌 한 칸과 침실 2칸으로 구성된다. 다만 침실 두 칸에 칸막이를 두지 않고 통간으로 사용한다. 모든 가족원이 한 방에서 기거한 것이다. 이 집은 평안도 농촌주거에서 필수적인 주거설비가 무엇인지 보여 주는 사례라 하겠다.

또 다른 소농주거의 사례인 평남 용강군의 변남철 씨 댁에서도 위와 같은 소농주거의 특징을 확인할 수 있다. 이 집은 평안남도 용강군 산지의 농촌마을에 소재했었다. 집 앞으로는 논이 있고 주변으로는 밭을 그렸다. 마을은 약 80여 호가 모여 사는 농촌취락이라고 한다. 자료제공자는 토지개혁 이후 약간의 토지를 배당받아 경작했다고 하는데 하류계층이라고 기재했다. 집의 북쪽과 서쪽에는 각기 600평 정도의 복숭아밭과 1,000평 정도의 사과밭이 있었다고 그려 주었다. 앞서의 사례로 볼 때 소작농 이상의 자영농이었을 것으로 추정된다.

주택은 1946년에 건축된 것으로 기억하며 앞서의 사례와 거의 유사한 전형적인 二자형 외통집을 그려 주었다. 전형적인 형식답게 살림채와 아래채가 평행하게 정남향으로 배열되고 그 간격은 협소하게 작도하여 장방형 안마당을 묘사하였다. 진입로에서 후퇴시켜 집을 배치함으로써 바깥마당을 형성한 것도 전형적이다. 살림채와 아래채 사이에 1.7m 높이의 흙돌담을 쌓아 안마당의 폐쇄성을 높였다. 안마당을 '뜰'로 기재하고 바깥마당을 '마당'으로 기재한 것은 눈여겨볼 만하다. 소농계층의 집이라도 안마당과 바깥마당의 구별이 필요했음을 보여 주기 때문이다.

살림채나 아래채 모두 3칸 규모로 중하류 계층성을 반영한다. 위채, 아래채 모두 우진각 초가지붕이다. 아래채의 중앙에 대문간을 만들었고 좌우에는 사랑방과 헛간을 두었다. 이 지역에서 중농 이상의 주거라면 대문채에 있는 사랑

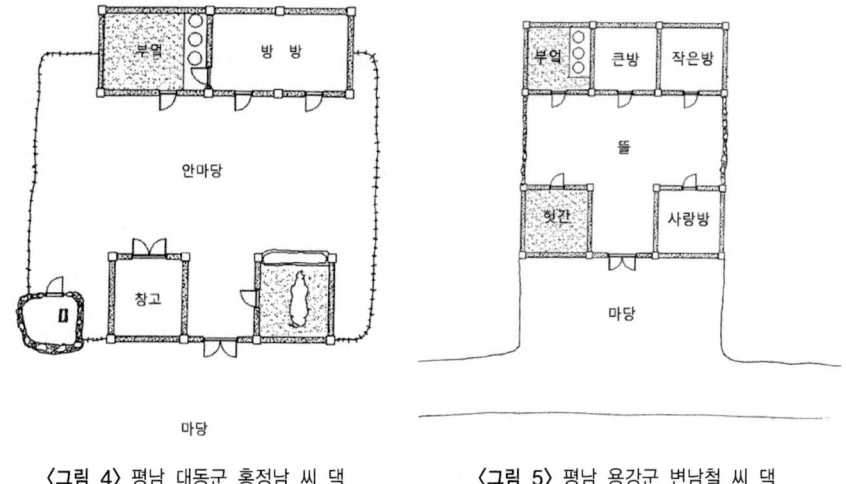

부엌　　　　방　방

안마당

창고

마당

〈그림 4〉 평남 대동군 홍정남 씨 댁

부엌　　큰방　작은방

뜰

헛간　　　　사랑방

마당

〈그림 5〉 평남 용강군 변남철 씨 댁

방은 머슴이나 하인이 기거하는 방을 의미한다. 그러나 이 집에서 사랑방은 창고 삼아 사용했다고 한다.

　　이처럼 평안도 소농계층의 집은 울타리나 초가지붕과 같은 저급한 재료를 사용한다는 점에서 보편적인 계층성을 가지고 있으나 다른 지역에서 보기 어려운 지역성도 가지고 있다. 즉, 아무리 낮은 계층이라도 살림채와 대문채로 구성되며 두 채를 평행하게 배치하여 안마당(뜰)을 가진다는 점이다. 바꾸어 말하면 二자집은 평안도 주거형식의 핵심적인 요건이었다고 할 수 있다.

2. 중농계층의 집

　　평안도 자료제공자들이 중류계층이라고 기재한 가정의 경작면적을 보면 5

천 평~1만 평 사이의 규모를 보여 준다. 2만 평 이상의 경작면적을 갖는 사람도 있으나 스스로 중류계층이라고 기재한 경우도 있다. 중류계층의 평균 경작면적은 8,200평인데 이 중에서 논의 평균 면적은 1,500평, 밭은 5,800평으로서 밭농사 위주의 영농형태를 가지고 있었다.

중농계층의 주거는 소농주거에 비해 경리시설이 증가한다는 점에서 차이가 있다. 농업생산과 관련된 작업 수장공간은 물론 이거니와 생산된 곡물을 수장하는 공간도 증가하게 마련이다. 물론 침실의 수도 많아지고 건축재료도 고급화된다. 그러나 이 지역의 기본형인 이자집의 형식을 결코 벗어나지 않는다. 모서리에 부속채를 두어 세 채 ㄷ자형이나 네 채 ㅁ자형 등으로 확장될 뿐이다.

중농주거의 대표적인 사례는 평안북도 박천군의 차만석 씨 댁을 들 수 있다. 생업형태를 기재하지 않았으나 마을이 산지 농촌이며 집주변을 그려 준 도면

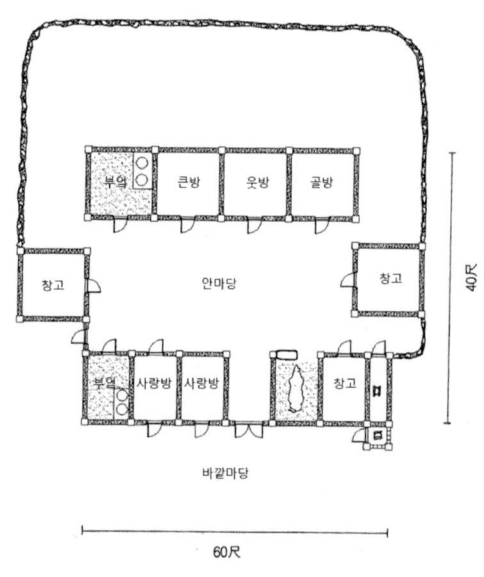

〈그림 6〉 평안북도 박천군 차만석 씨 댁

에 경작지가 표현되고 주거 내에 농업생산시설을 갖는다는 점에서 농가임에 분명하다. 가족 수는 10인으로 대가족이며, 경작규모를 기재하지 않았으나 중류계층이라고 표시했다. 주택은 100년 전 정도에 건축된 것으로 전통성을 가지고 있다.

주택건물의 배치를 보면 살림채와 사랑채(대문채를 겸함)가 남향이며 병열로 배치되어 있는 전형적인 二자집을 기본으로 동, 서 변에 부속채를 증축한 형식을 취한다. 형식상으로는 4채 �口자형 배치를 이루나 동채와 서채는 모두 1칸짜리 창고에 불과하여 중부지방의 �口자집과는 차이가 크다. 소농주거에 비하면 경리시설이 더 추가된 형식이다.

살림채와 대문채의 규모도 소농주거에 비해 훨씬 더 크다. 평안도 집들은 외통집이기 때문에 공간이 많아질수록 건물길이가 길어진다. 이에 따라 안마당의 가로길이도 더 길어진다. 세로 폭은 일정한데 가로길이가 길어져 마당의 형상은 세장방형이 되기 마련이다. 이 집에서도 안마당의 크기는 가로 35척, 세로 20척 정도로 가로가 긴 세장방형의 형태를 갖는다. 사랑채 앞은 '밖마당'으로서 주거의 외부로 취급되며 살림채의 뒷마당은 담장으로 둘러싸고 후원으로 사용하여 주거영역에 포함되어 있다. 후원을 둘러친 담장은 토담으로서 기와를 얹었고 높이가 6척이라고 기재했다. 기와를 얹은 토담을 사용하고, 폐쇄적인 후원을 갖는다는 점에서 중류 이상의 계층성을 볼 수 있다.

중농주거에서 지붕재료는 보통 볏짚을 사용한 초가이거나 갈대, 청석 등 그 지역에서 생산되는 자연재료를 사용하는 것이 일반적이다. 그러나 일부 건물에서는 기와지붕을 사용하는 예도 간혹 나타난다. 이 집에서 살림채와 동쪽 창고는 목조 토벽 초가라고 기재하였고, 사랑채와 서쪽 창고는 기와지붕이라고 기록하였다. 살림채가 초가이면서 대문채를 기와지붕으로 하는 사례는 중농 주거에서 가끔 나타나는 현상으로서 이 지역에서는 대문채를 더 고급화시키는 경향을 볼 수 있다. 대문채에 있는 대문간에는 소슬대문을 둘 만큼 고급화하였다.

살림채는 4칸으로 부엌 1칸과 침실 3칸으로 구성되는데 방의 규모는 사랑채보다 훨씬 커서 살림채와 사랑채의 길이를 의도적으로 맞추려 한 것이 아닌가 생각된다. 소농주거와 다른 점은 살림채와 대문채의 규모가 4칸 이상으로 크다는 점이다. 차 씨 댁은 살림채를 4칸, 대문채 6칸을 두었는데 대문채의 한 칸 규모는 살림채보다 작게 만들었다. 즉, 살림채의 길이와 대문채의 길이를 맞추려 하는 의도가 분명하게 드러난다. 二자집이라는 집의 형식적 규범을 지키려한 것으로 보인다.

사랑채는 마구간과 대문간, 창고, 화장실 등을 결합한 모습으로서 중농계층의 형식을 취한다. 화장실은 내, 외를 구분하여 외측은 남자용, 내측은 여자용으로 구분했다. 대문채에 있는 침실과 그 용도 또한 중농 이상의 계층성을 보여 준다. 이 집에서는 2칸의 사랑방을 두었는데 이 지역에서 대문채의 사랑방은 주로 머슴이나 소작인이 사용하는 침실이다. 그만큼 경작 규모가 크다는 것을 의미한다. 남부지방의 행랑방에 해당한다고 볼 때 사랑방의 존재는 바로 경제력을 반영하는 공간이다.

자영농 이상의 중농주거에서는 경리시설만이 아니라 별당과 같은 사랑채를 갖는 사례도 흔히 나타난다. 대문채에 있는 사랑방이 남부지방의 행랑방에 해당한다면 살림채 좌우에 있는 사랑방은 남부지방의 사랑방과 유사한 기능을 갖는다. 또한 장성한 자녀들을 위한 별동의 살림채로 사용하기도 한다. 가족구성원들의 사생활을 위해 침실분리가 이루어지는 것이다. 이에 여러 채의 침실을 갖는 주거형식으로 발전하게 된다.

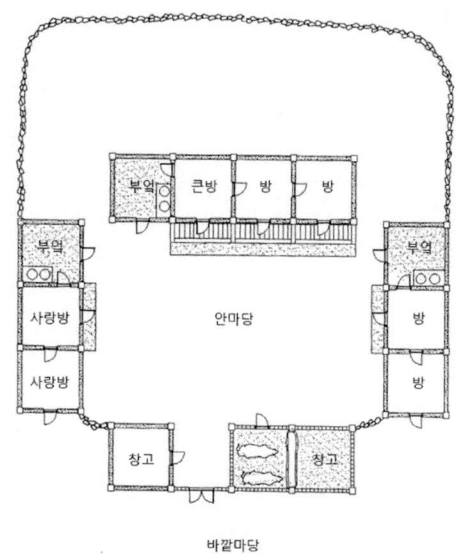

부엌 큰방 방 방

안마당

부엌

사랑방

사랑방

부엌

방

방

창고

창고

바깥마당

〈그림 7〉 평북 태천군 김현구 씨 댁

평안북도 태천군의 김현구 씨 댁은 3동의 살림채로 구성된 주거형식의 사례를 보여 준다. 이 집의 가족은 3대가 동거하는 농업가정으로서 중류계층에 속한다고 했다. 집 앞에는 곡물을 쌓아두고 타작하는 바깥마당이 100평 정도 있으며, 동쪽 옆으로는 채소밭이 600평 정도 있었다고 한다. 바깥마당에 담장과 같은 경계가 없음에도 불구하고 100평이라고 기재한 것을 보면 사유화된 외부 공간이었음을 알 수 있다.

담장은 집 뒤에만 둘렀는데 돌담으로서 높이가 1.5m 정도라고 한다. 2차 도면에서 뒤뜰에는 앵두나무, 배나무, 향나무 등을 그렸고 여러 가지 꽃을 심었다고 한다. 후원을 경영했던 것이 분명하다. 이에 비해 바깥마당은 곡물 등을 쌓아두고 타작하는 곳이라고 기술했다. 앞의 예처럼 경제력이 높을수록 폐쇄적인 뒷마당을 만들고, 이곳을 후원으로 경영하는 모습을 보여 준다.

주택은 4채의 건물이 ㅁ자형으로 배치된 형식으로서 남부지방의 튼 ㅁ자형 배치와 유사하다. 다만 대문채를 제외한 3채 모두 온돌방을 가졌다는 점이 특이하다. '동채'라고 부르는 동쪽 건물은 가족용 침실로 구성되며, '서채'는 사랑채로서 손님들을 위한 접대실이라고 기재했다. 남부지방 중농 이상의 계층에서 흔히 보이는 사랑채의 모습과 유사하다. '아래채'라고 부르는 대문채에는 침실을 두지 않고 외양간과 창고로만 구성했다. '위채'라고 부르는 살림채는 어른들의 거실로 사용한다고 설명했다. 툇마루는 살림채에만 설치하고 동채와 서채에는 죽담을 두어 건물의 위계를 표현했다.

서채 마구리에 있는 사랑방과 동채 마구리에 있는 방은 안마당을 향해 출입문을 두지 않았다. 모두 바깥마당을 향해 문을 둔 것으로 보아 이곳을 머슴이나 하인들이 거주하는 행랑방으로 사용한 것으로 생각된다. 그 대신 대문채에는 침실을 두지 않았다. 대문채는 4칸으로 구성되는데 외양간과 2칸의 창고, 1칸의 대문간으로 구성했다. 이 집에서도 대문채만 기와를 덮었다고 한다.

3. 부농계층의 집

상류계층이라고 기재한 응답자의 경작면적은 편차가 매우 크다. 최소 2만 6,000평에서부터 최대 35만 평에 이르기까지 사례별 차이가 커서 평균의 의미가 없다. 대략 3만 평 이상의 경작면적을 가질 때 상류계층이라고 인식한 것으로 볼 수 있다. 물론 이들은 지주계층이며, 부농계층이었음이 분명하다.

부농계층의 집들은 개별적인 특성이 강하게 나타난다. 경제력을 바탕으로 개인적 취향이나 생활양식이 반영되기 때문이다. 다만 건물배치의 골격은 중농주거와 큰 차이가 없다. 즉, 二자형 집에서 좌우에 부속채를 두어 ㅁ자형으로 확대되고 부속공간이 많아진다. 또한 규모가 커지고 건축재료가 고급화될 뿐이다. 침실이 여러 개로 분화되는 경향도 있지만 특히 생산, 경리시설의 확장은 부농주거의 특징이라고 할 만하다.

외통집으로 평면을 구성하는 평안도 집에서 침실의 수요가 많아질 때 방을 한 줄로 구성하기는 어렵다. 건물의 길이가 길어지면 온돌 난방에도 문제가 있고 안마당도 필요 이상으로 커지기 때문이다. 이 때문에 방을 두 줄로 배열하는 이른바 양통집이 나타나기도 한다. 본래 양통집은 함경도 지역에서 전형적으로 나타나는 형식이다. 그러나 평안도 지역에서 살림채의 평면을 양통집으로 구성하는 사례는 발견되지 않는다. 평안남도 맹산군의 김기순 씨 댁은 부속채의 평면을 양통으로 구성한 특이한 사례에 속한다.

이 집은 평안남도 맹산군 농촌에 소재했던 집이다. 맹산군은 평안남도의 동북쪽으로 함경남도와 접경하는 지역이다. 기양리는 산세가 비교적 험하여 산림이 80%를 차지하며 주로 농경을 생업으로 한다. 응답자의 가정도 농업에 종사했는데 논 1만 6천 평, 밭 3만 평을 경작하는 부농계층이었다고 한다.

이 집은 1950년도에 건설되었다고 하는데, 건물은 ㄱ자형과 ㄴ자형 두 채를 결합하여 ㅁ자형 배치를 이루어 이 지역 전통형식에서 벗어나지 않는다. 살림채 뒤로는 돌담을 쌓아 폐쇄적인 외부공간을 만들었는데 정원이라고 기재했다. 쪽문을 두어 출입할 만큼 폐쇄적인 정원으로서 후원을 만드는 상류주거의 특징을 보여 준다. 대문채 앞에는 담장을 두지 않았으나 앞마당이라고 기재하고, 연자방앗간과 물레방앗간 2칸을 세웠다. 탈곡이나 건조 등 농작업을 위한 사유화된 외부공간이 분명하다.

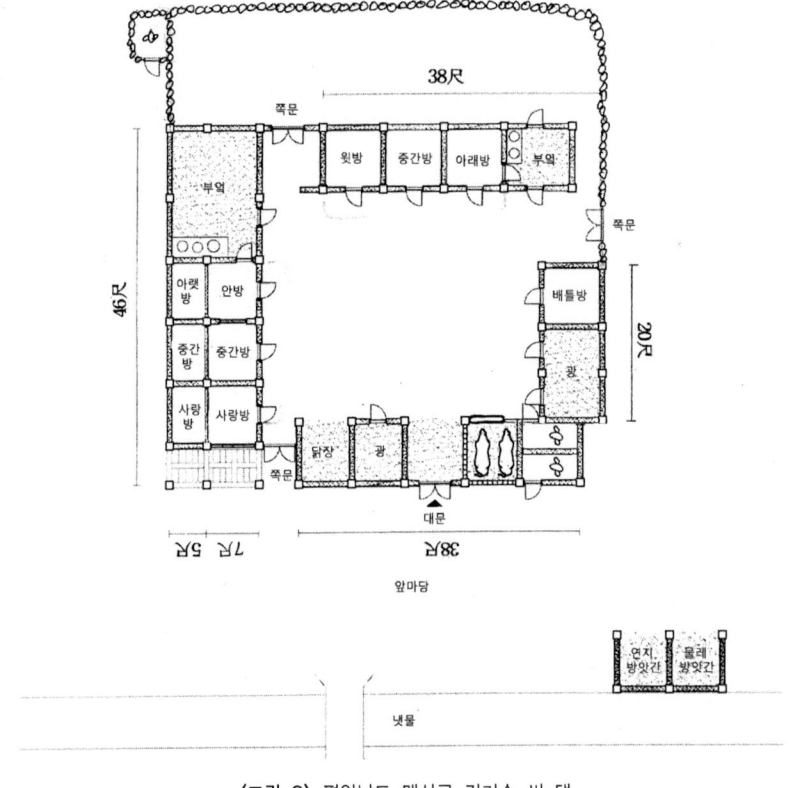

<그림 8> 평안남도 맹산군 김기순 씨 댁

　대문채는 곡간채와 결합하여 ㄴ자형 꺾음집을 만들었고 대문간은 중앙에 두
었으며 변소를 모퉁이에 배치했다. 내측(여자용 변소)은 입구를 안마당 쪽으로
두었고 외측(남자용 변소)은 바깥마당 쪽으로 두어 내외를 구별했다. 곡간은
대문채에도 1칸을 두었고 곡간채에도 2칸이 있어 부농의 경제력을 보여 준다.
광 옆으로는 베틀방까지 두었다.

　이 집에서 주목할 만한 것은 사랑채이다. 사랑채는 김기순 씨가 13～15세까
지 3년 동안 개축하는 일을 도왔다고 하는데 규모도 크거니와 고급건축이다.

지붕은 경기도 양주에서 나오는 '구들장 같은 돌'(청석인 듯)을 사용했다고 하는데 부연45)까지 달아 고급스럽게 겹처마로 꾸몄다고 한다.

살림채는 4칸 외통집인데 이와 결합된 사랑채는 8칸 양통집으로 만들었다. 8개의 침실이 만들어진 것이다. 그러나 폭이 12척이라고 기재한 것을 보면 완전한 양통집이라기보다는 외통집에서 뒷부분에 툇간을 두어 양통형으로 구획한 것을 알 수 있다. 내부 간막이는 모두 미닫이문이라고 기재했는데 필요 시 문을 개방하여 통간으로 사용했음을 알 수 있다. 자료 제공자도 행사 때에는 마루문을 떼어 한 방으로 사용했다고 기술했다. 여하튼 양통으로 평면을 구성함으로써 건물 길이를 반으로 줄일 수 있었다.

살림채에 3개의 침실을 두고도 부속채에 8개의 침실을 만든 이유가 무엇인지 자세히 알 수는 없었다. 다만 마구리에 배치된 사랑방 앞에 바깥마당을 향해 툇마루를 설치했고 대문채 사이에 쪽문을 두었다는 점에서 사랑방은 머슴이나 하인이 기거했던 곳이라고 짐작된다. 3대 가족으로서 형님가족, 형제들이 동거하는 대가족이기에 침실의 수요가 많았던 것도 이유가 된다. 비록 지붕은 이 지방에서 생산되는 청석지붕을 덮었으나 경리시설의 규모가 크고 다양하며, 많은 침실을 가지고 있는 부농주거의 특징을 보여 준다.

부농주거의 또 다른 특징은 머슴이나 하인이 기거하는 공간을 가지고 있다는 점이다. 남한의 상류주거에서는 행랑채에 행랑방을 두어 사랑채와 구별하지만 평안도 지역에서는 대문채에 사랑방을 두어 행랑방의 용도로 사용한다는 점이다. 이렇게 배치할 경우 주인의 생활공간인 안채와 안마당의 사생활이 노출되는 문제가 있다. 평안북도 의주군의 김창서 씨 댁은 안마당에 내외벽을 두

---

45) 부연이란 서까래 끝에 덧얹는 사각형의 짧은 서까래.

어 사생활을 보호하는 방식을 보여 준다.

　김창서 씨 댁은 압록강에 면한 평안북도 의주군 산악지대에 소재했던 집이다. 응답자는 거주 당시의 계층에 대해 논 1,000평, 밭 3,000평 정도를 경작하는 중류계층으로 기술하였으나 이 집을 지을 당시에는 지주층에 속했다고 별도로 기술하였다. 살림채 뒤쪽으로는 석축담을 쌓았고 뒷산에 각종 과실수와 뽕나무를 재배하여 온 가족이 잠업에 종사했다고 한다. 사랑채에는 3칸의 사랑방을 두었고 외양간도 3마리 소를 키울 정도로 규모가 크다. 사랑방에는 하인가족이 거주했고, 옆집에는 소작인 주택이 있었다는 것으로 보아 지주형 부농이었음을 알 수 있다. 산악지대에 소재하는 마을답게 2~3호씩 산재한 산촌형 취락이라는 점도 분명하다.

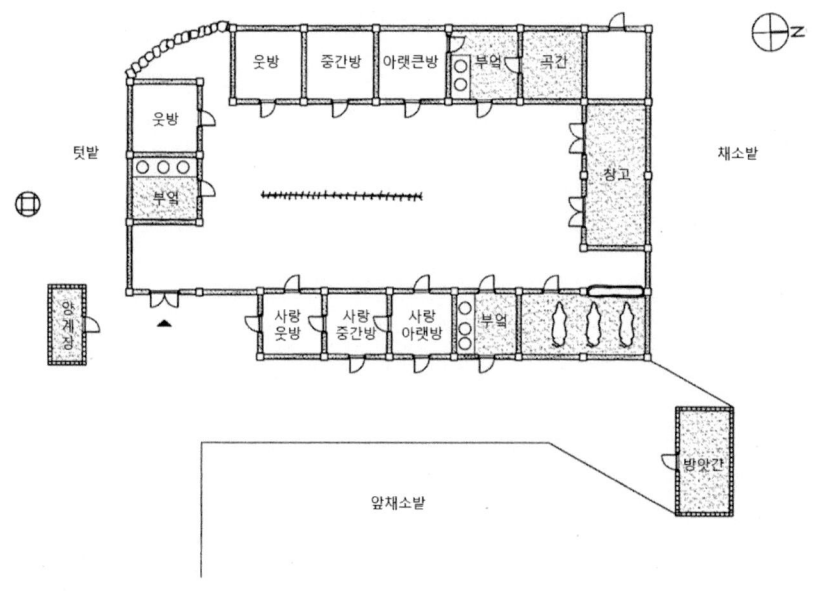

〈그림 9〉 평북 의주군 김창서 씨 댁

주택은 100년 전에 건립된 것으로 기억한다. ㄱ자형 안채와 일자형 사랑채, 그리고 서쪽 모서리채를 ㅁ자형으로 배열하여 세장방형 안뜰을 만들었다. 살림채의 장변이 5칸이고 사랑채의 침실도 3칸에 이르는 상류 주택이다. 지붕도 기와를 사용했다고 한다. 살림채가 동향으로 배치된 것은 지형적인 이유 때문으로 보인다. 대문간을 사랑채에 두지 않고 남쪽에 치우쳐 담장에 낸 것이나 안뜰 중간에 담장을 설치한 것이 이 집의 특징이다. 안뜰의 프라이버시를 보호하기 위한 장치임에 분명하다.

앞서의 사례에서도 언급한 바 있지만 평안북도의 집에서 사랑채는 남한지방의 사랑채와 격이 다르다. 이 집에서도 사랑채는 하인가족이 거주하거나 행인들의 기거용으로 사용되었다고 한다. 이러한 성격은 남한지방 중상류 주거의 행랑채에 해당한다. 따라서 사랑채의 거실들이 안뜰을 향해 열려질 경우 살림채에서 이루어지는 주인가족의 생활이 노출될 수밖에 없다. 따라서 대문채를 모서리에 두어 시선을 차단하는 방법이나, 안뜰 한가운데 담장을 두어 시선을 차단한 것은 적절한 장치라고 보인다.

평북 선천군의 박형배 씨 댁은 실향민의 자료 중에서 가장 부유했던 사례이다. 이 집은 평안북도 선천군 해안가 소재했던 대지주의 집이다. 논 10만 평, 밭 15만 평의 경작지를 소유한 가정으로서 대농에 해당한다. 해안가에 있는 마을이지만 대부분 농업에 종사하는 큰 규모의 마을이었을 것으로 추정된다. 응답자는 전문가적인 솜씨로 방위와 축척, 창호의 종류까지 표현한 배치도를 작성해 보내 주었다.

이 주택은 400년 전에 건립된 것이라고 한다. 북쪽으로 경사진 대지 위에 단을 조성하여 주택을 건설했다. 담장으로 위요된 주거영역에만 6동의 건물로 구성된 대규모의 고급주택이다. 담장으로 둘러 싼 주거영역 밖에도 머슴집을 비롯한 여러 동의 생산시설을 갖추고 있으며 북쪽에는 이 집 소유의 테니스장을 가지고 있었다. 특히 행랑채 밖에는 연자방앗간과 창고를 수용하는 두 칸짜리 건물을 세우고 타작마당이라고 기재했다.

주거영역은 3m 높이의 높은 돌담으로 경계를 삼았다. 화강석으로 쌓고 기와지붕을 얹은 최고급 담장이었다고 한다. 담장 안의 건물들은 남한지역의 상류주거처럼 행랑채(대문채)와 사랑채, 안채가 구분되어 있어 폐쇄적인 외정과 내정, 후정을 갖는다. 행랑채는 일자형이지만 사랑채와 안채는 모두 ㄱ자형으로 세장방형의 안마당(내정)을 둘러싸고 있다. 대문간을 들어서면 행랑마당(사랑마당)이 나타나고 여기에서 사랑채의 중문간을 통과하여 안마당으로 진입하는 방식도 남한지역의 양반주거와 같다. 건물지붕도 모두 기와를 사용했는데, 행랑채와 안채는 맞배지붕이고 사랑채와 별당은 팔작지붕이었다고 한다.

행랑채의 구성은 남한지역의 것과 크게 다르지 않다. 대문간 좌우에 창고와 행랑방, 그리고 마구간, 헛간 등을 배치했다. 사랑채와는 마주 보도록 평행하게 배치하여 행랑방 하인이나 머슴들의 행위를 감독할 수 있도록 했다. 사랑채 또한 크게 다를 것이 없다. 사랑채와 창고 사이에 중문간을 배치하는 방식도 상류주거에서 흔히 볼 수 있는 방식이다. 다만 사랑채 동쪽 마구리에 화원을 두었는데, 그 용도가 주목할 만하다. 화원담장에 담장창살이라고 표시하면서 이곳의 용도는 야간에 하인들과 동네 청년들이 도적침입을 감시하는 초소였다고 설명했다.

방도시설은 내정에서도 나타난다. 대문간으로부터 안채를 둘러싸는 목판벽을 설치한 것이다. 살림채 주위를 모두 판자벽으로 둘렀는데, 벽은 두께 6cm 정도의 판자로 만들었고 벽 높이는 주춧돌 위에서 처마 밑까지 닿았으며, 외부는 흑색으로 도장했다고 한다. 이 판벽은 도적침입 방지용으로서 1890년경에 설치했는데 일몰 직전에 3개소의 문을 잠그면 외부와 완전히 차단되었다고 설명했다. 당시 관서지방에는 유상돈(劉相敦)이라는 조직화된 대도(大盜)가 있어 수차의 침범을 당한 후 조성했다고 한다. 사생활보호나 외부침입을 방지하기 위해 폐쇄적인 장치를 갖는 것이 상류주거의 일반적인 성격이기는 하지만 이처럼 살림채 전체를 목판 벽으로 둘러싸는 방식은 다른 곳에서 볼 수 없는 특수한 처리이다.

안채는 침실로 구성된 ㄱ자 꺾음집으로서 부엌을 모퉁이로 배치했다. 안채와 연접하여 가묘(家廟)를 세운 점도 특이하다. 가묘란 조상들의 신위를 모시는 사당을 의미한다. 남한지역이라면 안채 뒷부분에 독립적인 영역을 구성하여 사당을 세우는 것이 보통이기 때문이다. 가묘 앞에는 앞뜰을 두어 안채와 격리시켰다. 이곳은 제관들이 제사에 참례하여 읍하고 서있는 장소로서 벽으로 구획되어 있지만 지붕은 없다고 설명했다.

안채 서쪽에 3칸짜리 작은 부속건물을 둔 점도 특이하다. 여기에는 욕실과 고방, 장작창고를 두었다. 부엌살림에 필요한 경리시설인 셈이다. 부엌으로 드나드는 협문도 두었다. 담장에 붙여 지었기에 살림채와의 사이에 작은 옆 마당을 형성했다. 부엌일을 위한 외부공간의 역할을 하면서 서문 쪽으로 드나드는 동선의 매개공간이 되기도 한다.

폐쇄적인 후정을 두는 것도 상류주거로서의 특징이다. 앞의 예처럼 후정에는 정원만이 아니라 별당을 비롯한 부속건물을 세웠다는 것이 이 집의 독특한 점이다. 후정에는 마루 한 칸과 별당 한 칸으로 두 채의 건물이 있는데 이는 두 칸짜리 별당 1동이 아닌가 생각된다. 후정 동편에는 제사실(製絲室)로 표기된 건물이 있는데 누에고치로 견사를 만드는 작업장이라고 설명하였다. 그러나 그 위치나 형태로 보아 본래 사당이 아니었나 의심된다.

　주거외곽에도 여러 동의 건물들이 있는데 남쪽에는 연자방앗간이 있고, 서쪽에는 곡물창고와 연접된 양잠실을 두었다. 양잠실이 마루를 포함하고 있으며 그 앞에 텃밭이 연못의 형태를 가지고 있는 것으로 볼 때 본래 연지를 둔 별당채가 아니었나 의심된다. 북쪽에는 머슴집으로 보이는 주택들이 표현되었다. 대장원을 거느린 상류주거의 면모를 정밀하게 보여 주는 귀중한 사례라고 할 수 있다.

연못

밤나무단지

부엌　아랫방　웃방

부엌　방

헛간　헛간

별당　마루

고방

후대문

쪽문

반침고

고방

욕실

양참실

부엌

곡물창고

텃밭

부엌　안방　중간방　맞웃간

맏간방　건너방

내정

후정

재사실

가묘　앞뜰

가묘　감

제기　식기고

쌀창고

화원

창고　고방

부엌

중대문

화단

외정

계사

창고　부엌　행랑방　마구간　헛간

대문

텃밭

창고

연자　방앗간

타작마당

텃밭

〈그림 10〉 평북 선천군 박형배 씨 댁

제6장

평안도 옛집의 시대적 변화

평안도 옛집의 시대적 변화

사례수

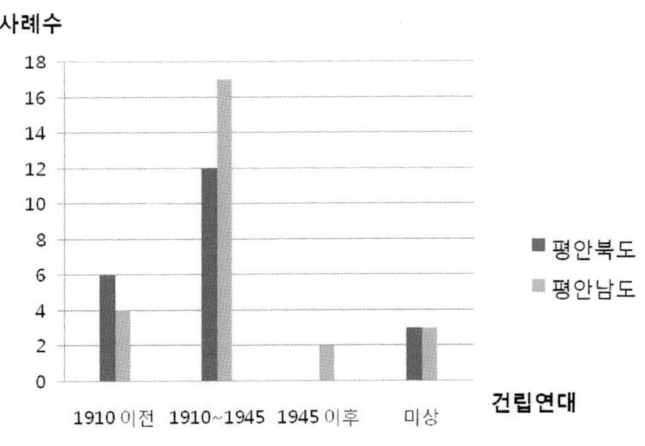

<그림 1> 평안도 옛집 자료의 건립연대

　　자료제공자들이 보내 준 주택자료들은 조선시대에 지은 것으로부터 해방 이후에 지은 것까지 다양한 시기에 지어진 주택들이다. 사례 수로 볼 때 대부분 일제시기에 건립되었지만 조선 후기에 해당하는 사례도 20%가 넘는다는 점에서 시대적 변화를 살펴볼 수가 있다. 해방이후에 건립된 사례는 불과 2건에 지나지 않고 해방 직후라는 점에서 시대적 변화를 보기는 어렵다. 그러나 일제시기는 식민지배의 영향과 근대화, 산업화, 도시화 등 주거문화가 급변하는 시기라는 점에서 의미가 있다. 전통주거문화의 지속가능성, 변화양상 등을 살펴볼

수 있기 때문이다.

평안도 지역에서는 조선 후기로부터 일제시기를 거치는 동안 어떤 변화가 있었을까? 조선 후기까지 전통사회의 주거형식에 대해서는 이미 앞 장에서 많이 다루어졌기 때문에 다시 언급할 필요는 없다. 따라서 이 장에서는 일제시기에 발생되었던 변화를 중심으로 살펴보고자 한다.

1. 툇마루의 발생

평안도 주거의 특징 가운데 하나는 툇마루를 설치하는 비율이 적다는 점이다. 실향민들의 자료에서 툇마루를 설치한 사례를 분석해 보면 평안북도가 40%, 평안남도가 53%로서 절반 정도에 불과하다. 평안도 안에서 지역적 차이는 거의 없다고 할 수 있다. 그러나 남부지방의 농촌마을에서 툇마루의 사용률은 80%가 넘는다는 점을 감안하면 유의할 만한 수준이다. 남부지방에 비해 툇마루의 사용률이 훨씬 적다는 것을 의미한다.

평안도 지역에서도 도시지역과 농촌지역을 비교해 보면 농촌지역의 툇마루 설치율이 40%인 데 비해 도시지역은 69%로서 월등히 높다. 그것도 평북지역보다는 평남의 도시지역이 월등히 높다는 사실을 알 수 있다. 도시지역에서 툇마루 사용률이 높은 이유는 무엇일까? 만일 툇마루가 시기적으로 늦게 보급된 것이라면 도시지역의 주거가 보다 늦은 시기에 건립되었다는 점과 관련이 있을 것이다. 한편으로 툇마루가 남부지방에서 전파된 것이라면 도시가 농촌보다 타 지역의 주거문화를 보다 적극적으로 수용한 결과일 수도 있다.

계층별로 비교해 보면 상류계층으로 갈수록 툇마루의 설치율이 높아진다는 것을 알 수 있다. 하류계층에서는 37%, 중류계층에서는 43%, 상류계층은 71%가 툇마루를 설치했다. 툇마루를 설치하는 것이 경제적으로 부담이 되는 일은 아니라는 점을 감안하면, 상류계층이 더 적극적으로 수용했다고 보는 것이 타당할 것이다.

건립시기별로 분석해 보면 보다 분명한 차이가 나타난다. 1920년대 이전에 건립된 것으로 확인된 14건의 사례 중에서 툇마루를 가지고 있는 집은 단 2건에 불과했다. 86%의 사례가 툇마루 없이 지어진 것이다. 그러나 1940년대 이후에 건립된 집에서는 63%의 사례에서 툇마루를 가설한 사례가 나타난다. 일제시기를 거치면서 툇마루를 설치하는 비율이 크게 증가한 것을 볼 수 있다. 특히 도시지역과 중 상류계층으로 부터 툇마루가 보급되었을 가능성이 높다.

이러한 경향들은 조선 후기까지 이 지역에서 툇마루 사용이 보편적이지 않았음을 보여 준다. 자료제공자들의 도면을 분석해 보면 툇마루가 있어야 할 위치에 '죽담'이나 '토당(토단, 토방)'으로 표기되어 있는 경우가 많다. 평북 용천

〈표 1〉 툇마루의 설치 빈도

빈도수(비율%), 평북+평남

구 분		사례 수	툇마루 설치사례
지역	평안북도	20	8(40)
	평안남도	26	14(53)
도농	농어촌	17+15	7+6(40)
	도시	2+11	1+8(69)
계층	하류	3+5	1+2(37)
	중류	13+17	3+10(43)
	상류	3+4	3+2(71)
시기	1920년대 이전	8+6	2+0(14)
	1920~40	4+10	3+5(57)
	1940년대 이후	5+6	2+5(63)

군 출신의 김명호 씨가 보내온 설명에 의하면 다음과 같다.

> "토당이란 평북지방 사투리가 아닌가 생각되며 집 처마 낙숫물이 떨어지는 안쪽에 약 30~100cm 내외 높이로 돌을 쌓고 마루를 놓을 공간을 마루 없이 황토 흙을 다져 평면을 유지하며 신발 등의 물건을 놓을 수 있는 건조한 생활공간을 말한다."

말하자면 기단 윗면을 황토로 미장하여 툇마루처럼 사용한 것이다. 평안도 지역에서 왜 툇마루가 없이 집을 지었는지 정확히 알 수는 없다. 다만 남부지방의 툇마루가 특히 여름철에 유용한 공간이며, 상대적으로 겨울기후가 혹독한 북한지역에서 툇마루의 사용률이 적다는 점을 감안하면 기후적 차이가 배경이 되었을 것이라고 추측할 뿐이다. 그것은 살림채에서 방 2칸을 통간으로 사용하는 방식이나 방 사이 칸막이 벽에 문을 두어 내부로 통행할 수 있는 사례가 많다는 점으로도 확인된다. 추운 겨울에 외부로 나가 툇마루로 통행하기보다는 방에서 방으로 직접 통행하는 것이 유리하기 때문이다.

툇마루를 설치하는 경우에도 남부지방과는 큰 차이가 있다. 남부지방에서는 툇마루의 세로 폭을 4척 이상으로 하여 거의 반 칸 규모로 만드는 데 비해 평안도 지방에서는 3척을 넘는 경우가 대단히 드물다. 이런 정도의 규모라면 남부지방에서는 '쪽마루'에 불과하다. 툇마루는 지붕 처마로 덮여지는 공간이기 때문에 폭이 4척 이상이 되면 툇기둥으로 처마를 받쳐야 한다. 이렇게 툇기둥을 세워 만든 공간을 '툇간'이라 하는데 평안도 지역에서는 '툇간'을 둔 사례가 대단히 드물다.

평남 덕천군의 서승욱 씨 댁은 툇간을 두고도 툇마루를 설치하지 않은 예를 보여 준다. 이 집은 1830년대에 건립된 것으로서 조선 후기의 상류주거라고 할 수 있다. ㄱ자형의 안채에 토방의 위치와 지붕 처마 선을 정확히 표현했는데 토방 위에 툇기둥도 정확히 그려 주었다. 사랑방 앞에도 마당을 향해 툇간을 둔 모습을 확인할 수 있다. 툇마루가 없는 대신 방 사이 칸막이 벽에 통행문을 설치하여 부엌으로부터 모든 방들이 실내에서 연결될 수 있게 하였다. 남한지역에서 이런 정도의 상류주거라면 당연히 툇마루가 설치되었을 것이다.

같은 지역에 있는 백윤걸 씨 댁은 1930년대에 건립된 것으로서 툇마루를 설치한 사례이다. 안채의 모습만 보면 남부지방 중농주거와 다를 바가 없다. 그러나 툇간이 없다는 점과 툇마루 폭이 3척에 불과하다는 점은 차이가 있다. 또한 방 사이 칸막이 벽에 출입문이 없다는 점은 서승욱 씨 댁과 다른 점이다. 방 사이의 통행이 툇마루를 통해 이루어졌다는 사실을 확인할 수 있는 것이다.

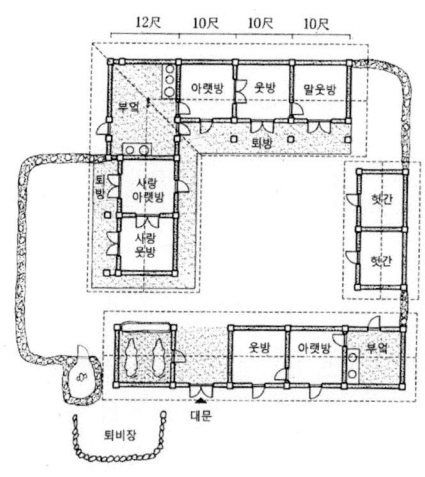

〈그림 2〉 평남 덕천군 서승욱 씨 댁

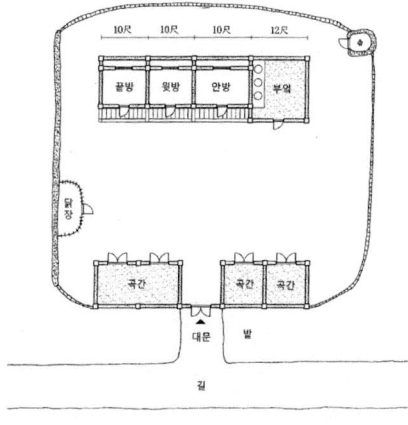

〈그림 3〉 평남 덕천군 백윤걸 씨 댁

2. 도시화의 영향

　평안도의 전통적인 주거양식이 급격하게 변화하는 것은 일제시기부터라고 할 수 있다. 일제시기에 이루어진 근대화, 도시화, 산업화는 생활환경의 변화를 촉발시켰고 이에 따라 주거양식도 변화의 물결을 거스르기 어려웠기 때문이다. 이러한 변화는 특히 도시지역에서 두드러지게 나타난다. 도시로의 급격한 인구집중이 이루어지면서 주택과 택지의 수요가 급증하게 된다. 근대적인 도시계획 등에 의해 택지 규모는 축소되고, 택지형태는 방형 혹은 장방형으로 정형화되는 한편, 도시인들의 생활은 서비스업 중심의 3차 산업으로 양식적 변화를 겪게 된다.

　토지구획에 따라 배분된 택지는 일반적으로 도로에 면하는 길이가 짧고 깊이가 긴 장방형의 형태를 가지게 된다. 이러한 택지에 전통적인 이자(二字)집을 수용하기란 대단히 어렵다. 우선 대지 폭이 좁아 3칸 이상의 건물을 세우기 어렵기 때문이다. 더구나 도시인들에게 경리시설로 사용되는 대문채는 필요하지가 않다. 농작업을 위한 넓은 마당도 필수적이지 않다. 이에 살림채를 꺾어 짓는 꺾음집이 유행하게 된다. 말하자면 보다 응축적인 주거형태가 만들어지게 되는 것이다.

　물론 꺾음집이 일제시기 도시지역에서 발생한 것이라고 보기는 어렵다. 이미 그 이전에도 읍성지역에서 꺾음집의 형식을 볼 수 있기 때문이다. 그러나 도시로의 인구집중에 따라 택지가 좁아지면서 이러한 현상은 더 가속화되었을 것으로 짐작된다. 또한 서비스업에 종사하는 도시적 생활양식에 따라 농업경영으로 사용되던 경리시설이 없어지는 것도 도시화에 따른 변화라고 할 수 있다. 이로써 1동의 살림채로 구성되며 겹집이나 꺾음집 등 응축적인 평면형식으로 변화하는 모습을 볼 수 있다.

　앞서 살펴 본 평양시 강인선 씨 댁의 사례는 일제시기 도시지역 주거의 특성을 보여 주는 사례이기도 하다. 가로 폭이 좁고 세로 폭이 긴 장방형 대지는 일제시기 토지구획에 따라 형성된 대지임을 보여 준다. 부속채 없이 살림채만으로 주거를 구성하고 살림채는 꺾음집 형태로 만들어 좁은 대지에 대응했다. 가로변에는 곳간과 창고를 증축하여 완충공간을 마련했는데, 전통형식이라면 별채의 건물로 지었을 것이다.

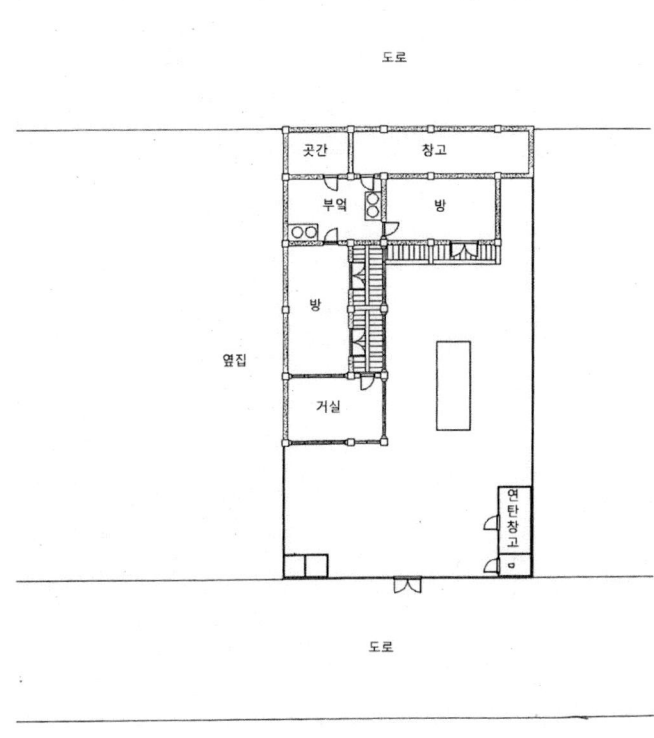

〈그림 4〉 평양시 강인선 씨 댁

도시지역에서 보이는 또 다른 변화는 임대공간이 형성되기 시작한다는 것이다. 이는 일제시기 급격한 도시화로부터 그 원인을 찾을 수 있다. 일제의 식민수탈과 산업화가 가속화되자 농촌을 떠나 도시로 향하는 이농향도(離農向都)의 인구이동이 급증하게 된다. 인구가 도시로 집중하면서 주택수요가 폭증하게 되었으며 이는 도시에서의 택지 및 주택가격 상승으로 이어지게 된다. 주택을 구입할 여력이 없었던 서민들은 셋집을 구하게 되고 그 수요에 부응하기 위해 기존 주택의 일부를 셋방으로 전용하거나 기존의 주택에 임대공간을 증축하는 사례가 늘어나게 된 것이다.

진남포시 송광일 씨 댁은 전형적인 일제시기 도시주거의 특징과 임대공간이 증축된 모습을 잘 보여 준다. 이 집은 북한 제2의 대도시인 진남포시(현재 남포직할시)에 소재했던 집이다. 주택대지가 장방형으로 가로변에 면한 것으로 보아 도시 내에 구획 정리된 대지인 것을 알 수 있다. 응답자는 당시 교사생활을 했었고, 가족은 처자와 함께 부부가족이었다고 한다. 전형적인 도시적 생활양식을 가지고 있는 가정임을 알 수 있다.

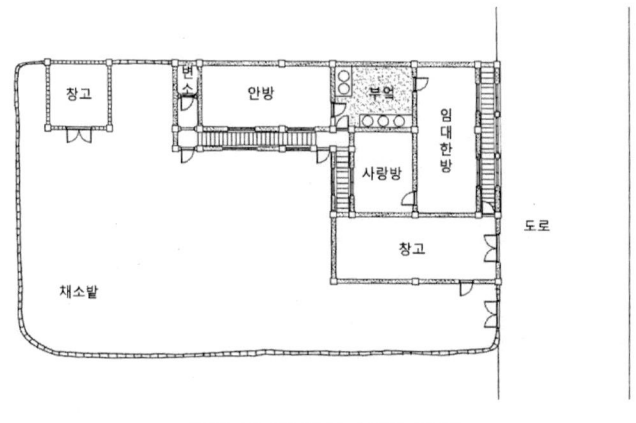

〈그림 5〉 진남포시 송광일 씨 댁

주택은 일제시기인 1938년에 건립된 목조한옥으로서 기와집이다. 형식적으로는 전통적인 주거형식이다. 장방형 대지를 판자담으로 두르고 대지 북측에 안방이 남향하도록 배치했으며 남측에는 채소밭을 두었다. 땔감창고를 둔 것으로 보아 당시에도 장작연료를 사용했음을 알 수 있다. 대문은 도로에 면하는 단변방향의 동쪽에 두었는데, 농촌주거라면 남측에 두었을 것이다.

건물형식은 외채 ㄱ자 집으로서 전형적인 도시주거의 형식이다. 도로변에 임대한 방과 창고를 제외하고 보면 정연한 도시형 한옥의 모습이 나타난다. 툇마루를 두고 유리미서기문을 달아 내부공간으로 만드는 모습도 도시형 한옥의 특징이다. 화장실을 살림채 내부에 설치하는 근대적 편의성도 보여 준다. 임대방과 창고는 나중에 증축된 것이 아닌가 추측된다. 임대방은 도로변에서 직접 출입하도록 도로를 향하여 툇마루를 두었다. 주인집과 출입동선을 분리한 것이다. 다만 부엌으로 통하는 문을 두어 부엌은 공유할 수 있도록 했다. 임대공간을 증축한 실증적 사례인 셈이다.

평양시 김기운 씨 댁은 도시주택에서 임대공간을 만들기 위한 독특한 방법을 보여 준다. 일제시기에 건립된 이 집은 보기 드물게 T자형 외통집이다. 이 지역의 전통양식과도 거리가 멀고 근대적 형식으로도 볼 수 없는 특수 형식이다. 도로변으로 난 대문을 들어서면 수도가 있는 바깥마당이 나온다. 문간방은 세를 주었는데 과거에는 머슴방이었다고 한다.

이 집은 중문을 거쳐야만 안마당으로 출입할 수 있다. 안마당과 바깥마당을 구분하는 형식은 마치 상류주택에서 행랑마당을 거쳐 안마당으로 출입하는 형식을 취한다. 주인의 거주영역인 살림채는 출입구로부터 완전히 뒤돌아 앉은 모습이다. 안마당으로의 출입을 통제할 수 있어 프라이버시가 강하며, 동시에 셋방에 사는 임대인 또한 바깥마당이라는 외부공간을 사용할 수 있다.

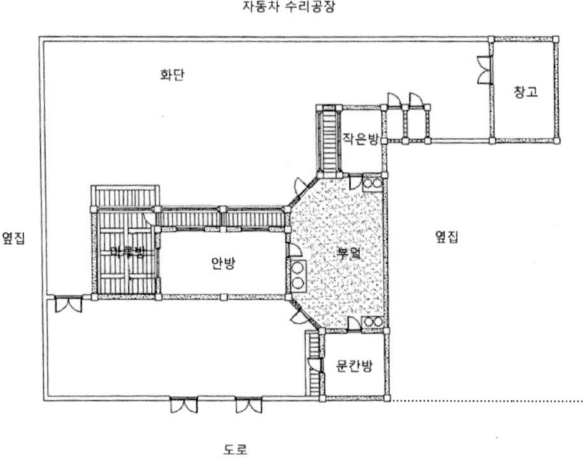

자동차 수리공장

화단

창고

작은방

옆집   옆집

마루방   안방   부엌

문간방

도로

〈그림 6〉 평양시 김기운 씨 댁

　부엌은 T자의 교차점에 위치한다. 부엌에 면하는 세 방향의 방에 부뚜막을 두어 난방을 할 수 있는 구조이다. 이러한 방식은 평안도 지역의 꺾음집이 부엌을 모서리로 꺾이는 것과 같은 배경으로 볼 수 있다. 즉, 부엌이 건물 꺾임 부분에 있어 양쪽 방에 불을 넣기 쉬울 뿐 아니라 부엌면적이 넓어져서 주부들이 겨울철에 사용할 수 있는 넓은 가사작업공간이 확보되기 때문이다. 문간방을 과거 머슴이 사용했을 때는 부엌의 가사노동을 보조했을 것으로 추측된다.

　다수의 임대공간을 둔 집도 발견된다. 평안북도 선천군 심천면에 소재했던 차수찬 씨 댁인데 상업에 종사했다는 기록으로 보아 면소재지에 있었던 집으로 추정된다. 집은 동쪽과 남쪽이 도로에 면한 모퉁이 대지에 세웠다. 살림채 안에는 여러 개의 침실이 있는데, 그중 건넌방과 끝방, 뒷방은 모두 셋방이라고 기록했다. 각 침실에 독립된 부엌이 설치되어 있는 것으로 보아 건립 당시부터 임대를 목적으로 지었다고 보인다.

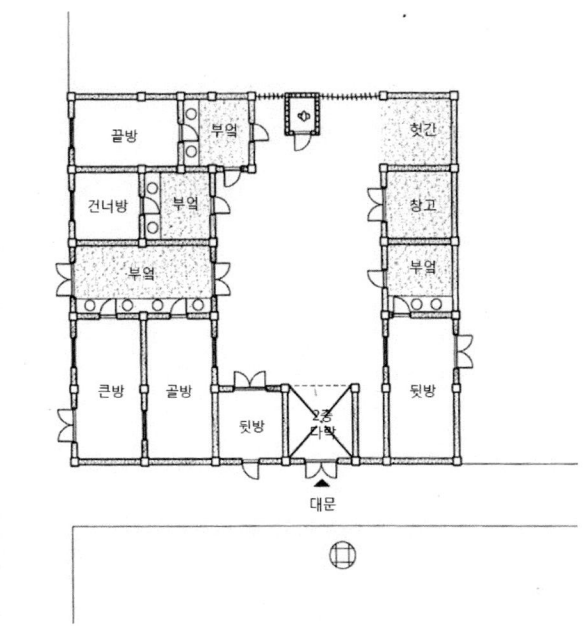

<그림 7> 평북 선천군 차수찬 씨 댁

이 집은 일제시기인 1928년에 건립된 집으로서 건물 배치는 쌍채 병렬형으로 평안도의 전형적인 형식과 유사하지만 각 건물의 평면을 보면 二자집과 큰 차이가 있다. 보통 대문채로 사용되는 앞채에 대문간을 두지 않았고 북쪽 도로에 면하여 대문을 두었다. 앞채의 공간도 경리시설이 아닌 침실 위주의 독립된 살림채로 만들었다. 살림채가 양통집이라는 점에서도 전통양식과 거리가 멀다. 함경도의 양통집이 아니라 적은 대지로 많은 공간을 수용하기 위해 두 줄로 방을 배열한 것이다. 살림채의 중앙에 부엌을 배치하여 셋방과 주인집을 격리시킨 점도 특이하다.

이 집은 특히 대문간을 2층으로 구성하여 다락방을 두었다고 한다. 실향민들의 자료에서 건물전체가 2층 이상으로 구성된 사례는 볼 수 없지만 도시지역에서 중층화의 변화를 보여 주는 사례라 할 수 있다. 작은 대지에서 보다 많은 거주면적을 확보하기 위한 전략이기 때문이다. 유리 창호를 두었다는 점이나 대문간을 2층으로 구성해 다락방을 두었다는 점도 근대적 변화라고 볼 수 있다. 일제시기 도회지에서 임대형 주택의 존재양태를 살펴볼 수 있는 사례라고 하겠다.

3. 일본 주거양식의 영향

일제시기를 거치면서 특히 도시지역에서 전통건축은 쇠퇴하여 단절되고 근대건축으로 대체되는 것이 일반적인 경향이다. 공업단지 개발로 도시화가 급속히 진행되었던 평안도에서는 주택건축의 근대화가 더 급속히 진행되었을 가능성이 높다. 평북 정주군의 김기선 씨에 의하면 "북한지역은 일제시기에 일인들이 공업지대로 발전시킨 관계상 각자의 취미와 직업이용도에 따라 건축양식이 다양해졌고 따라서 우리나라의 고전적인 건축물은 드물었다"고 기억한다.

이러한 변화는 근대화나 도시화를 의미하는 것만이 아니다. 일제의 식민지배시기를 거치면서 일본의 주거문화가 직접 수입되었고 이는 일본인들의 일본식 주택만이 아니라 한국 주거문화에도 영향을 미치게 된다. 소위 문화주택이라는 이름으로 일본식 혹은 서양식 주택도 유행하게 된다. 물론 일제시기에 모든 주택들이 일본화한 것은 아니다. 최초의 조선인 건축가였던 박길용은 당시의 상황을 다음과 같이 기술하였다.

"조선인들이 사는 살림집의 현상을 볼 때 생활과 주거가 부조화한 상태에 있다는 것은 확실한 사실이다. 이 1920~30년간 조선인의 생활 문화는 다른 문화의 자극을 받고서 급속도로 변화하고 있었음에도 불구하고 그 생활용기인 주양식은 크게 변한 것이 없다."[46]

생활문화의 급속한 변화에도 불구하고 전통양식이 지속되고 있음을 증언한 것이다.

하지만 식민화의 영향에서 완전히 벗어날 수는 없었다. 도시 안에는 일본주택들이 집중적으로 건설되었고 이를 위한 자재의 생산, 유통, 건설이 보편화되었기 때문이다. 일본인들로부터 전해진 일본 전통건축의 재료나 부재들은 새로운 건축요소로 인식되었다. 일부 주택에서는 다다미나 쇼지, 후스마와 같은 일본전통주택의 건축요소를 사용하는 집이 늘어나게 된다. 이와 같은 일본 주거문화의 영향은 실향민들의 자료에서도 나타난다.

김기선 씨 댁은 정주군 서해바다 애도 섬에 소재했던 집이다. 상업과 수산업, 농업을 겸하는 상류계층이라고 기재했다. 집 안에 점포가 있고 해산물 창고를 둔 점으로 보아 농업소득보다는 해산물 상점을 운영하는 소득이 더 컸을 것으로 짐작된다. 주택의 평면은 이 지역의 전형적인 二자 외통집과는 달리 외채 양통집이다. 도로에 면한 열은 나중에 증축된 것이라 하더라도 본래 두줄백이 양통집으로 건립된 것을 알 수 있다. 전면과 후면은 바람막이 관계상 모두 유리문이었고 칸막이 문은 일본식 장지문(후스마)이었다고 한다. 일제시기에 건립되었다는 점에서 전통의 단절과 근대적 양식으로 전환을 보여 주는 사례에 속한다.

평북 운산군의 강조경 씨 댁도 일본의 영향을 볼 수 있는 사례이다. 강 씨 댁은 광산지대의 읍소재지에 소재했던 집인데 광산과 관련한 일을 했을 것으

---

46) 박길룡, "조선주택잡감", 『조선과 건축』, 1941.

로 추정된다. 주택은 일제시기인 1935년에 건립했다고 기재했다. 집 뒤에는 야산이 있어 담장이 없으며 앞부분에만 판자담을 둘렀고 높이는 2m 정도라고 한다. 살림채만 갖는 외채집이며 4칸 일자형 외통집으로서 전통형식이라면 하류계층의 노비마가리집에 해당한다.

　강조경씨는 이 집을 '나가야(長屋)'라고 설명했다. 나가야란 일본식 연립주택 또는 다세대 주택을 부르는 이름이다. 긴 하나의 건물을 수평으로 구분하여 독립된 출입구를 만드는 형식으로서 일제시대에 공업지대의 근로자 숙소로 많이 건설되었던 형식이다. 비록 이 주택의 모습은 단독주택의 형식을 취하고 있지만 본래 나가야 형식으로 지어졌던 것으로 보인다. 함석지붕으로 덮었다는 설명도 전통형식이 아님을 말해준다.

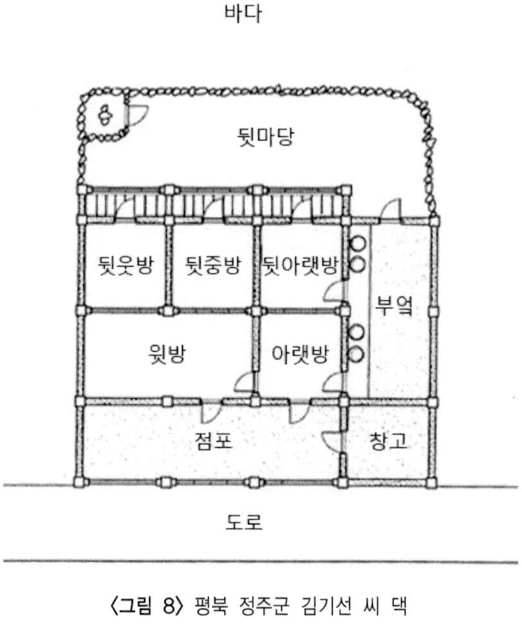

〈그림 8〉 평북 정주군 김기선 씨 댁

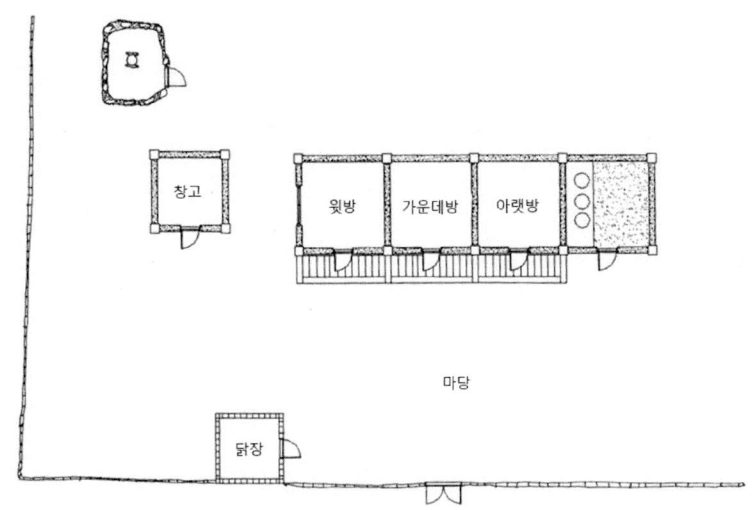

<그림 9> 평북 운산군 강조경 씨 댁

<그림 10> 일제시기 신의주 시의 장옥단지[47]

47) 근대한국, 60쪽.

그러나 이러한 사례 이외에는 일본식 주거형식의 사례를 찾기 어려웠다. 다다미나, 현관, 중복도를 사용한 사례는 나타나지 않았다. 실내에 욕실을 배치한 사례도 드물었다. 사례 수가 적은 탓인지, 평안도에서 일본식 영향이 적은 탓인지 아직은 판단하기 어렵다.

4. 근대적 재료의 사용

일제시기 근대화과정에서 도입된 건축재료는 시멘트, 유리, 벽돌, 합석 등의 공업재료를 들 수 있다. 이러한 재료의 도입과 생산은 건축형식을 근대적으로 변형시키는 촉매제의 역할을 함으로써 근대건축으로의 변화를 유도하게 된다. 비단 외장 재료의 변화만이 아니라 벽돌을 사용하는 조적조, 시멘트를 이용한 철근 콘크리트 구조 등 구조체 자체의 변화를 유도하기 때문이다.

그러나 실향민들의 자료에서는 근대적 구조를 갖는 사례가 거의 없었다. 도시지역에서조차 전통 목구조와 토벽, 그리고 기와나 초가지붕이 주류를 이루고 있다. 근대 재료를 사용했다고 하더라도 구조는 전통목구조를 유지하면서 외장재료로서 부분적으로 사용하는 것에 불과하다. 평안도 지역이 서울권에 비해 근대건축의 영향이 적은 탓인지 또는 근대건축의 자료가 적게 수집된 탓인지 아직은 알 수가 없다.

"벽돌은 1923년 동경대지진 이후 시가지 건축물법 제14조(특수건축물 내화구조규칙)를 규정하여 방화·내화 구조로서 벽돌조를 권장하기 시작하면서 보급된 재료이다. 일본에 있던 벽돌공장이 한국에 진출하게 되고 그 결과 벽돌조 건물이 값싸게 공급되었던 것이다(당시 벽돌제작 회사는 벽돌을 보급하기 위해 시범으로 값싼 벽돌조 건물을 지었으며 이것은 통상건물의 반값인 75원에 건설될 수 있었다)."[48]

 그러나 실향민들이 제공한 자료에서 벽돌을 건물 구조재로 사용한 이른바 '벽돌집'의 사례는 단 한 건도 찾아볼 수 없었다. 벽돌은 주로 담장이나 굴뚝을 쌓는 데 사용된 것으로 나타난다. 평양시에 소재했던 강인선 씨 댁이나 김기운 씨 댁, 윤도현 씨 댁에서 벽돌담을 설치한 사례가 발견된다. 진남포시의 하기석 씨 댁처럼 굴뚝에 벽돌을 사용한 경우도 있다. 이 집에서는 시멘트를 사용했다고 하는데 콘크리트 구조를 만든 것은 아니었다. 부엌 바닥이나 벽체 하부에 시멘트 모르타르를 바르는 정도에 불과했다.

 이와 같이 벽돌이나 시멘트와 같은 근대재료들은 건물 일부에 사용되었을 뿐 목구조를 바꾸지는 못했다. 평안도 지역에서 전통목구조가 오래 지속될 수 있었던 것은 아마도 풍부한 목재생산이 뒷받침되었던 것이 아닌가 생각된다. 압록강 유역은 풍부한 산림자원을 가진 삼림지대로서 목재를 싸게 공급받을 수 있었기 때문이다. 일제의 목재 남벌로 산림이 황폐화되어 목재가격이 폭등하기 전까지 전통 목구조는 가격경쟁력을 유지할 수 있었던 것이다.

 유리창은 보다 폭넓게 사용되었던 것으로 나타난다. 창문에 유리를 처음 사용한 것은 이미 19세기 말 개항기에 외국공관으로부터 시작된다. 1900년 인천에 유리공장이 세워지고 1910년 이후 값싼 유리가 시장에 등장하면서 민간주택에까지 보급되기에 이른다. 유리창의 사용은 주거형식 변화에 획기적인 영향을 주게 된다. 유리창은 비바람을 막아주고 보온할 수 있는 벽체의 역할을 하면서도 투명하게 시각이 통할 수 있는 실내공간을 만들어 주었기 때문이다. 또한 빛

---

48) 김홍식, 『민족건축론』, 한길사, 1987, 205쪽에서 재인용.

을 투과시켜 밝고 따뜻한 실내공간을 만들 수 있었다. 이것은 종래의 대청이나 툇마루와 같은 외부공간을 내부공간화할 수 있는 가능성을 열어 준 것이다.

1920년대 주생활 개선운동을 주도했던 지식인들은 유리창을 이용하여 보다 위생적인 공간을 만들자고 주장하기도 했다. 이에 대도시의 주택들은 부엌이나 대청전면에 유리미서기문을 달아 부엌은 보다 밝게 만들었고, 대청은 추운 겨울에도 사용할 수 있는 실내공간으로 만들게 된다. 부엌이 보다 위생적인 공간이 되었고, 대청이 가족생활을 위한 거실의 개념으로 바뀌게 되었다는 점에서 유리의 도입은 주거공간 근대화의 기폭제가 된 것이다.

실향민들의 자료에서도 유리창호의 사용은 비교적 많은 사례에서 발견된다. 물론 농촌보다는 도시주택이 압도적으로 많고 대부분 일제시기에 건립된 사례들이다. 유리창을 사용한다고 해서 주택의 구조가 변한 것은 아니다. 기존 전통목구조에 유리창을 새로 설치한 정도가 고작이다. 평안도 집에서 유리창은 주로 툇마루에 사용된다. 평남 대도시에서 툇마루가 있는 집은 대부분 유리 미서기문을 달았다고 해도 과언이 아니다.

대청이 없고 툇마루도 발달하지 않은 평안도 집에서 유리 미서기문의 등장은 크게 환영받았을 것으로 보인다. 앞서 언급한 바와 같이 평안도 지역은 겨울기후가 추워서 툇마루 활용도가 낮고 '토당(토방)' 정도가 출입을 위한 전이공간으로 사용되어 왔었다. 방 사이의 연결도 토당보다는 실내통행으로 이루어졌다. 유리미서기문으로 겨울철에도 사용할 수 있는 실내공간이 만들어지면 토당 부분의 활용도는 높아질 수밖에 없다. 평북 정주군 김기선 씨도 '바람막이 관계상 유리문을 설치했다"고 증언한다. 선후관계를 논증하기는 어렵지만 평안도 지역에서 툇마루의 발달은 유리창호의 사용과 관계가 있을 것이라 추측할 수 있는 근거가 된다.

〈그림 11〉 일제시기 신의주 시가의 근대건축[49]

　진남포시의 하기석 씨 댁과 같은 작은 규모의 주택으로부터 평양시의 김대식 씨와 같은 큰 규모의 주택에 이르기까지 툇마루에 유리 미서기문을 설치한 사례는 보편적으로 나타난다. 김대식 씨 댁의 경우처럼 마루방이 있는 경우도 유리미서기문을 사용한다. 평양시의 윤도현 씨 댁의 경우 툇마루 전면은 물론 침실에도 유리창을 사용했다고 한다. 툇마루가 도로에 면하고 있고 툇마루 폭이 넓은 것으로 보아 상업용도로 사용한 것이 아닌가 추측된다. 방 안에서 손님의 출입을 내다보기 위한 장치로 볼 수 있다.

---

49) 앞의 책, 61쪽.

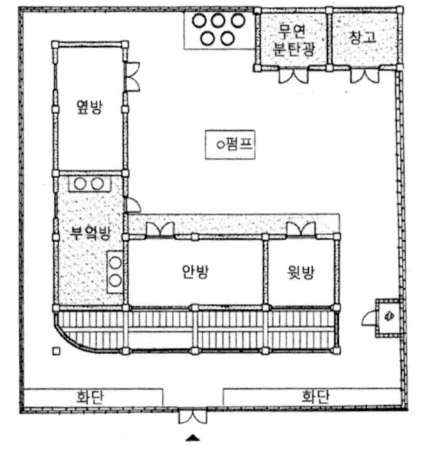

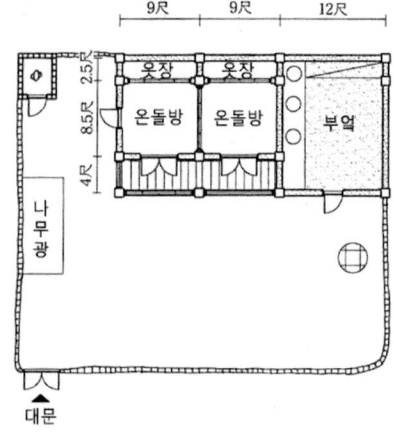

〈그림 12〉 평남 평양시 윤도현 씨 댁   〈그림 13〉 평남 진남포시 하기석 씨 댁

　내부공간에서 일제 식민지배에 따른 일본식 주거형식의 영향은 거의 보이지 않는다. 앞선 함경도 지역의 연구에서는 일부 일본인들이 건설한 연립주택이나 다다미 바닥을 설치한 사례가 나타났지만 평안도 지역에서는 다다미방조차 발견되지 않았다. 전통주택과 전혀 무관한 형식은 평안북도 초산군의 이완영 씨 댁 정도이다. 앞서 소개한 바와 같이 이 집은 광산산촌에 집단적으로 건설된 표준주택이라는 점에서 일제시기 근대주택이라고 볼 수 있다.

　이 집은 전면에 툇마루를 설치하고 지붕은 슬레이트이며 창호가 모두 미닫이인 점을 감안하면 일제시기에 단지로 건설된 영단주택의 성격과 유사하다. 주택의 평면도 양통집이며, 후면에 부엌을 배치했다는 점에서 이 지역의 전통양식과는 거리가 멀다. 부엌이 2칸이라는 점, 평면이 좌우 대칭으로 구성되고 각 침실에서 출입구가 설치된 것을 보면 2가구용이었을 것으로 추측된다.

　이처럼 내부공간의 칸막이 벽에 미닫이 장지문을 설치한 사례는 간혹 나타난다. 평북 정주군 김기선 씨는 이를 '일본식 장지문(후스마)'이라고 특별히 기재해 주었다. 앞 그림의 하기석 씨 댁에서도 온돌방 사이에 장지문을 설치한 모습을 볼 수 있다. 전통적이라면 방 사이에 작은 외짝 여닫이문이 설치되었을 것이다. 장지문은 주로 살림채의 두 방사에서 간혹 나타나는데 원래 두 방을 털어 통간으로 사용하는 평안도의 전통과 그리 배치되지 않았을 것이다.

지붕재료로서 시멘트 기와나 함석이 사용된 것도 일제시기에 이루어진 변화라고 할 수 있다. 원래 지붕재료는 경제력과 신분을 표현하는 건축 재료였다. 따라서 상류계층은 기와, 중류계층은 갈대나 청석 등 지방 자연재료, 하류계층은 볏짚으로 엮은 초가지붕을 보편적으로 사용해 왔다. 기와는 내구성이 높고 보다 고급스럽지만 가격이 높아 서민계층에서 쉽게 쓸 수 있는 재료가 아니었다. 그러나 일제시기 시멘트 기와가 대량생산되면서 낮은 가격에 공급되었다. 박심원 씨 댁의 경우 일제시기 중반인 1929년에 건립된 집인데 시멘트 기와를 사용했다는 것으로 보아 이미 그 이전부터 시멘트 기와가 보급된 것으로 볼 수 있다.

그렇다고 서민들이 쉽게 구입할 수 있을 정도는 아니었다. 또한 누수에 대한 결함도 있었다. 이에 따라 경제력이 있는 계층에서는 조선식 토제기와를 선호했다. 암·수키와로 만들어지는 골기와 지붕면과 지붕의 곡선은 시멘트 기와로 대체될 수 없었기 때문이다. 시멘트 기와가 평남 평원군 박심원 씨 댁이나 진남포 하기석 씨 댁 등 소수의 사례에서만 나타나는 것도 이러한 이유가 있었기 때문이라 생각된다.

〈그림 14〉 일제시기 영단주택의 모습

제7장
평안북도 옛집의 사례들

평안북도 옛집의 사례들

Ⅰ. 박천군 차만석 씨 댁

성명: 차만석(1921년생)
주소: 평북 박천군
가족: 5인(모친, 형제)
경제: 농업, 중류계층
마을: 산악지대 농촌, 30호
주택: 100년 전, 2열 외통집, 안채(우진각 초가지붕), 사랑채(우진각 기와지붕)

세장방형 안마당

이 집은 평안북도의 남단 평안남도와 경계지역인 박천군에 소재했던 집이다. 이 집이 소재한 마을은 농촌지역으로서 약 30호 정도가 있었다고 한다. 회신자가 그려준 집 근처의 상황을 보면 집 뒤편으로는 구릉지가 표현되고 주변에는 밭으로 표현되어 있어 전형적인 농촌마을의 모습이다. 경제규모를 '중'이라고 표현하였으나 집의 규모가 크고, 사랑채를 기와지붕으로 했다는 점, 솟을대문을 두었다는 점을 감안하면 중류 이상의 계층이었을 것으로 추측된다.

주택건물은 살림채와 사랑채(대문채를 겸함)가 남향이며 병렬로 배치되어 있는 전형적인 이자집이다. 양 마구리에 창고를 배치하여 장방형 안마당을 형성하였다. 이는 안마당의 폐쇄성을 높이기 위한 것으로 보인다. 배치도에 표기된 치수로 볼 때 안마당의 크기는 가로 35척, 세로 20척 정도로 세장방형의 형태를 갖는다. 사랑채 앞은 '밖마당'으로서 주거의 외부로 취급되며 살림채의 뒷마당은 담장을 쌓아 후원으로 사용하여 주거영역에 포함되어 있다. 후원을 둘러친 담장은 토담으로서 기와를 얹었고 높이가 6척이라고 기재했다.

살림채와 동쪽 창고는 목조 토벽 초가, 사랑채와 서쪽 창고는 기와지붕이라고 기록하였다. 살림채가 초가이면서 사랑채를 기와지붕으로 하는 사례는 가끔 나타나는 경우로서 건립초기에는 모두 초가지붕으로 했다가 개수과정에서 사랑채만 기와로 덮은 것이 아닌가 추측된다. 사랑채는 마구간과 대문간, 창고, 화장실 등을 결합한 모습으로서 중농계층의 형식을 취한다. 화장실은 내·외를 구분하여 외측은 남자용, 내측은 여자용으로 구분했다. 살림채는 4칸으로 부엌 1칸과 침실 3칸으로 구성되는데 방의 규모는 사랑채보다 훨씬 커서 살림채와 사랑채의 길이를 의도적으로 맞추려 한 것이 아닌가 생각된다.

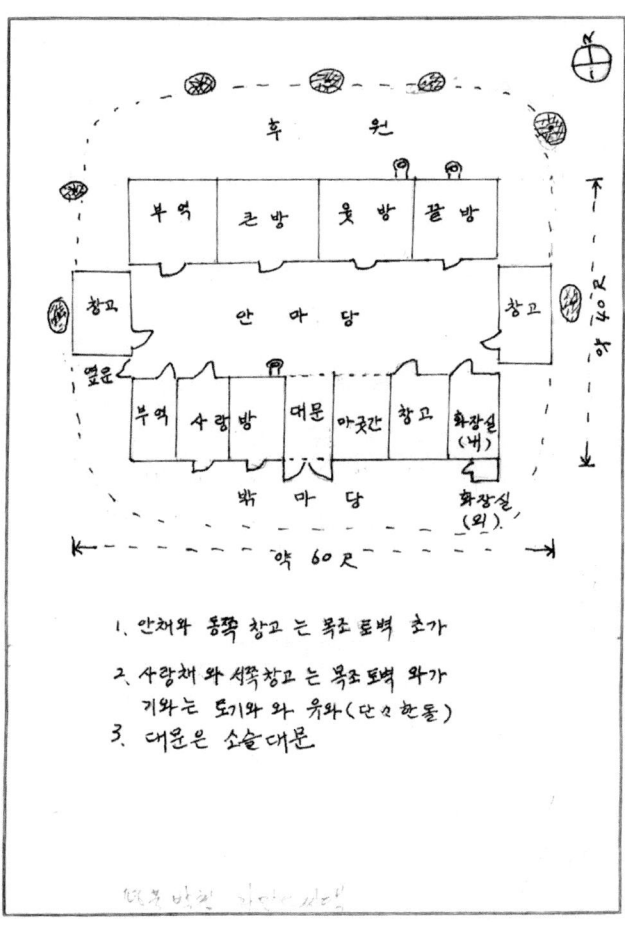

1. 안채와 동쪽 창고 는 목조 토벽 초가

2. 사랑채 와 서쪽창고 는 목조 토벽 와가
   기와는 도기와 와 유와 (단々 한돌)

3. 대문은 소슬대문

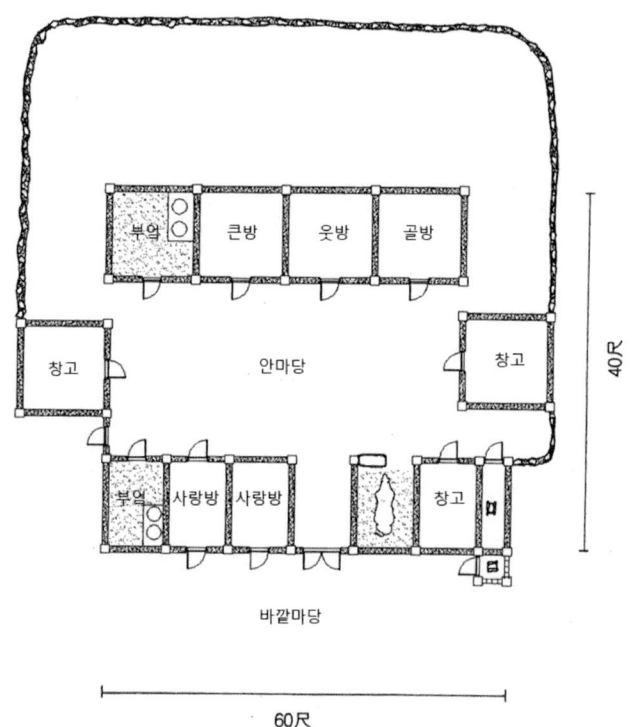

2. 용천군 김병주 씨 댁

성명: 김병주(1922년생)

주소: 평북 용천군 북중면 원봉리 123번지

가족: 6인(부모형제)

경제: 농업, 하류계층(논 1500평, 밭 2100평)

마을: 평야지대 농촌, 200호

주택: 1942년, 2채 외통집, 안채(맞배, 초가지붕), 아래채(맞배, 초가지붕)

툇마루가 있는 소농형 쌍채집

이 집은 평안북도 서북단 신의주 근처의 용천군에 소재했던 집이다. 마을은 평야지대의 농촌으로서 약 200호가 있었다고 한다. 3차 회신에서 이웃가구의 가구주를 기재했는데 같은 성씨의 돌림자를 쓰는 것으로 보아 씨족마을이었던 것으로 생각된다. 경작규모에 논 1,500평, 밭 2,100평으로 기재했지만 하류계층 이라고 표시한 것으로 보아 소작농이었을 것으로 짐작된다.

주택의 배치는 살림채와 아래채가 병렬로 배치된 이자집이다. 다만 두 건물 사이에 측면으로 출입구를 낸 것은 특이한 사례에 속한다. 일반적으로는 아래 채(또는 사랑채)의 중간에 대문을 내기 때문이다. 회신자는 도면에 각 방의 규모를 정밀하게 기재했다. 특히 안마당의 폭을 4m라고 기재한 것은 큰 의미가 있다. 남부지방에 비해 폐쇄적인 안마당의 성격을 잘 보여 주기 때문이다.

살림채나 아래채 모두 3칸에 불과한 작은 규모의 집이다. 소농형 주거의 성 격을 보여 준다. 다만 살림채의 칸 규모는 아래채보다 크게 기재되었다. 살림 채에는 보기 드물게 툇마루를 설치했다. 그 폭도 1.8m로 기재되어 남부지방의 툇마루와 큰 차이가 없다. 건립연대가 1942년이라는 점으로 볼 때 근대적 변형이 아닌가 생각된다.

■ 1차 도면

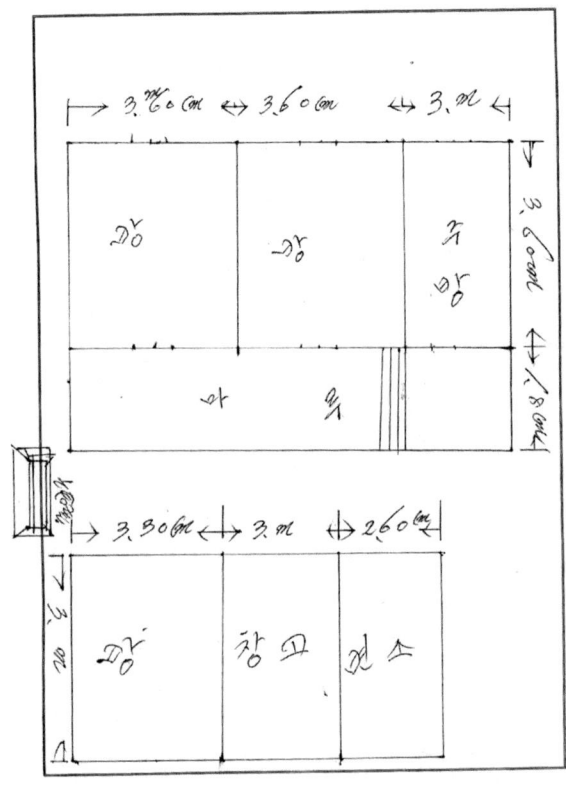

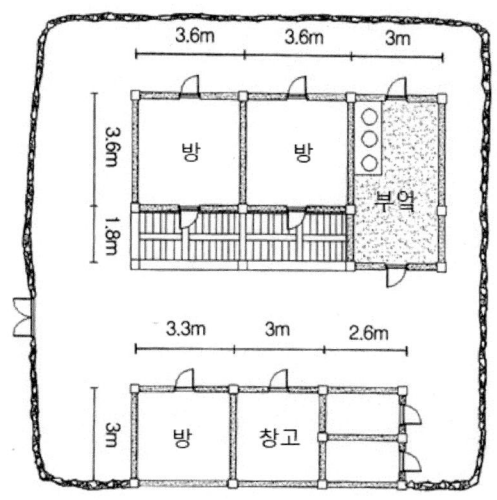

3. 정주군 김승봉 씨 댁

성명: 김승봉(1922년생)
주소: 평북 정주군 고안면 독장동
가족: 6인(모친, 형제)
경제: 농업, 하류계층(논 1,500평, 밭 1,000평)
마을: 산악지대 농촌, 35호
주택: 120년 전, 세 채 ㄷ자형 외통집, 안채(맞배 초가), 앞채(맞배 초가), 사랑채
(초가)

세 채 ㄷ자형 주거

이 집은 평안북도의 서남쪽 정주군에 소재했던 집이다. 이 집이 소재한 마을
은 산악지대 농촌지역으로서 약 35호 정도가 있었다고 한다. 경작규모에는 논
1,500평, 밭 1000평이라고 기재하고 하류계층이라고 표시했지만 집이 세 채로
구성되고 독립적인 사랑채를 갖는 것으로 보아 중농 정도의 계층이었을 것으
로 추측된다.

주택은 남북축을 따라 살림채와 앞채가 남향하도록 배치되었다. 두 건물의
배치로 보면 쌍채 병렬형에 해당한다. 이 집은 두 건물 사이에 동쪽으로 사랑
채를 두어 ㄷ자형의 건물배치를 이루었다. 서쪽에는 흙돌담을 쌓아 장방형의
마당을 위요했는데 담의 높이는 5척 반이라고 기록하였다. 회신자는 특별히
'북한은 추운 지방이므로 99%는 남향부락이 형성되어 있다'고 기록하여 남향
집의 보편성을 강조하였다.

살림채와 앞채는 모두 3칸 외통집이다. 살림채 앞에 기단부는 '토담'이라고

기재했는데 아마도 '토단'의 오기인 듯 보인다. 살림채의 간 규모는 도리간, 보간 모두 10척으로 기재했고 사랑채나 앞채는 8척으로 기재하여 구별했다. 살림채의 부엌과 인접한 방은 아랫방이라 하는데 가족이 통상 많이 쓰는 방으로서 주로 식사하는 방이라고 하였다. 남부지방의 안방에 해당하는 것으로 보인다. 윗방은 신혼부부방이라고 기재했다.

이 집에서 특이한 것은 사랑채이다. 1칸의 부엌과 침실로 구성된 사랑채에서 침실은 '서당방'이라고 기재했다. 한자를 가르치는 서당으로 사용했다는 것으로 보아 유식계층으로 추정되며 별당형 사랑채를 두었던 것으로 생각된다.

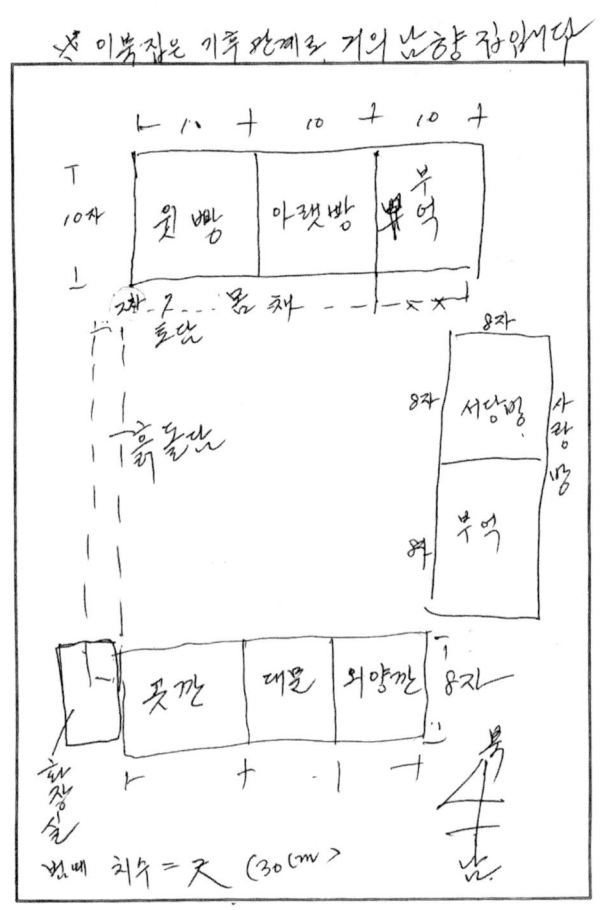

■ 보정 도면

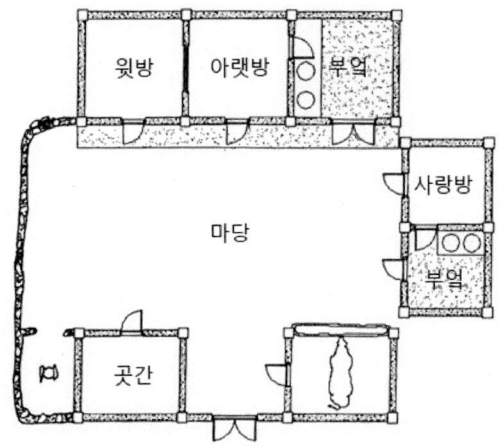

4. 운산군 김은정 씨 댁

성명: 김은정(1934년생)

주소: 평북 운산군 운산면 조양동 79번지

가족: 13인(조부, 부모, 형제, 조카)

경제: 농업, 중류계층

마을: 산악지대 농촌, 50호

주택: 1910년, 네 채 ㅁ자형 외통집, 안채(팔작 기와)

네 채 ㅁ자형 주거

이 집은 평안북도의 중앙부, 현재 자강도와 경계지역인 운산군에 소재했던 집이다. 이 집이 소재한 마을은 산악지대 농촌지역으로서 약 50호 정도가 모여 사는 씨족마을이었다고 한다. 경작규모는 기재하지 않았고 중류계층이었다고 기재했지만 4채로 이루어진 집의 규모나 머슴방의 존재, 기와지붕 등으로 볼 때 상류계층에 해당했을 것으로 보인다.

주택은 4채의 건물이 ㅁ자형으로 배치된 형식으로서 남부지방의 튼 ㅁ자형 배치와 유사하다. 쌍채 병렬형 배치를 이 지역의 전형이라고 볼 때 그 사이에 부속채를 배치하여 ㅁ자형으로 완성했다고 볼 수 있다. 주거영역 전체에 담장을 두어 안마당의 폐쇄성이 높으며, 대문채 밖에는 바깥마당(타작마당)이라고 기재하고 말구유, 돼지우리 등을 배치한 것으로 보아 담장 외부도 주거영역에 속했던 것을 알 수 있다.

살림채를 비롯한 4동의 건물은 모두 외통집이다. 살림채는 4칸으로서 부모와 장남, 차남 방으로 기재했다. 툇마루는 없으며 기단부는 '토방'이라고 기재했다. 서쪽에 있는 3칸의 부속채는 조부방과 애들방으로서 측면으로 툇마루를 두었다. 아마도 처음에는 별당형식의 사랑채로 사용하기 위해 만들었다고 짐작된다. 동쪽 부속채는 2칸짜리 부속채로서 고방과 창고로 사용되며, 대문채에는 머슴방을 두었다. 수장공간의 규모나 머슴방의 존재는 이 가족이 최소한 자영농 이상의 경제계층이었음을 보여 준다.

■ 1차 도면

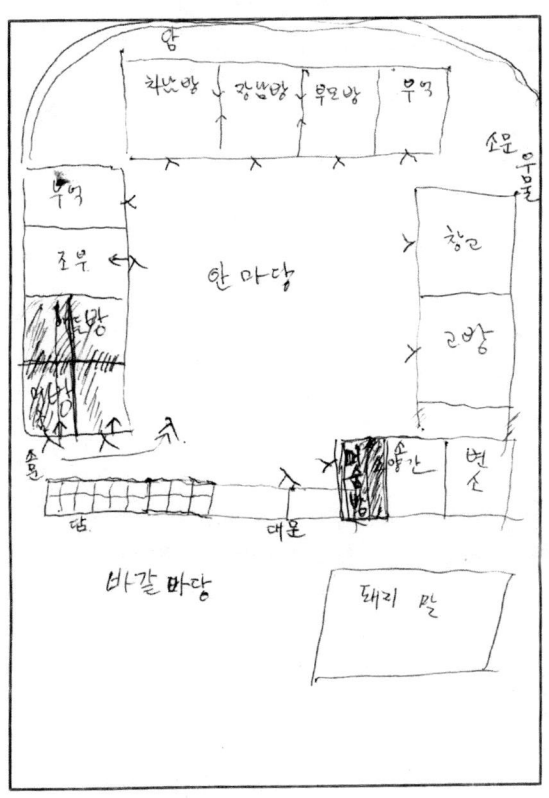

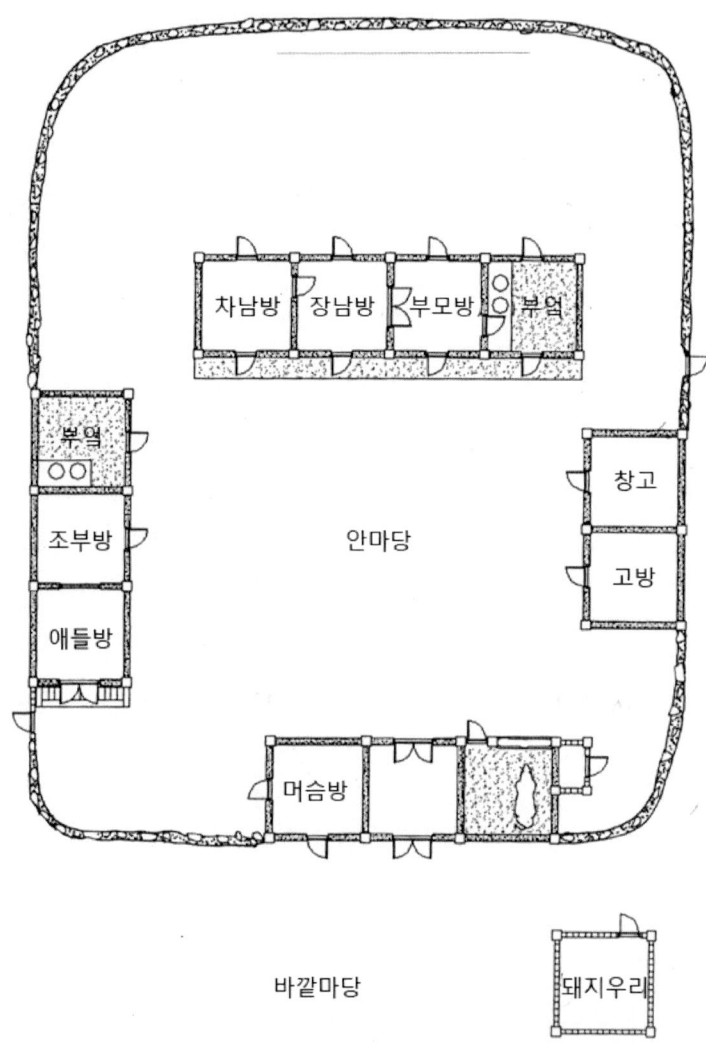

5. 의주군 이한호 씨 댁

성명: 이한호(1927년생)
주소: 평북 의주군 가산면 천감동
가족: 8인(모친, 형제, 조카)
경제: 농업, 중류계층(지주), 논 1,000평, 밭 1,500평, 임야 10정보
마을: 산지 농촌, 100호
주택: 약 50년 전, 두 채 병렬형 외통집, 안채(초가)

소작농 가족과의 동거

이 집은 압록강 하구 신의주 근처의 의주군에 소재했던 집이다. 마을은 산지의 농촌으로서 주호밀도가 낮은 100호 정도의 규모였다고 한다. 회신자의 가정은 논 1,000평, 밭 1,500평, 임야 10정보를 소유한 지주로서 상류계층에 속하나 설문지에는 중류계층이었다고 표시했다. 가족사항에 형수 2명이라고 기록한 것으로 보아 결혼한 차남이 분가하지 않고 동거하는 가족형태를 보여 준다.

주택은 5칸 규모의 살림채와 대문채가 병렬로 배치되어 세장방형 안마당을 이루나 양 마구리에 작은 창고를 두었다고 회신자는 ㅁ자형 배치라고 기록하였다. 특이한 것은 바깥마당에 울타리를 둘러 내부영역화했다는 점이다. "바깥마당의 울타리는 산에서 싸리를 베어다 둘러치고 봄에는 울타리 사이에 자장나무를 약 2m 간격으로 세워 호박넝쿨이 올라가도록 하였다"고 기록하였다. 건물 사이에는 흙돌담을 쌓았는데 약 2m 정도의 높이였다고 한다.

4칸으로 구성된 살림채를 큰방채라고 하며 지주가 거주한다고 기록했다. 반면 대문채는 사랑채라고 하며 소작인이 거주한다고 설명했다. 남한지역의 상

류주거에서 안채와 행랑채의 관계와 유사하다. 소작인을 거느린 집이지만 안채는 초가지붕이며, 툇마루 없이 토단을 사용했다. 동쪽에 있는 부속채는 창고 겸 소 여물 보관소라고 설명했고 지하에는 김칫독이 있었다고 기재했다. 대문채 옆에 화장실 2개는 통상보다 크게 수정했는데, 그 이유를 "잿간과 겸하기 때문에 큰방보다 크다"고 설명했다.

회신자는 별도의 편지에서 건축방법이나 공간사용에 대하여 자세히 기술해 주었는데 그 내용은 다음과 같다.

① 가옥의 벽은 기둥과 기둥 사이를 싸리나무로 엮고 볏짚을 썰어 진흙과 섞어 이긴 후 메주처럼 둥글게 빚어서 싸리나무 사이에 한 개씩 끼우고 그 위에 진흙을 발라 미끈하게 벽을 바른다. 말라 굳어지면 콘크리트보다 단단하다.
② 초가지붕은 이엉을 엮어 2년에 한 번씩 새로 잇는데 보통 양력 3월에 한다.
③ 방마다 벽 쪽에 긴 나무 두 개로 살강을 매고 옷과 농을 올려놓고 그 위에 이불과 베개를 올려놓는다.
④ 도면의 창고 안에는 움을 파고 겨울에 김칫독을 넣어 둔다.
⑤ 곡식을 찧는 연자방아는 옆집에 있는데 사용료를 곡식으로 준다.
⑥ 바깥마당에 겨울이면 저녁에 물을 뿌려두고 얼어 빙판이 되면 그 위에서 도리깨로 옥수수, 콩, 팥 등을 타작한다.
⑦ 큰방은 부모님, 샛방은 조부님과 본인, 마두칸에는 형님 내외가 사용했다
⑧ 우리 고향은 대개 이웃동네처럼 각자 자기 집 밭 가운데 적당한 곳을 골라 집을 짓기 때문에 집들이 모여 있지 않고 듬성듬성 떨어져 있으며, 이웃집도 한참 걸어 가야 한다.

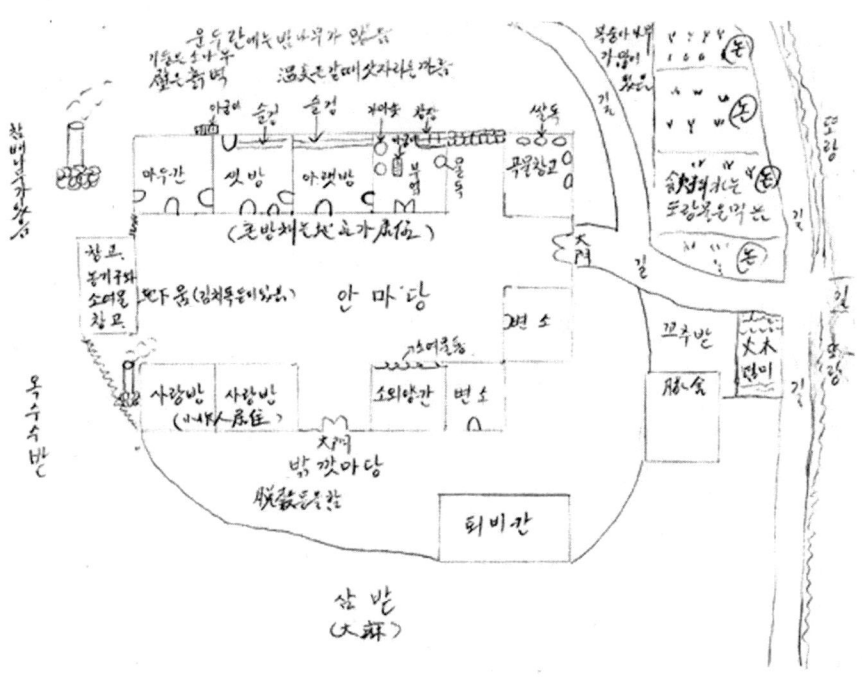

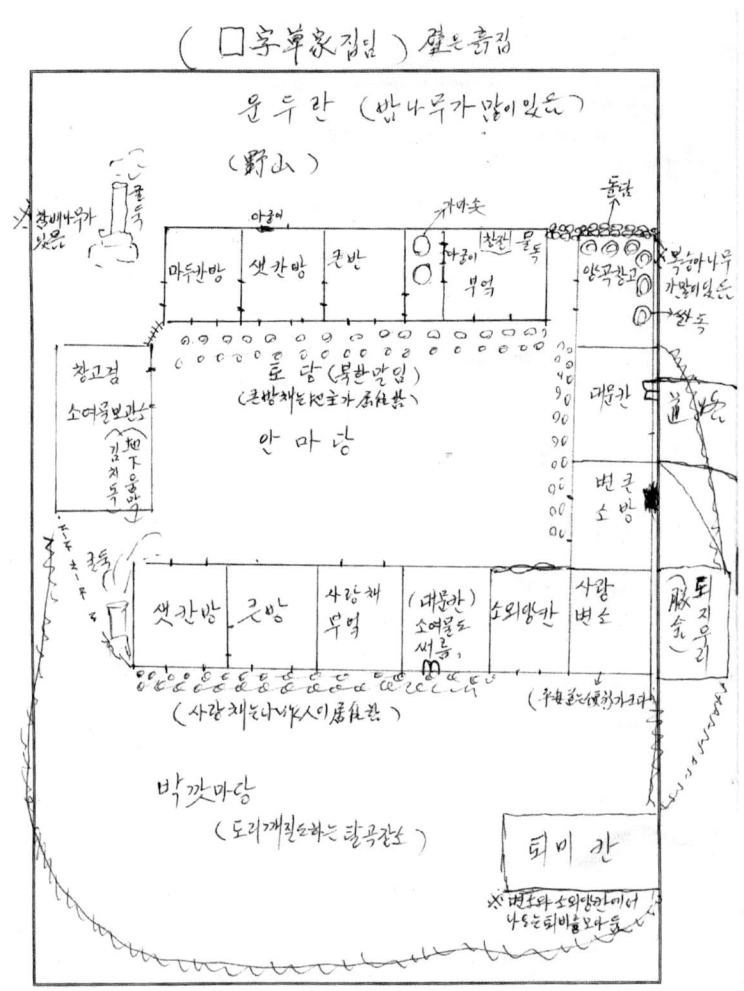

(□字北家집임) 맡는 흙집

운두란 (밤나무가 많이 있든)

(野山)

*** 끝까지 기록하여 주셔서 감사합니다 ***
이락호   평북 의주군 가산면 천갑리

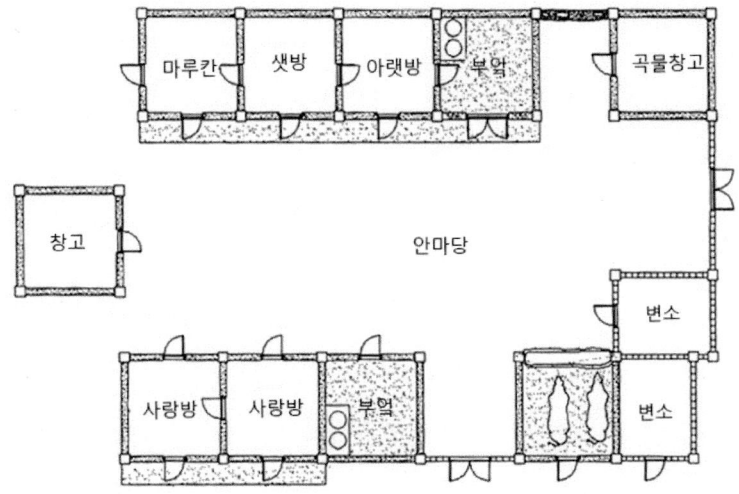

마루칸　샛방　아랫방　부엌　곡물창고

창고　안마당　변소

사랑방　사랑방　부엌　변소

바깥마당

6. 태천군 김현구 씨 댁

성명: 김현구(1927년생)
주소: 평북 태천군 서면 임천동 137번지
가족: 9인(조부모, 부모, 형제자매)
경제: 농업, 중류계층
마을: 평야지대 농촌, 80호
주택: 건립연대 미상, 4채 ㅁ자형 외통집, 안채(우진각 초가) 아래채(기와) 나머지 초가

침실을 갖는 부속채

이 집은 평안북도 구성 근처의 태천군 소재했던 집이다. 마을은 평야지대의 농촌으로서 약 80호 정도가 살았다고 한다. 가족은 3대가 동거하는 농업가정으로서 중류계층에 속한다고 했다. 집 앞에는 곡물을 쌓아두고 타작하는 바깥마당이 100평 정도 있으며, 동쪽 옆으로는 채소밭이 600평 정도 있었다고 한다. 의주군 이한호의 증언처럼 자기 소유의 농지 가운데에 집을 지은 것으로 판단된다. 담장은 집 뒤에만 둘렀는데 돌담으로서 높이가 1.5m 정도라고 한다. 바깥마당은 곡물 등을 쌓아두고 타작하는 곳이라고 기재했다.

주택은 4채의 건물이 ㅁ자형으로 배치된 형식으로서 남부지방의 튼 ㅁ자형 배치와 유사하다. 다만 대문채를 제외한 3채 모두 온돌방을 가졌다는 점이 특이하다. '동채'라고 부르는 동쪽 건물은 가족용 침실로 구성되며, '서채'는 사랑채로서 손님들을 위한 접대실이라고 기재했다. '아래채'라고 부르는 대문채는 침실이 없이 외양간과 창고로 구성했다. '위채'라고 부르는 살림채에는 어른들의 거실이라고 기재했다.

살림채에 툇마루를 가설한 것은 드문 사례에 속하지만 툇간을 표현하지 않았고 그 폭도 매우 좁다. 살림채의 평면이 홑집임에도 불구하고 '겹집'이라 표기한 것은 툇마루를 두었기 때문에 겹집으로 인식한 것이 아닌가 생각된다. 살림채만 기와로 덮은 것도 근대적 변형으로 보인다.

■ 1차 도면

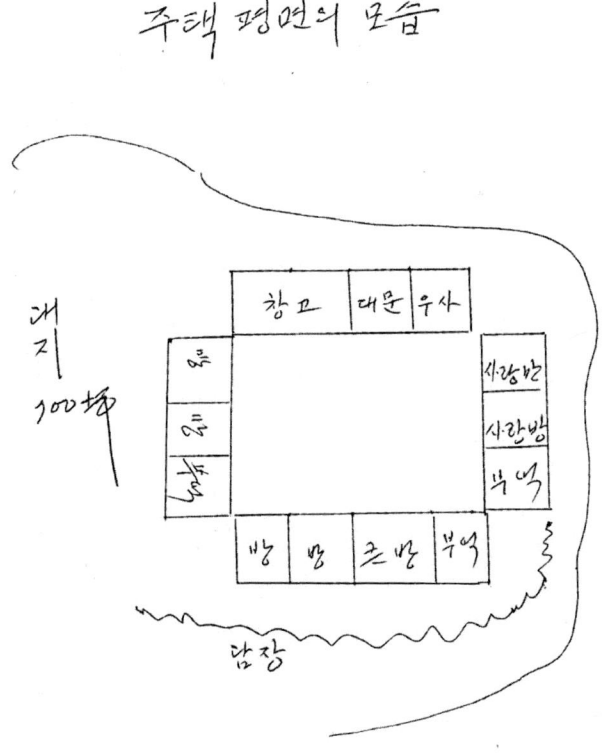

주택 평면의 모습

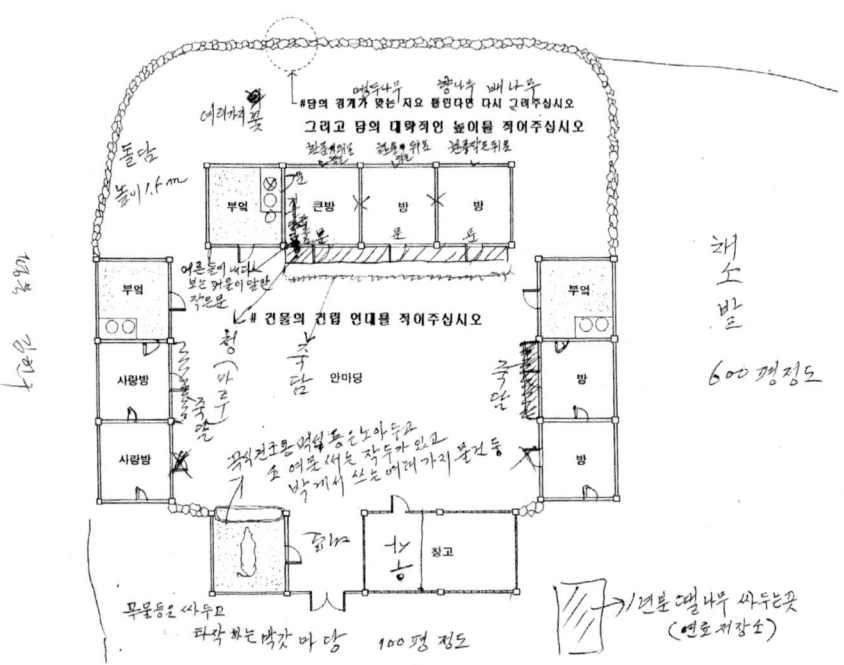

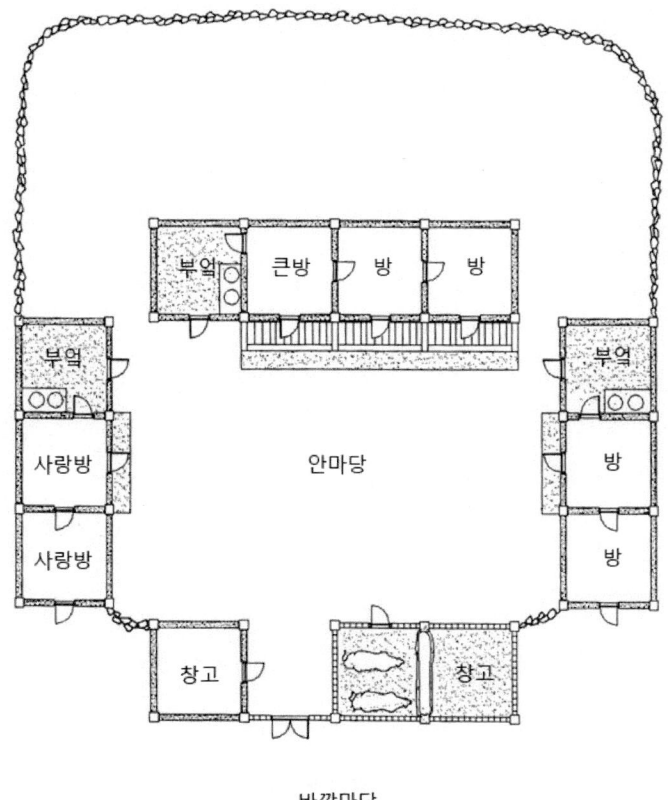

바깥마당

7. 초산군 이완영 씨 댁

성명: 이완영(1932년생)
주소: 평북 초산군 송면 양강리
가족: 4인(부모, 형제)
경제: 공업, 중류계층
마을: 산악지대 광산촌, 100호
주택: 1942년, 외채 양통집, 슬레이트 지붕

일제시기 광산촌의 집

이 집은 평안북도 압록강 중류의 초산군 소재했던 집이다. 마을은 산악지대
에 있는 광산촌으로서 약 100호 정도가 살았다고 한다. 가족은 4인으로 구성된
부부가족으로서 생업을 공업이라고 기재한 것을 보면 광산업에 종사했던 것으
로 보인다. 주택형식으로 볼 때 일제시기에 광산개발로 형성된 광부촌이었을
것으로 짐작된다.

주택은 외채형 겹집으로서 담장의 경계를 표시하지 않았다. 마을 배치도에
서 유사한 평면형식의 이웃집이 그려져 있는 것으로 보아 표준화된 주택을 집
단적으로 건설한 것을 알 수 있다. 회신자는 수정도면에서 여닫이 창호를 모두
미닫이 창호로 수정해 주었다. 전면에 툇마루를 설치하고 지붕은 슬레이트이
며 창호가 모두 미닫이인 점을 감안하면 일제시기에 단지로 건설된 영단주택
의 성격과 유사하다.

주택의 평면은 양통집으로 4개의 침실과 1개의 부엌으로 구성되었다. 그중
침실 2개는 각각 2칸 규모를 통칸으로 사용하는 장방이다. 부엌의 규모도 2칸

이다. 이러한 평면구성은 1가구용으로 보기에는 너무 크다. 평면이 좌우대칭으로 구성되고 각 침실에서 출입구가 설치된 것을 보면 2가구용이었을 것으로 추측된다. 집 뒤에 있는 창고와 화장실도 공용으로 사용되었을 것이다.

■ 1차 도면

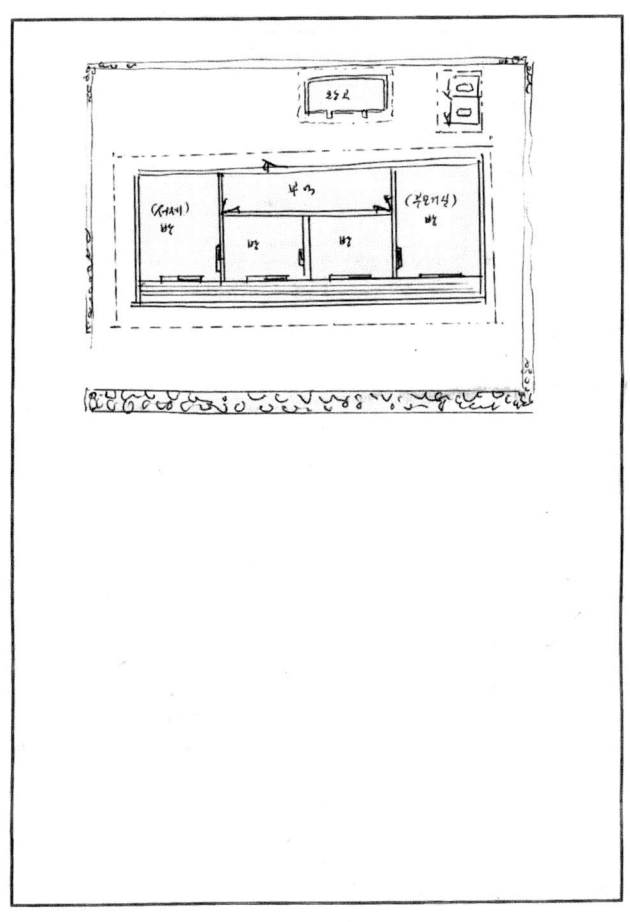

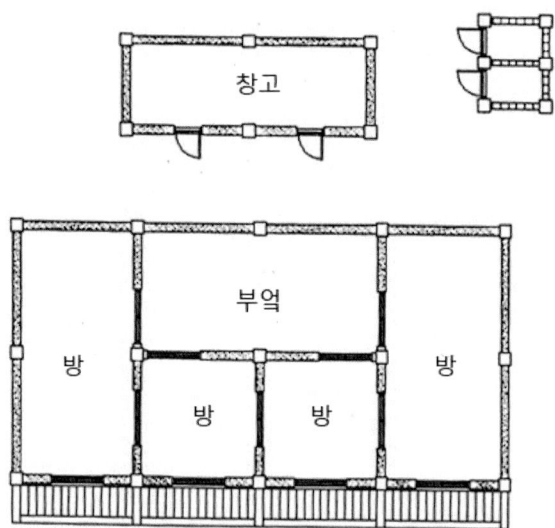

8. 운산군 강조경 씨 댁

성명: 강조경(1929년생)

주소: 평북 운산군 북진읍 진동 260

가족: 9인(부모, 본인부부, 형제)

경제: 공업, 중류계층

마을: 도시 평야지대, 200호

주택: 1935년, 외채 외통집, 우진각 함석지붕

일제시기 도회지의 집

이 집은 평안북도 운산군에 소재했던 집이다. 인근 광산지대의 읍소재지로 서 읍의 규모는 200여 호이며 주택은 시내 입구에 있었다고 한다. 공업에 종사 한다고 했으나 광산과 관련된 일을 했을 것으로 추측된다. 4칸짜리 집에 9명의 가족이 살았다는 것으로 보아 그리 부유한 편은 아니었다고 생각된다.

주택의 건립연대는 1935년으로 기재하여 분명히 일제시기에 지어진 것을 알 수 있다. 집 뒤에는 야산이 있어 담장이 없으며 앞부분에만 판자담을 둘렀고 높이는 2m 정도라고 한다. 살림채는 4칸 일자형 외통집으로서 정남향으로 배 치했다. 윗방을 나중에 증축했다는 것을 보면 회신자가 결혼한 후 신혼방으로 사용하기 위해 증축한 것을 알 수 있다.

회신자는 자신의 집을 '나가야(長屋)'라고 설명했다. '나가야(長屋)'란 한 줄 로 길게 지은 일본식 연립주택을 의미한다. 목구조에 툇마루까지 설치한 것으 로 보아 연립주택으로 보기는 어렵지만 일본식 주택건축의 영향을 받은 것으 로 보인다. 지붕도 함석지붕을 사용했고 전면에는 툇마루를 가설한 점도 일제시기 도시지역에서 근대화의 영향을 볼 수 있다.

■ 1차 도면

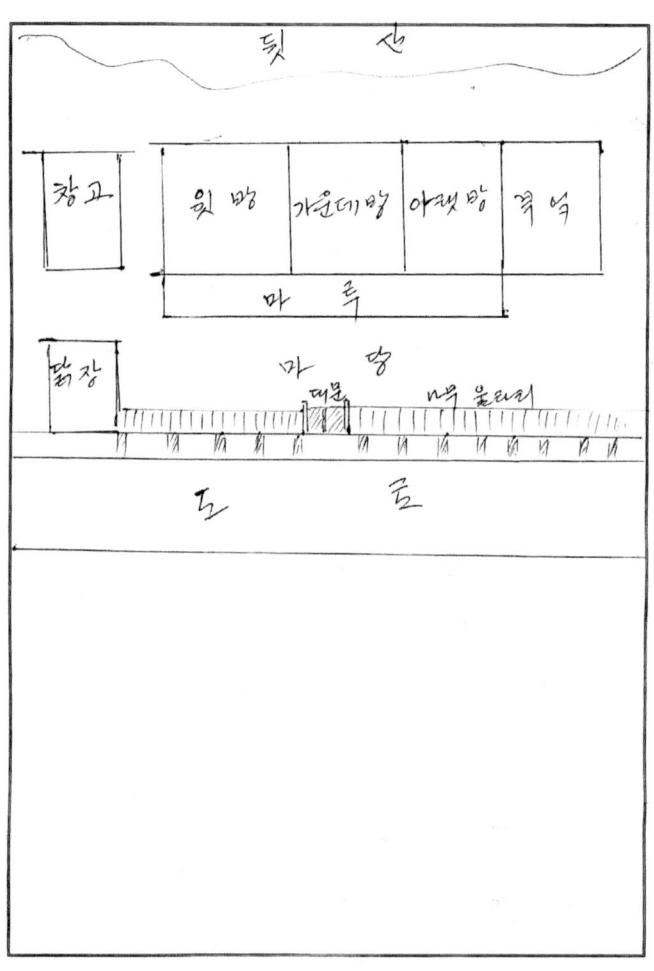

■ 보정 도면

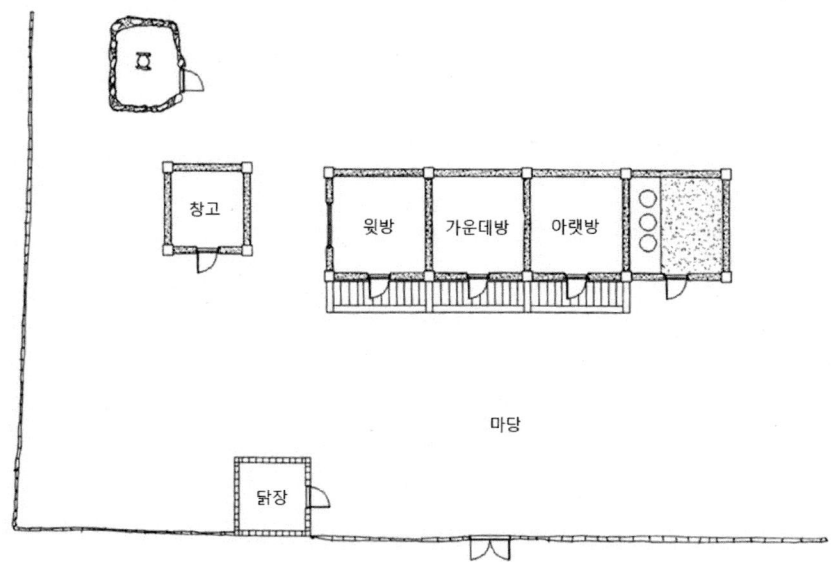

창고

윗방　가운데방　아랫방

마당

닭장

9. 태천군 이기활 씨 댁

성명: 이기활(1935년생)
주소: 평북 태천군 남면
가족: 부모형제
경제: 농업, 중류계층
마을: 농촌 평야지대
주택: 건립연대 미상, 4채 병렬형 외통집

살림채에 제실이 있는 집

이 집은 평안북도 태천군에 소재했던 집이다. 응답자가 가족이나 마을에 관한 정보를 기입하지 않아 마을의 성격을 파악할 수 없었다. 다만 태천군에 평야지대의 농촌이 많다는 점을 감안하면 이 주택이 소재한 마을도 크게 벗어나지 않았을 것으로 추측된다.

주택은 4채로 이루어진 튼 ㅁ자형 배치이지만 살림채와 대문채가 병렬로 배치된 사이에 부속채가 부가된 것으로 볼 수 있다. 중류계층 주거의 배치형식이다. 평안북도의 전형적인 모습처럼 안마당이 장방형을 이룬다. 마당 동·서쪽의 부속채는 곳간이나 창고로 사용하지만 모두 '모칸채'로 부른다. 건물 사이를 울타리로 막는 모습도 전형적이다. 우물은 바깥마당에 두었다.

몸채라고 부르는 살림채는 4칸으로 구성된다. 부엌의 반대편에 있는 방을 '맞웃간 방'이라고 기재했는데, 그 안에 북쪽 벽에 '제실로서 지방 모시는 곳'이라고 기재했다. 살림채 안에 제실을 둔 희귀한 사례이다. 별도의 사당을 건립할 수 없는 경우 살림채 안에 제실을 설치했다는 사실을 확인할 수 있다. 대문채는 2칸의 사랑방과 부엌, 마구간, 대문간으로 구성된다. 대문간이 중간에 위치하지 않고 한쪽에 치우쳐 있는 사례이다. 안마당의 기밀성을 높이려는 의도라고 볼 수 있다.

■ 1차 도면
_____

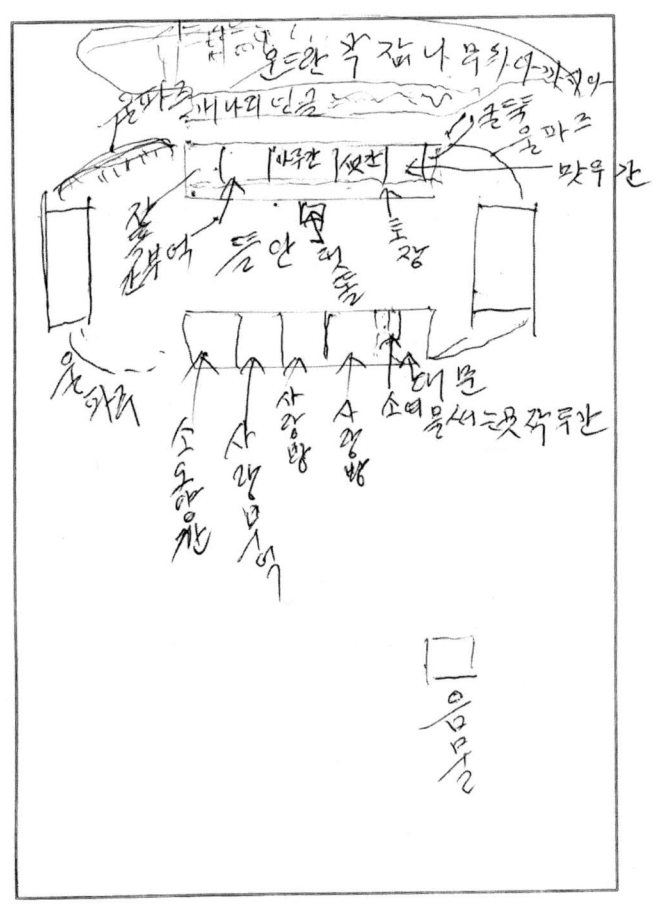

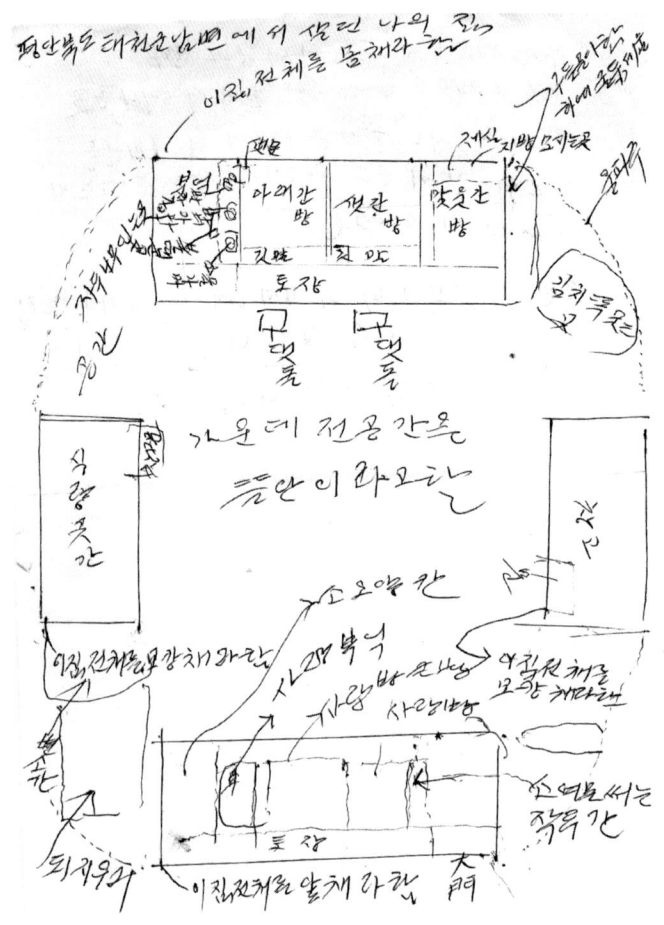

■ 보정 도면

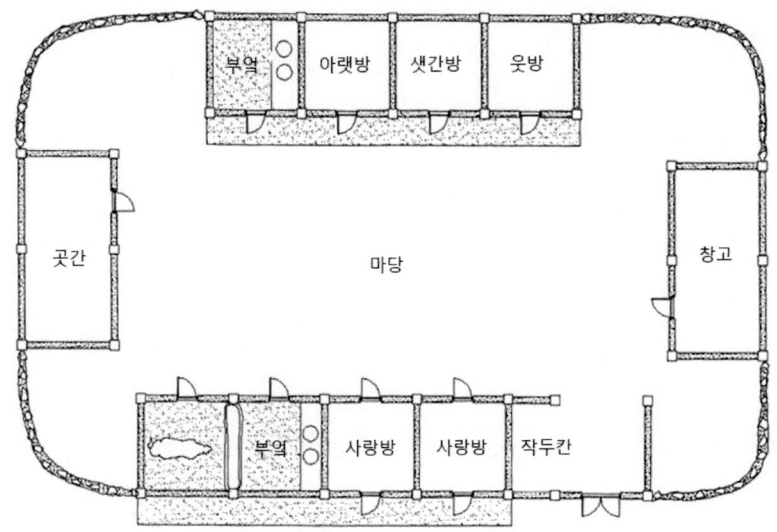

부엌　○○　아랫방　샛간방　웃방

곳간

마당

창고

부엌　사랑방　사랑방　작두칸

10. 용천군 김성욱 댁

성명: 김성욱(1928년생)
· 주소: 평북 용천군 부라면 삼용동
가족: 7인(조부, 부모, 형제)
경제: 농업, 하류계층, 논 600평, 밭 150평
마을: 해안가 농촌, 45호
주택: 1925년, 두 채 ㄷ자형 외통집, 우진각 초가지붕

ㄱ자형 살림채를 갖는 집

이 집은 평안북도 압록강 하구 용천군에 소재했던 집이다. 마을은 해안가에 있는 농촌취락으로서 약 45호 규모라고 한다. 응답자의 가정도 농업에 종사했는데 경작규모도 작고, 하류계층이라고 기재했다. 응답자가 그려준 입지도에는 배산임수의 입지와 함께 주택지 좌우에 경작지가 있음을 표현했다.

주택은 ㄱ자형 살림채와 일자형 대문채를 결합하여 ㄷ자형 배치를 이룬다. 경기도나 충청도 전통민가에서 볼 수 있는 모습과 유사하다. 다만 마루가 없다는 것이 다른 점이다. 평안도 민가의 쌍채 병렬형에서 살림채와 모서리 채가 부엌을 공유하도록 결합된 형식으로 보인다. 큰방이 남향을 하도록 배치했다. 대문채를 제외하고 흙담으로 담장을 둘렀다. 그 높이는 1.7m 정도로 기억한다.

살림채는 우진각 초가지붕이라고 한다. 살림채 동쪽 날개에는 작은 방과 사랑방을 두었는데 사랑방 앞에 마루를 둔 것이 특이하다. 이 마루는 담장의 외부, 즉 주거영역의 외부로 향해 있다. 이 집의 바깥마당도 주거영역에 포함된다는 사실을 암시한다. 대문채에는 외양간, 헛간, 곡간 등 생산, 수장공간으로 구성되었다.

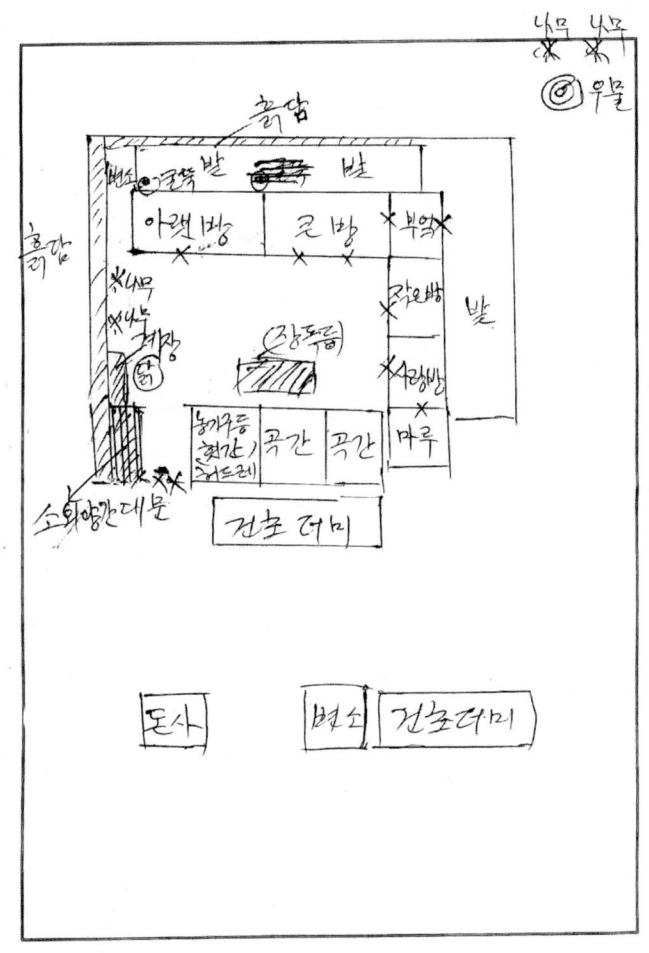

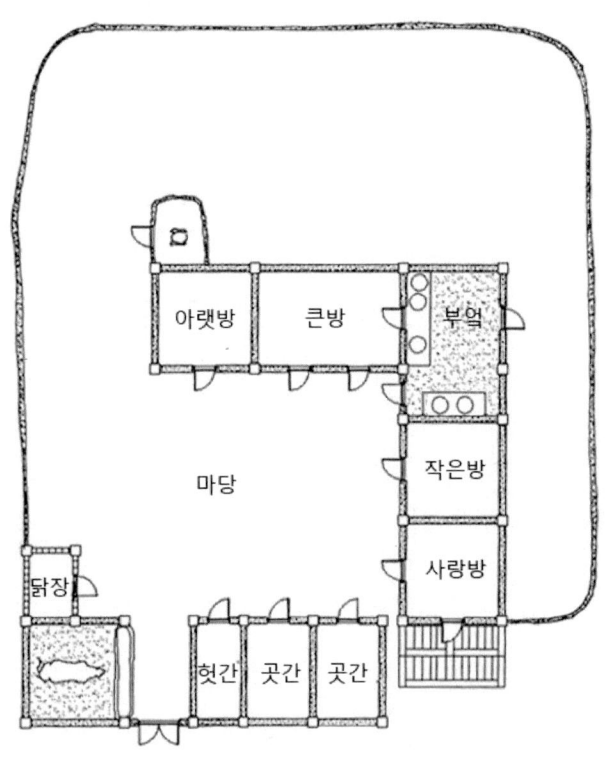

11. 철산군 정의선 씨 댁

성명: 정의선(1923년생)
주소: 평북 철산군 부서면 겸복동 98
가족: 9인(조부모, 부모, 본인부부, 형제)
경제: 농업, 상류계층, 경작규모 36,000평
마을: 해안가 어촌, 40호
주택: 1880년, 두 채 ㄷ자형 외통집, 기와지붕

ㄱ자형 살림채를 갖는 19세기 부농주거

이 집은 평안북도 황해에 면한 철산군에 소재했던 집이다. 마을은 해안가에 있는 어촌취락으로서 약 40호 규모라고 한다. 응답자의 가정은 농업에 종사했는데 경작규모가 36,000평에 달하는 상류계층이라고 기재했다. 응답자가 작도한 입지도에는 서쪽에 배산으로 연대산이 있고 주택은 동향으로 배치되어 지형에 따라 향을 정한 것으로 보인다.

주택은 ㄱ자형 살림채와 일자형 대문채를 결합하여 ㄷ자형 배치를 이룬다. 창고를 증축하면서 모서리채가 살림채와 연결된 것이 아닌가 의심된다. 1880년대라는 건립연대로 보아 19세기의 주거형식이 분명하고 살림채와 대문채 모두 기와지붕이라는 점이 상류주거의 계층성을 보여 준다. 대문채 뒤로는 흙돌담을 둘렀는데 그 높이는 약 2m라고 기재했다.

'몸채'라고 부르는 살림채의 아랫방은 조부모가, 윗방은 본인부부가, 건넛방은 부모와 누이들이 사용했다고 한다. 아랫방과 윗방 전면에만 툇마루를 가설했다. 부엌 옆에 안변소를 두었는데 살림채에 변소를 두는 경우는 그리 흔한 사례가 아니다. 대문채의 중앙은 대문간으로 사용하고 곡간과 사랑방 등을 두었다. 사랑방은 접객실로 사용했다고 한다.

■ 1차 도면

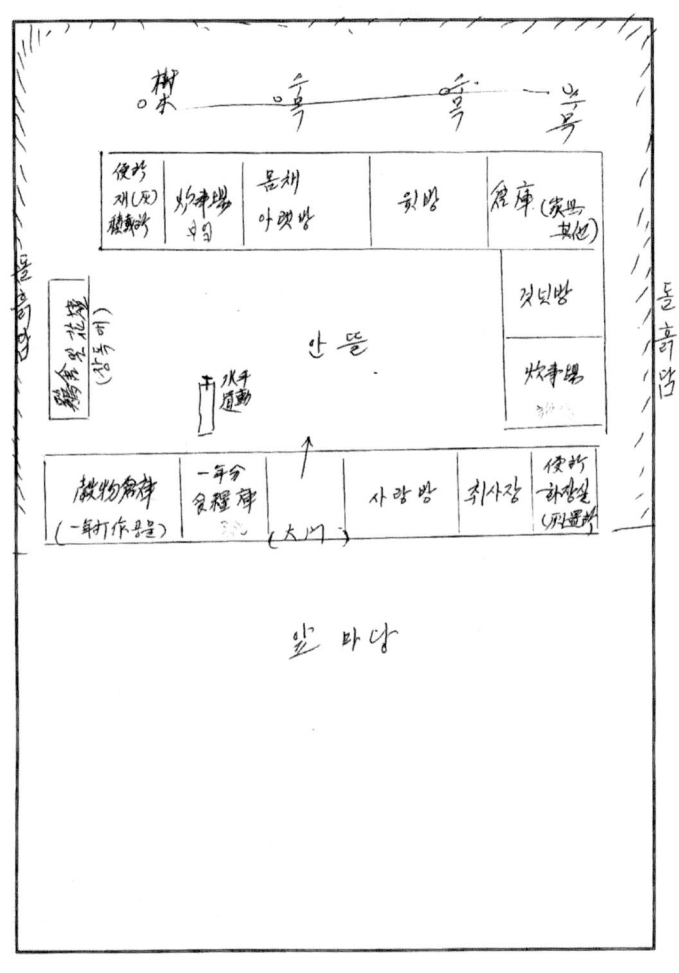

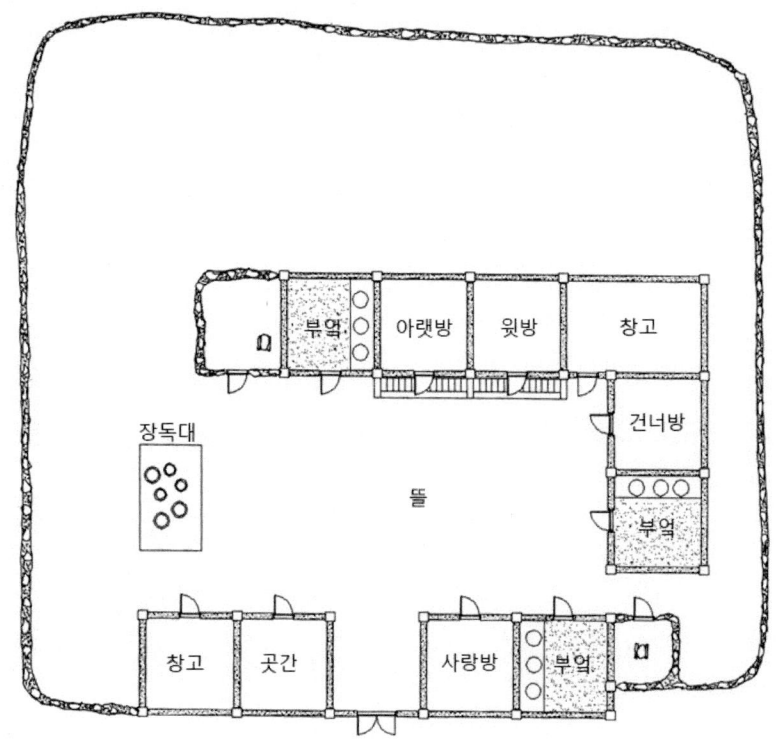

장독대

뜰

부엌

아랫방

윗방

창고

건너방

부엌

창고

곳간

사랑방

부엌

앞마당

12. 구성군 원시준 씨 댁

성명: 원시준(1920년생)
주소: 평북 구성군 사기면 화양동
가족: 10인, 부모, 형제
경제: 농업과 상업, 중류계층, 논 500평, 밭 800평
마을: 면소재지 농촌, 60호
주택: 미상, 4채 ㄷ자형 외통집, 기와지붕

토방의 중요성

이 집은 평안북도 구성군 면소재지에 소재했던 집이다. 응답자가 마을의 입지로 농촌과 도시 두 곳에 표시한 것을 보면 면소재지 외곽에 입지한 농촌마을이었다고 추정된다. 입지도에서도 주택 주변에 경작지로 표현되어 있고 특별히 '주택 간의 거리가 멀다'고 기록했다. 응답자의 가정도 농업과 상업을 겸하는 반농반상의 가정임을 표현했다.

주택은 4채로 이루어진 튼 ㅁ자형 배치이다. 살림채가 3칸에 불과하지만 중상류주택이라고 명시하면서 보통의 서민주택과 비교해 주었는데 서민주택은 외채집으로 작도했다. 즉, 경제력이 높을수록 여러 동으로 구성된다는 사실을 알려준다. 4채의 건물 사이는 바자울로 연결하였고 안마당과 바깥마당을 구분하였다. 수숫대로 만든 바자울은 1.7m 정도라고 기록했다. 바깥마당에는 연자방아가 있어 사유화된 주거영역임을 알 수 있다.

모든 건물은 우진각 초가지붕을 덮었다. 살림채의 윗방은 며느리가 사용하고 아버지는 서쪽 모서리채의 건넌방에 기거한다고 한다. 대문채에 있는 사랑

방에는 소작인이 사용했다는 점으로 보아 남한지방의 사랑채에 해당하는 것은 건넌방이 있는 모서리채라고 할 수 있다. 살림채 앞에 기단부에 해당하는 공간을 '토방'이라고 기재하면서 안채 토방의 높이는 1.3m, 모서리채 토방 높이는 0.5m라고 하였다. 비록 툇마루는 없지만 평안도 민가에서 토방은 툇마루의 기능을 담당하는 공간이었음을 알 수 있다.

■ 1차 도면

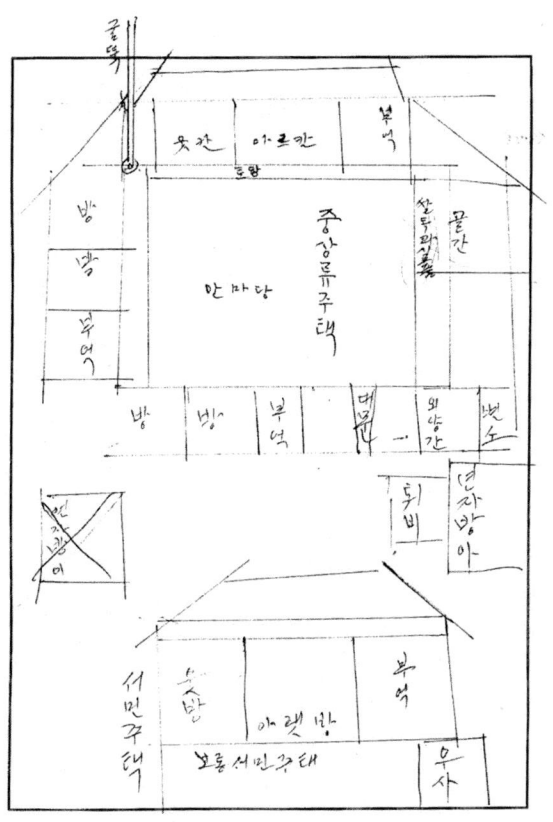

13. 구성군 이정겸 씨 댁

성명: 이정겸(1916년생)
주소: 평북 운산군 동신면 이동 396
가족: 9인(조부, 부모, 형제)
경제: 농업, 중류계층, 논 2,000평, 밭 15,000평
마을: 평야지대 농촌, 70호
주택: 1890년, 두 채 ㄷ자형 외통집, 우진각 기와지붕

안마당에 쌀 창고를 둔 사례

이 집은 평안북도 운산군에 소재했던 집이다. 마을은 평야지대의 농촌취락
으로서 약 70호가 있었다고 한다. 응답자의 가정은 농업을 경영하는 농가로서
논 2,000평과 밭 15,000평을 경작했다고 기록했다. 중류계층이라고 표시했지만
주택의 모습으로 볼 때 중상류계층인 것으로 짐작된다. 집 주변에는 텃밭에 뽕
나무를 재배하고 양잠을 했다고 서술했다.

주택은 1890년대에 건립되었다고 하는데, 일자형 살림채와 ㄱ자 형 부속채
로 ㄷ자형 배치를 이루었다. 살림채 뒤에는 흙돌담을 쌓아 폐쇄적인 뒷마당을
만들었다. 특이한 것은 대문채와 사랑채를 결합하여 ㄱ자형 부속채를 만들었다
는 점이다. 일반적으로 쌍채 병렬형 배치에서 안채와 모서리채를 결합하여 ㄱ
자형을 만드는 경우는 있으나 부속채를 이렇게 만드는 경우는 흔치 않다. 더욱
눈여겨볼 것은 안마당에 쌀 창고를 두었다는 점이다. 협소한 안마당에 건물을
두는 경우는 거의 없다는 점에서 희귀한 사례에 속한다. 살림채와 부속채 모두
기와지붕을 하고 특히 안채의 추녀기와는 와당을 사용했다는 기록으로 보아

조선 후기 상류주택이었을 것으로 추정된다.

'안채'라고 부르는 살림채의 침실은 조부모와 부모가 기거하고 사랑방에는 형제들이 기거한다고 기록했다. 또한 "사랑방은 동절기에 부락청소년을 모집하여 한문학습을 위한 야학서재로 운영했다"고 한다. 안마당 가운데 있는 창고는 2칸으로서 한 칸은 쌀 창고이며, 다른 한 칸은 가축사료라고 한다. 이 또한 이 가정의 계층성을 보여 주는 대목이다.

■ 1차 도면

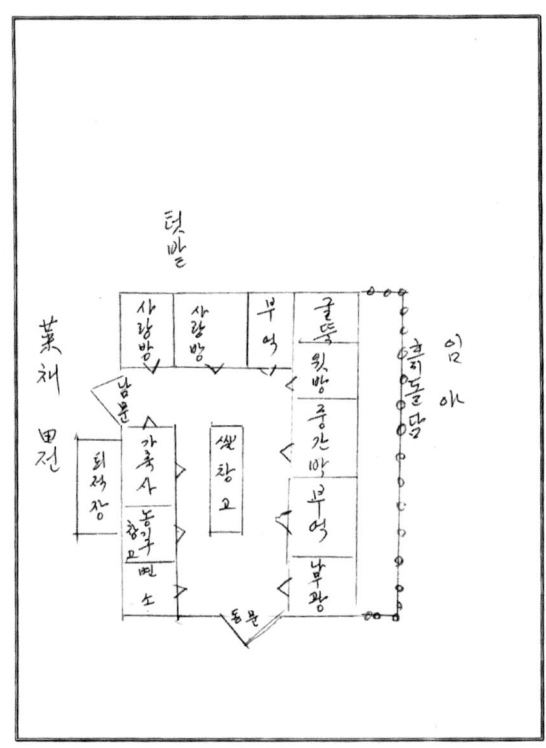

■ 보정 도면

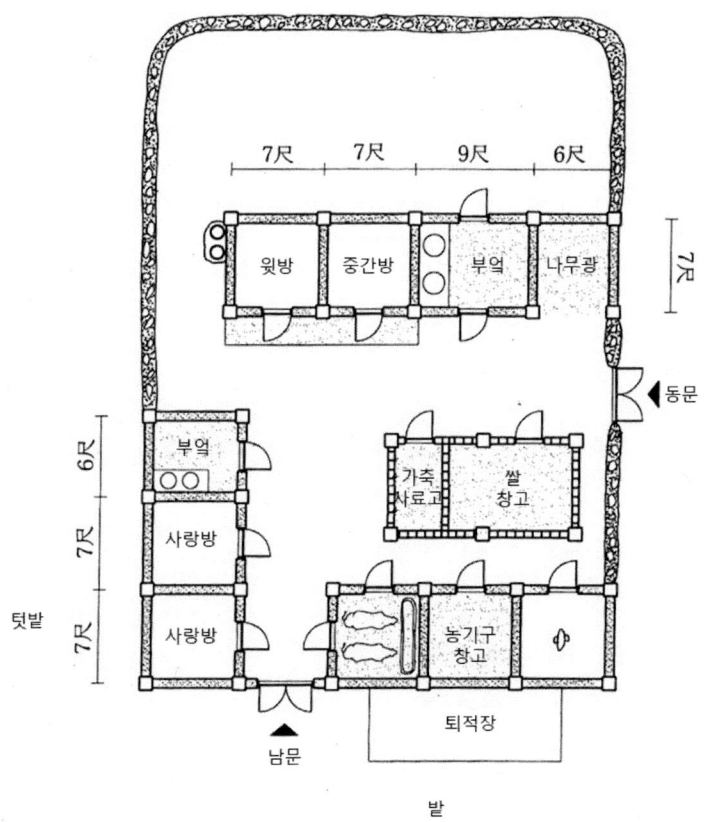

14. 용천군 김명호 씨 댁

성명: 김명호(1933년생)
주소: 평북 용천군 외상면 해현리
가족: 7인(조모, 부모, 형제)
경제: 어업, 중류계층
마을: 해안가 어촌, 30호
주택: 1942년, 외채 ㄱ자형 외통집, 기와지붕

토방의 구조와 용도

이 집은 평안북도 용천군 해안가에 소재했던 집이다. 마을은 어촌으로서 약 30호가 살았다고 한다. 응답자의 가정도 어업에 종사하는 중류계층이라고 기록했다. 가족은 조모와 부모, 형제가 동거하는 7인 가족이었다. 이 집은 튼 ㅁ자 집의 형상이나 대문채를 살림채와 직교하도록 배치한 것이 특이하다. 살림채와 평행한 아래채에도 대문간을 둔 점으로 보아 본래 대문채였던 이곳을 거주공간으로 만들기 위해 바꾼 것이 아닌가 추측된다.

대문채는 3칸 통간으로서 중앙에 대문간을 두고 좌우에 외양간과 방앗간을 두었다. 응답자는 "이 집을 지을 때 부친께서 생업에 편리하도록 비교적 전통을 무시하고 지었던 것으로" 추정하였으나 "평북 선천지방의 전통기와집을 짓는 대목이 지은 것"이라고 기록했다. 안마당의 세로 폭을 좁게 그렸으나 실제로는 이보다 더 넓었을 것으로 추정된다.

살림채의 좌향은 드물게 보는 서북향이다. 해안가 어촌에서 바다로 향한 좌향이었을 것으로 추정된다. 응답자는 별도의 용지에 전통식 건축방법을 그림과 함께 상세하게 기술해 왔다. 여기에는 문의 종류와 위치, 벽체의 종류와 구모 및 시공방법, 담장의 구조 등이 상세하게 기술되었다. 이 중에서 토당에 대한 기술은 유의할 만한 정보이다. "토당이란 평북지방 사투리가 아닌가 생각되며 집처마 낙숫물이 떨어지는 안쪽에 약 30~100cm 내외 높이로 돌을 쌓고 마루 놓을 공간을 마루 없이 황토 흙을 다져 평면을 유지하며 신발 등의 물건을 놓을 수 있는 건조한 생활공간을 말한다." 왜 툇마루를 사용하지 않았는지는 알 수 없으나 토당(혹은 토방)은 남부지방의 툇마루와 같은 기능이라는 점을 확인할 수 있다.

1940년대 이전에 짓은 기와집 중에는
아래 형식도 있었음

※ 연자 방아간채(외양간 포함)만 초가 지붕
이고 나머지는 골기와집임

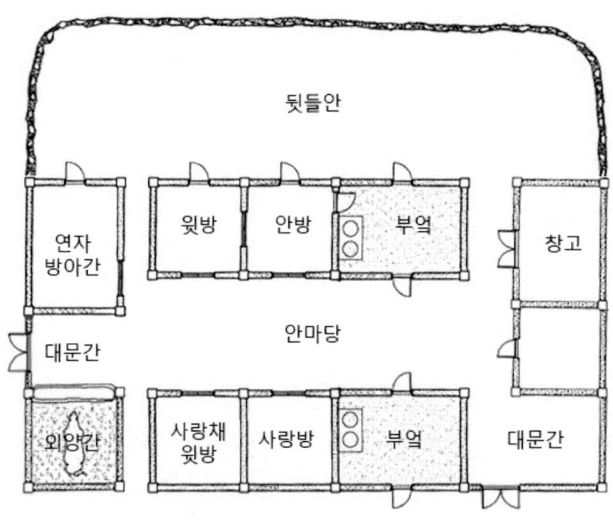

15. 정주군 황봉호 씨 댁

성명: 황봉호(1922년생)
주소: 평북 정주군 고덕면 일신동
가족: 10인(부모, 형제)
경제: 농업, 중류계층, 논 4,000평, 밭 5,000평
마을: 평야지대 농촌, 60호
주택: 1920년대, 두 채 ㅁ자형 외통집, 팔작 기와지붕

튼 ㅁ자형 고급주택

이 집은 평안북도 서남쪽 정주군에 소재했던 집이다. 마을은 평야지대 농촌
으로서 약 60호 정도가 살았다고 한다. 응답자의 가정도 농업에 종사하는 중류
계층이라고 기록했다. 논 4,000평 밭 5,000평을 경작했다고 하는데 주택의 규모
가 크고, 모든 건물이 기와지붕이며, 4칸 이상의 수장공간을 갖는다는 점으로
볼 때 중상류계층이었던 것으로 보인다. 사랑방에 머슴이 살았다는 점도 이 집
의 계층성을 시사해 준다.

이 집은 1920년대에 건립된 것으로 기억한다. ㄱ자형 살림채와 ㄴ자형 부속
채로서 ㅁ자형 배치를 이루었다. 이 또한 한반도 중부지역(경기 충청권)에서나
볼 수 있는 희귀한 사례에 속한다. 살림채 뒤편으로 흙돌담을 쌓은 후원이 있
고, 이곳으로 통하는 별도의 문을 두었다. 흙돌담 위에는 기와를 얹어 고급화
했다. 대문으로 남문과 동문을 둔 것은 전형적인 모습이다.

살림채에는 5개의 침실이 있는데, 이 중 부엌 옆의 안방은 장자가 거주하고
윗방은 며느리가 기거했다고 한다. 서쪽 모서리 채의 침실은 조부님이 기거했

다. 각 방을 연결하는 툇마루(폭 1m 정도)를 가설한 것도 흔치 않은 사례이다. 사랑방 앞에는 마루에 빗물이 들어오지 않도록 함석차양을 달았다고 한다. 침실 창호는 안 미닫이, 밖 여닫이의 겹창을 두었다.

■ 1차 도면

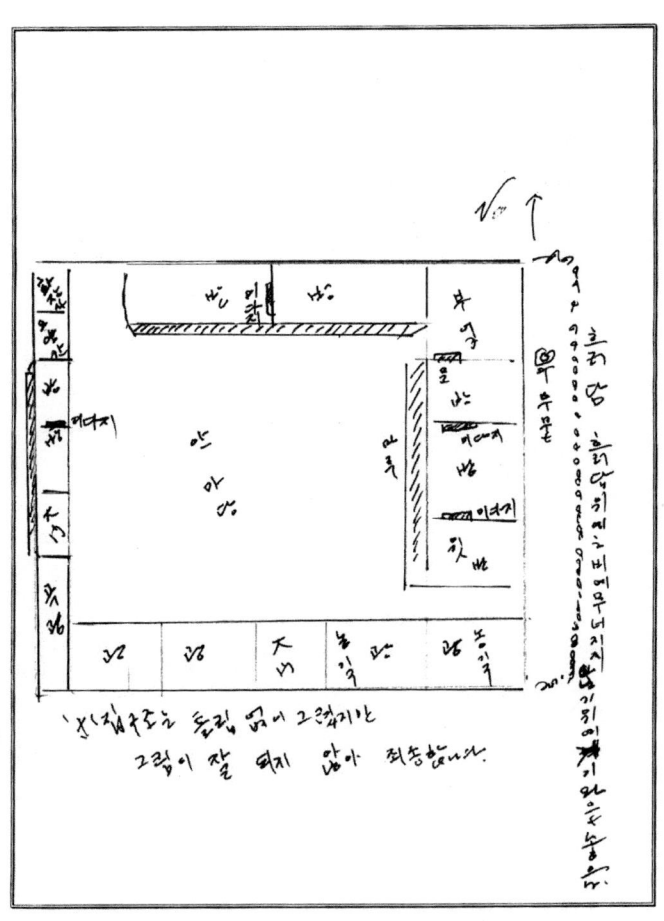

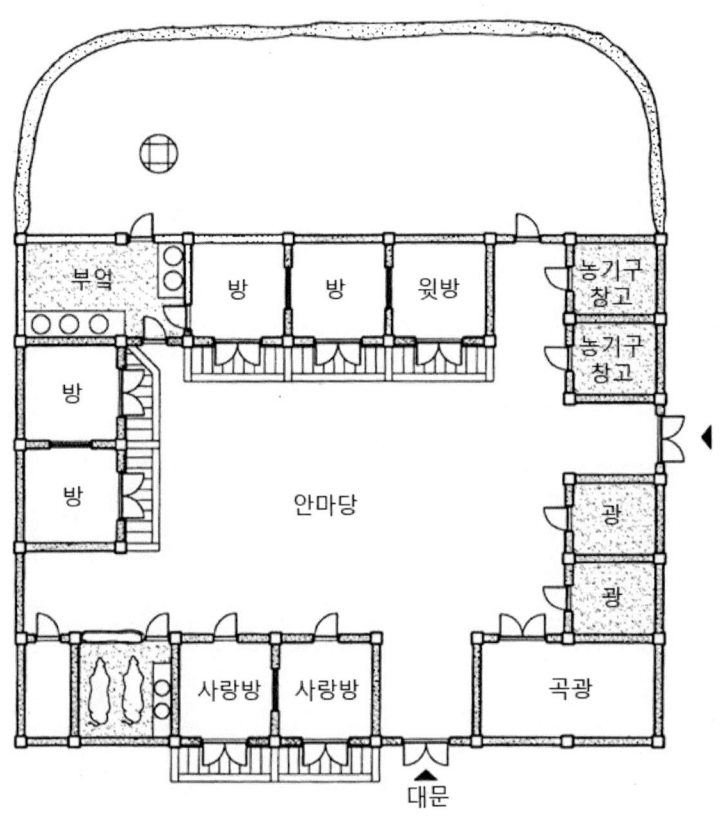

16. 정주군 김봉삼 씨 댁

성명: 김봉삼(1933년생)
주소: 평북 정주군 남서면 서호동
가족: 9인(조모, 부모, 형제자매)
경제: 농업, 중류계층, 경작지 5정보 이상
마을: 산지 농촌, 50호
주택: 1940년대, 네 채 ㅁ자형 외통집, 기와지붕

툇간을 둔 토단

이 집도 평안북도 서남쪽 정주군에 소재했던 집이다. 마을은 산지에 있는 농촌으로서 약 50호 정도가 살았다고 한다. 응답자의 가정은 농업에 종사하는 중류계층이라고 기록했다. 경작규모를 5정보(약 15,000평) 이상으로 기록한 것을 보면 부농 정도의 계층으로 추정된다. 살림채와 대문채는 물론이거니와 곡간, 창고로 사용하는 동측 모서리채도 기와지붕이었다고 한다.

주택은 1940년대에 건립된 것으로 기억한다. 주택 건물은 모두 일자형 외통집으로서 ㅁ자형 배치를 이루었다. 쌍채 병렬형의 양 모서리에 모서리 채가 배치된 형식이다. 담장은 '안채'와 곡간을 둘러싸도록 1.5m 높이의 흙담을 둘렀다. 안마당의 가로 폭은 50m, 세로 폭은 15m로 기재했지만 치수는 신뢰하기 힘들다. 다만 안마당이 세장방형이었음은 분명하다. 서쪽 모서리채는 연자방아를 설치한 방앗간으로서 이 건물만 초가지붕으로 덮었다. 1차 도면에는 바깥 큰마당이 표현되어 있는데 비록 담장이 없지만 그 윤곽을 장방형으로 묘사했다.

살림채와 대문채의 침실 앞에는 '토장'이라고 부르는 토단을 두었다. 특히 대문채의 침실 앞에 있는 토단에는 툇기둥을 분명히 표현했다. 바깥마당으로 향하는 툇간을 만든 것이다. 앞서의 사례들처럼 대문채의 침실에 머슴들이 기거한다고 볼 때 바깥마당과의 관련성이 더 밀접하다는 사실을 설명해 준다.

■ 1차 도면 ─────────────────────────────────

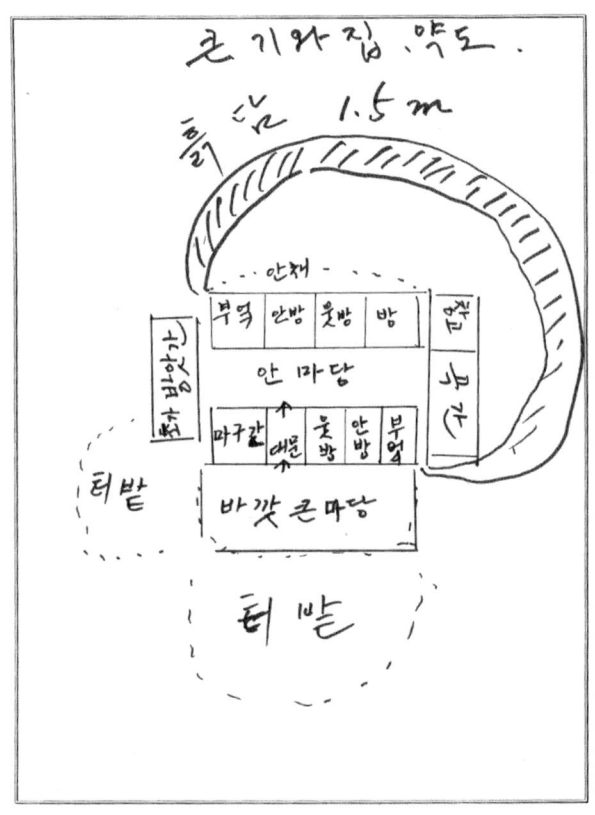

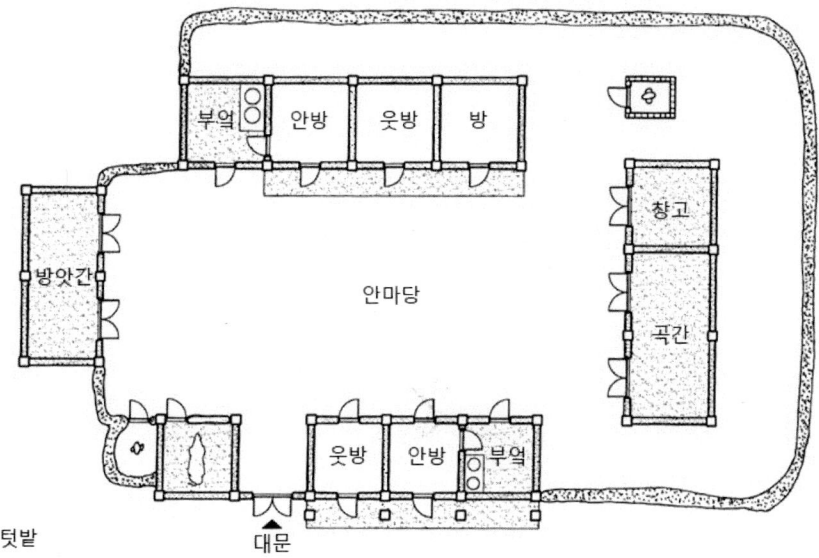

방앗간

부엌　안방　웃방　방

창고

곡간

안마당

웃방　안방　부엌

텃밭

대문

바깥큰마당

텃밭

17. 선천군 차수찬 씨 댁

성명: 차수찬(1925년생)
주소: 평북 선천군 심천면 고군영동
가족: 6인(부모, 형제자매)
경제: 상업, 중류계층
마을: 평야지대 농촌, 350호
주택: 1928년, 두 채 ㄷ자형 양통집, 팔작 기와지붕

일제시기의 임대형 주거

이 집은 평안북도 선천군 심천면에 소재했던 집이다. 마을규모를 350호 정도라고 하고 상업에 종사했다는 기록으로 보아 면소재지에 있었던 집으로 추정된다. 집의 동쪽과 남쪽에 면하여 직선도로가 그려진 것으로 보아 모퉁이 대지임을 알 수 있다. 살림채 안에는 여러 개의 침실이 있는데, 그중 건넌방과 끝방, 뒷방은 모두 셋방이라고 기록했다. 각 침실에 독립된 부엌이 설치되어 있는 것으로 보아 건립 당시부터 임대를 목적으로 지었다고 보인다.

이 집의 건립은 일제시기인 1928년으로 기재했다. 건물 배치는 쌍채 병렬형으로 평안도의 전형적인 형식이지만 살림채가 양통집이라는 점에서 희귀한 사례이다. 함경도의 양통집이 아니라 적은 대지로 많은 공간을 수용하기 위해 두 줄로 방을 배열한 것이다. 살림채의 좌향도 동향이고 대문간이 살림채와 연결되어 있다는 점에서 전혀 전통양식이 아니다. 유리 창호를 사용한 점이나 대문간을 2층으로 구성해 다락방을 둔 점도 근대적 실용성을 추구한 모습이다. 일제시기 도회지에서 임대형 주택의 존재양태를 살펴볼 수 있는 사례라고 하겠다.

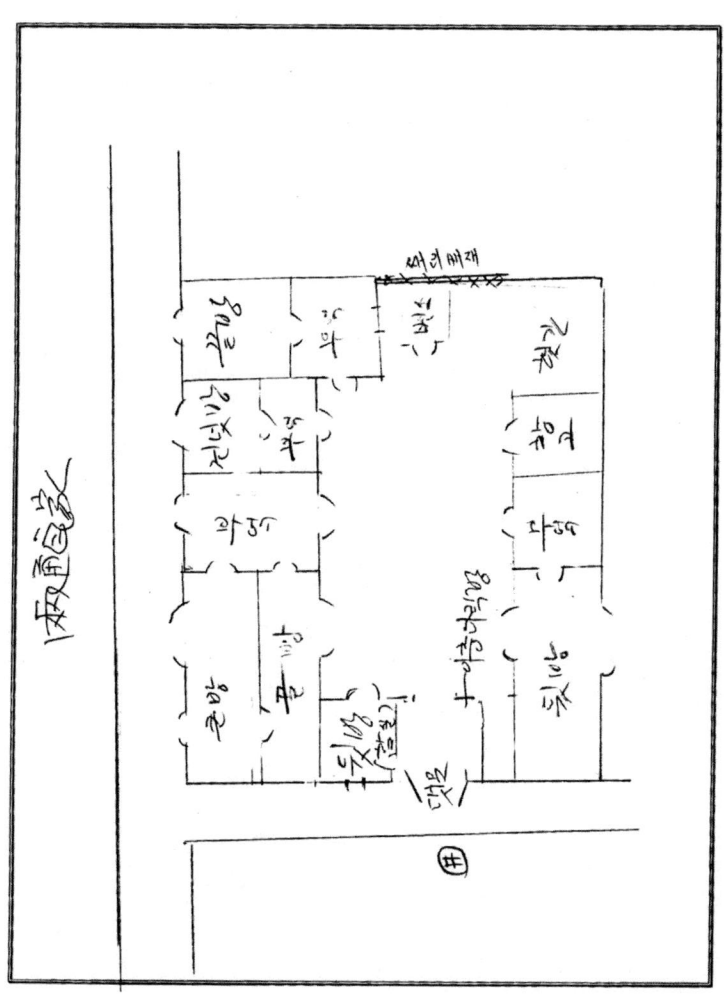

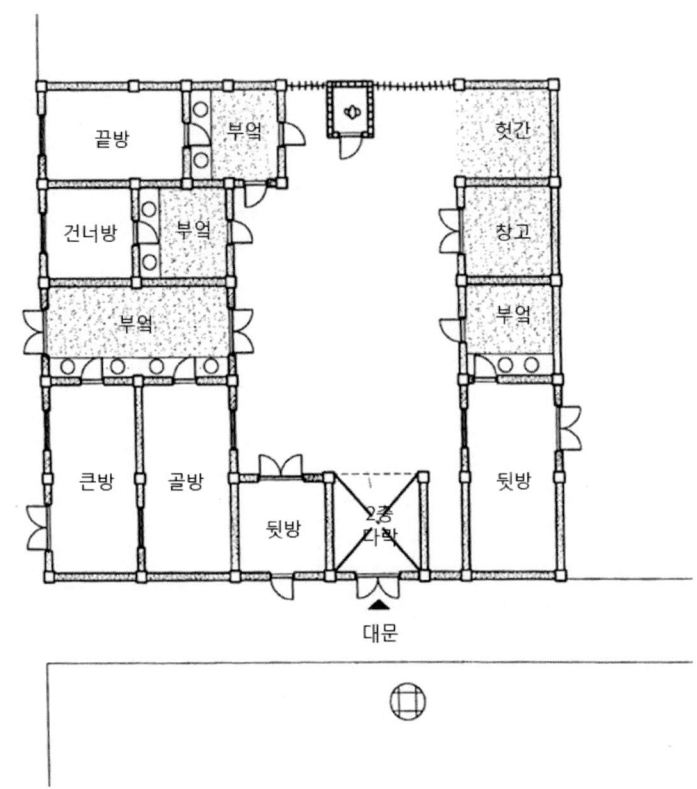

18. 선천군 박형배 씨 댁

성명: 박형배(1920년생)
주소: 평북 선천군 남면 건산동 689
가족: 8인(조모, 부모, 형제자매)
경제: 농업, 상류계층, 논 10만 평, 밭 15만 평
마을: 해안가 농촌, 100호
주택: 400년 전, 여섯 채 ㅁ자형 외통집, 안채 행랑(맞배 기와), 별당 및 사랑채
(팔작)

선천군 대지주의 집

이 집은 평안북도 선천군 해안가 소재했던 대지주의 집이다. 논 10만 평, 밭 15만 평의 경작지를 소유한 가정으로서 대농에 해당한다. 해안가에 있는 마을이지만 대부분 농업에 종사하는 큰 규모의 마을이었을 것으로 추정된다. 응답자는 전문가적인 솜씨로 방위와 축척, 창호의 종류까지 표현한 배치도를 작성해 보내주었다.

주택은 400년 전에 건립된 것으로 기억한다. 담장으로 둘러싸인 주거영역에만 6동의 건물로 구성된 대규모의 고급주택이다. 남한지역의 상류주거처럼 행랑채(대문채)와 사랑채가 구분되어 있어 폐쇄적인 외정과 내정, 후정을 갖는다. 행랑채는 일자형이지만 사랑채와 안채는 모두 ㄱ자형으로 세장방형의 안마당(내정)을 위요한다. 대문간을 들어서면 행랑마당(사랑마당)이 나타나고 여기에서 사랑채의 중문간을 통과하여 안마당으로 진입하는 방식도 남한지역과 같다.

후정에는 마루 한 칸과 별당 한 칸으로 두 채의 건물이 있는데 이는 두 칸짜

리 별당 1동이 아닌가 생각된다. 후정 동편에는 제사실(製絲室)로 표기된 건물이 있는데 그 위치로 형태도 보아 본래 사당이 아니었나 의심된다. 실제 가묘는 살림채와 연접하여 동편에 두 칸으로 두었다.

주거외곽에도 여러 동의 건물들이 있는데 남쪽에는 연자방앗간이 있고, 서쪽에는 곡물창고와 연접된 양잠실을 두었다. 양잠실이 마루를 포함하고 있으며 그 앞에 텃밭이 연못의 형태를 가지고 있는 것으로 볼 때 본래 연지를 둔 별당채가 아니었나 의심된다. 북쪽에는 머슴집으로 보이는 주택들이 표현되었다. 집 뒤에는 테니스장까지 두었다고 한다. 대장원을 거느린 상류주거의 면모를 정밀하게 보여주는 귀중한 사례라고 할 수 있다.

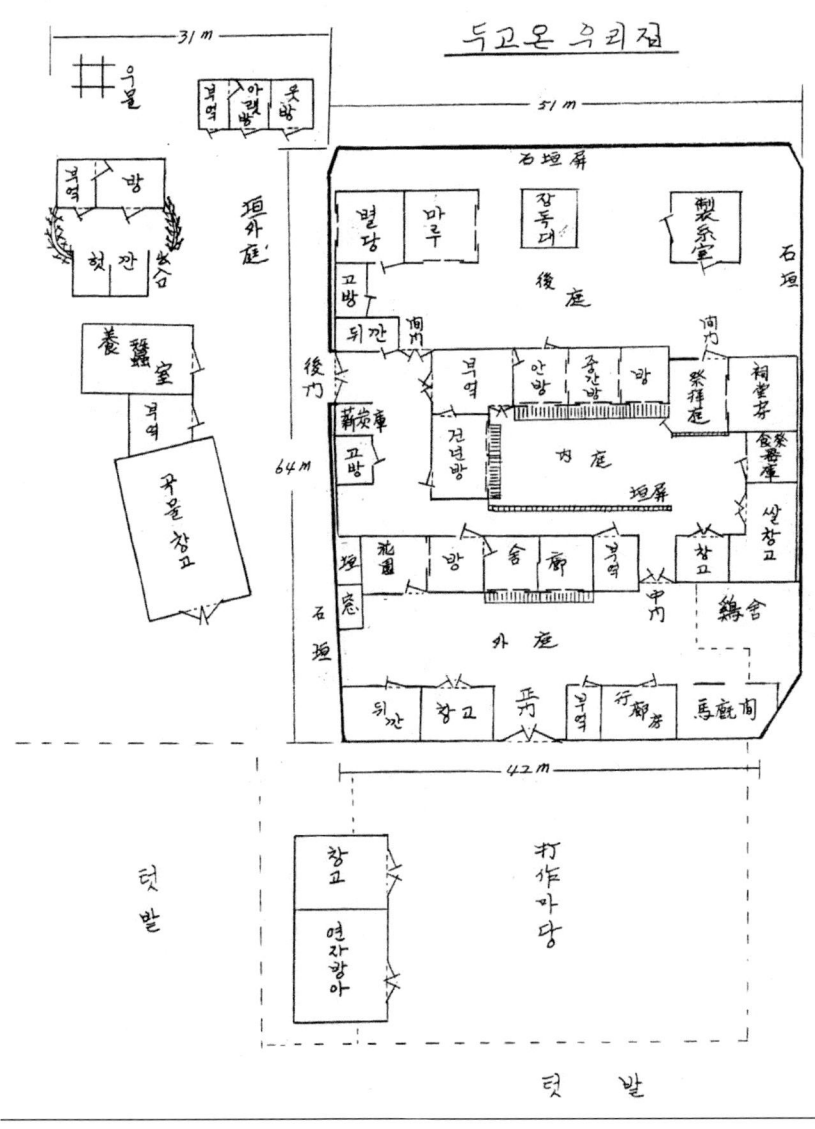

두고온 우리집

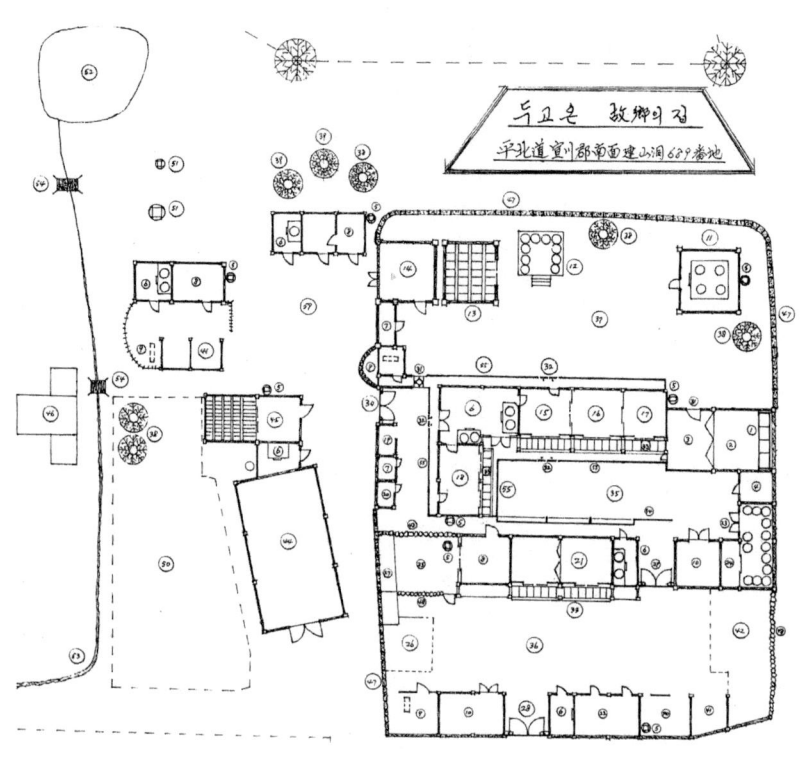

두고온 故鄕의 집
平北道 宣川郡 南面 建山洞 689番地

■ 보정 도면

19. 의주군 김창서 씨 댁

성명: 김창서(1922년생)
주소: 평북 의주군 월화면 월하동
가족: 6인(부모, 형제)
경제: 농업, 중류계층, 논 1,000평, 밭 3,000평
마을: 산지 강변 농촌, 2~3호씩 산재
주택: 100년 전, 세 채 ㅁ자형 외통집, 기와지붕

안뜰에 내외담을 둔 집

이 집은 압록강에 면한 평안북도 의주군 산악지대에 소재했던 집이다. 응답자는 거주 당시의 계층에 대해 논 1,000평, 밭 3,000평 정도를 경작하는 중류계층으로 기술하였으나 이 집을 지을 당시에는 지주층에 속했다고 별도로 기술하였다. 사랑채에는 하인가족이 거주했고, 옆집에는 소작인 주택이 있었다는 것으로 보아 지주형 부농이었음을 알 수 있다. 산악지대에 소재하는 마을답게 2~3호씩 산재한 산촌형(散村型) 취락이라는 점도 분명하다.

주택은 100년 전에 건립된 것으로 기억한다. ㄱ자형 안채와 일자형 사랑채, 그리고 서쪽 모서리채를 ㅁ자형으로 배열하여 세장방형 안뜰을 만들었다. 살림채의 장변이 5칸이고 사랑채의 침실도 3칸에 이르는 중상류 주택이다. 살림채가 동향으로 배치된 것은 지형적인 이유 때문으로 보인다. 대문간을 사랑채에 두지 않고 남쪽에 치우쳐 담장에 낸 것이나 안뜰 중간에 담장을 설치한 것이 이 집의 특징이다. 안뜰의 프라이버시를 보호하기 위한 장치임에 분명하다.

앞서의 사례에서도 언급한 바 있지만 평안북도의 집에서 사랑채는 남한지방

의 사랑채와 격이 다르다. 이 집에서도 사랑채는 하인가족이 거주하거나 행인들의 기거용으로 사용되었다고 한다. 이러한 성격은 남한지방 중상류주거의 행랑채에 해당한다. 따라서 사랑채의 거실들이 안뜰을 향해 열려질 경우 살림채에서 이루어지는 주인가족의 생활이 노출될 수밖에 없다. 따라서 대문채를 모서리에 두어 시선을 차단하는 방법이나, 안뜰 한가운데 담장을 두어 시선을 차단한 것은 적절한 장치라고 보인다.

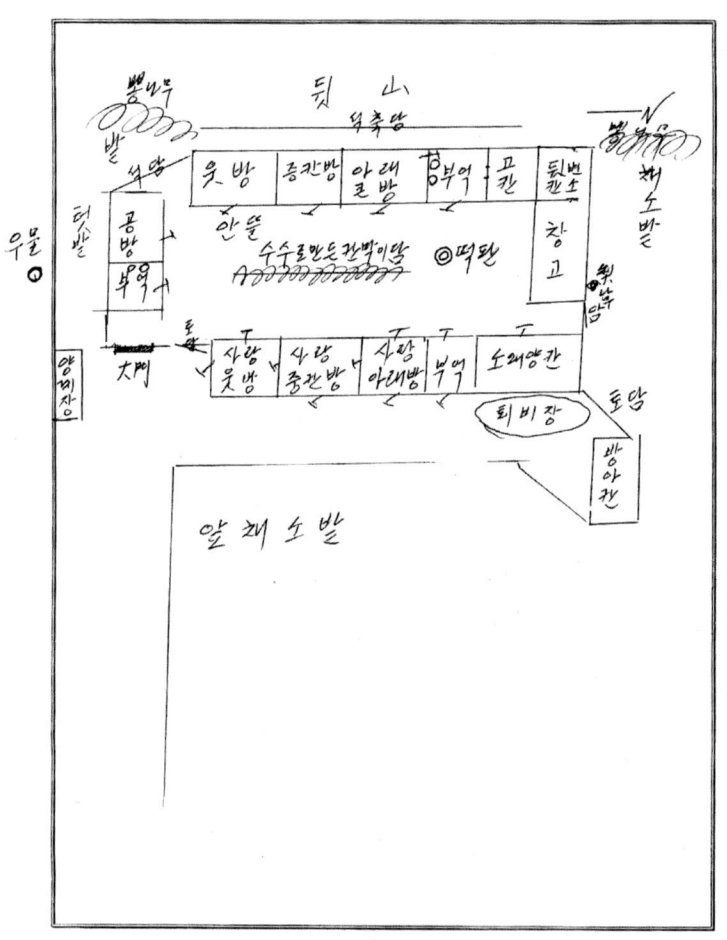

■ 보정 도면

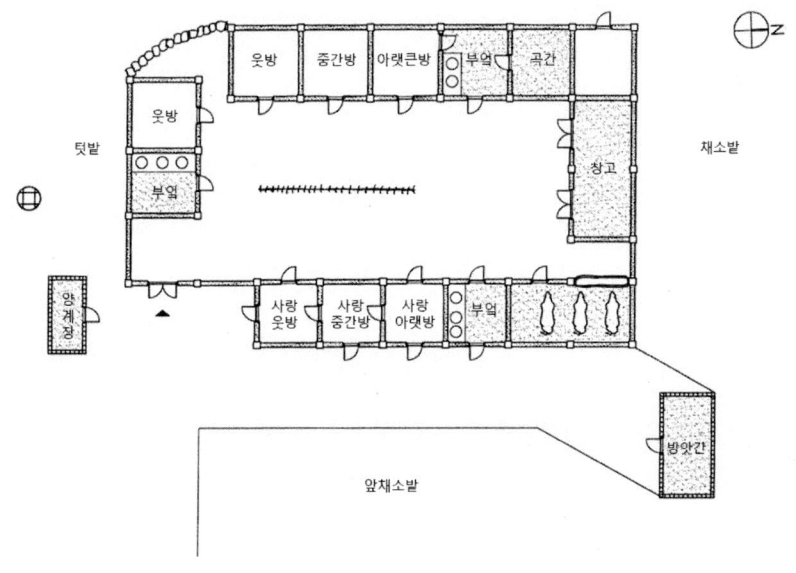

텃밭

웃방

중간방

아랫큰방

부엌

곡간

웃방

부엌

채소밭

창고

양계장

사랑
웃방

사랑
중간방

사랑
아랫방

부엌

방앗간

앞채소밭

20. 신의주시 김희용 씨 댁

성명: 김희용(1929년생)
주소: 평북 신의주시 하동
가족: 7인(부모, 형제자매)
경제: 상업, 중류계층
마을: 대도시
주택: 약 60년 전, 외채 일자형 외통집, 우진각 기와지붕

대도시의 도시주거

이 집은 평안북도에서 가장 대도시였던 신의주시 시내에 소재했던 집이다. 김희용 씨의 가정도 상업에 종사하는 전형적인 도시가정이었다. 중류계층이라고 기재했지만 주택의 모습은 전형적인 하류계층의 모습이다. 이 주택이 농촌에 소재했다면 소농이나 빈농의 주거로 인식되었을 것이다.

집 주변의 상황은 그려주지 않아 알 수가 없다. 대지는 정형적인 장방형이고 대지경계에 수숫대를 이용하여 울타리를 둘렀다. 울타리의 높이는 2m라고 기재했다. 건물은 60년 전, 즉 1930년대 정도에 건립된 것으로 기억하는데 살림채로만 구성된 외채집이며, 대지 북쪽에 배치함으로써 남쪽에 작은 마당을 두고 남향하였다.

살림채는 부엌 1칸에 침실 2칸으로 이루어진 3칸 규모로서 최소한의 생활공간만 갖추었다. 어떻게 7명의 대가족이 거주했는지 의심된다. 평안도 농촌에서 이런 형식의 집이라면 노비나 머슴이 기거하는 '노비마가리집'이었을 것이다. 그러나 도시에서는 경리시설이 필요하지 않기 때문에 이렇게 최소한의 거주공

간으로 이루어진 집이 보편적이었다. 건물도 우진각 기와지붕으로서 도시의
중류계층다운 모습을 보여 준다.

■ 1차 도면

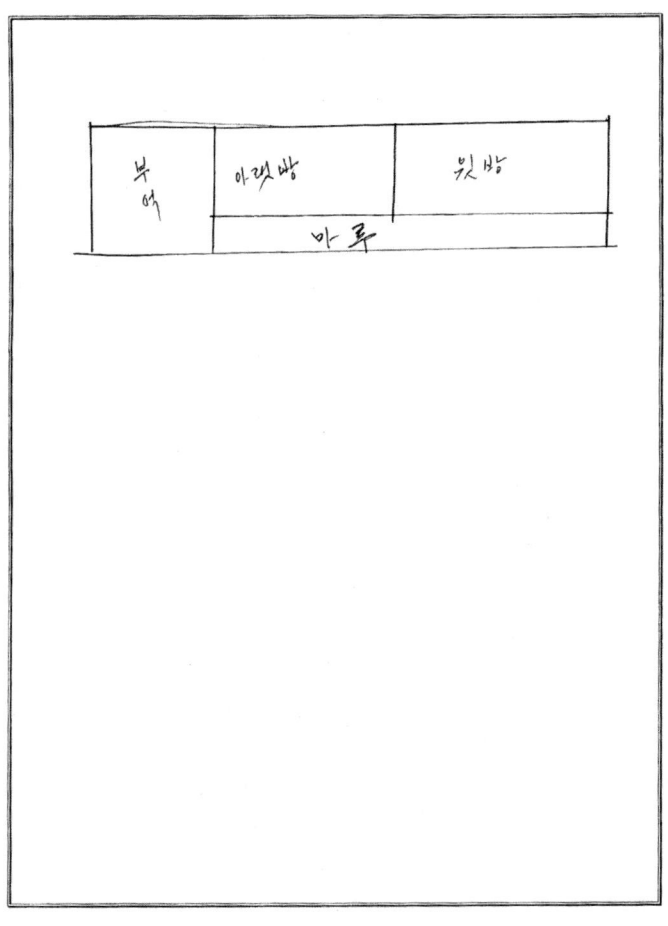

■ 보정 도면

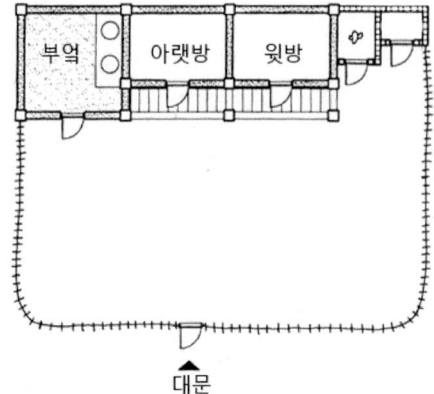

부엌　아랫방　윗방

대문

21. 정주군 김기선 씨 댁

성명: 김기선(1927년생)
주소: 평북 정주군 갈산면 애도동
가족: 11인(조부모, 부모, 형제자매, 하인)
경제: 농업, 수산업, 상업 상류계층
마을: 해안가 어촌, 500호
주택: 약 65년 전, 외채 일자형 양통집, 우진각 함석지붕

섬마을의 상업주거

이 집은 평안북도 정주군 서해바다에 있는 애도 섬에 소재했던 집이다. 500여 호가 모여 사는 섬마을이며 해안선을 따라 밀집된 취락이었다고 한다. 응답자의 가정은 상업과 수산업, 상업을 겸하는 상류계층이라고 기재했다. 집 안에 점포가 있고 해산물 창고를 둔 점으로 보아 농업소득보다는 해산물 상점을 운영하는 소득이 더 컸을 것으로 짐작된다.

집의 전면이 바다를 향하지 않고 도로를 향한다는 점이 특이하다. 뒷마당이 넓고 뒷마당을 향해 툇마루를 가설한 점으로 보아 본래 집은 바다를 향하도록 건립되었을 것으로 추측된다. 이후 도로에 면하여 점포와 창고를 증축하면서 앞뒤가 뒤바뀌었을 것이다. 농가로부터 주상복합으로 변형을 보여 주는 흥미로운 사례라 하겠다.

주택의 평면도 이 지역의 전형적인 二자 외통집과는 달리 외채 양통집이다. 도로에 면한 열은 나중에 증축된 것이라 하더라도 본래 두줄백이 양통집으로 건립된 것을 알 수 있다. 전면과 후면은 바람막이 관계상 모두 유리문이었고 칸막

이 문은 일본식 장지문(후스마)이었다고 한다. 응답자가 기술한 것을 보면 "북한 지역은 일제시기에 일본인들이 공업지대로 발전시킨 관계상 각자의 취미와 직업 이용도에 따라 건축양식이 다양해졌고 따라서 우리나라의 고전적인 건축물은 드물었다"고 기억한다. 이 집도 일제시기에 건립되었다는 점에서 전통의 단절과 근대적 양식으로 전환을 보여 주는 사례에 속한다.

■ 1차 도면

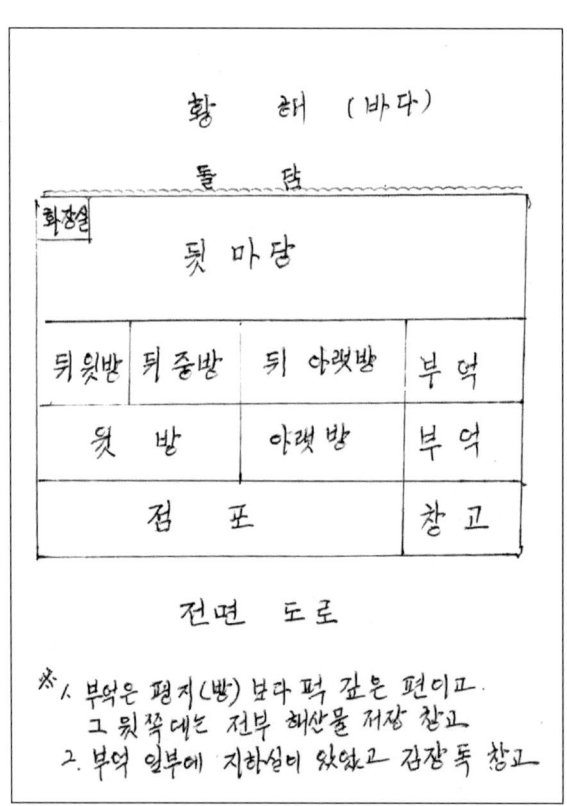

바다

東

뒷대청

N

약 1m

뒷웃방 뒷큰방 뒷아랫방

후스마

윗방 아랫방

창호지문

광고 광고

도로

유리창 미다지 문

판자문

창호지문

S

부엌

유리창 미다지

창호지문의 도면

西

→ 창살

→ 창호지

→ 유리

판자

1. 당시의 주소가 어떻게 됩니까?
   (도, 시, 군, 리)
2. 구체적으로 모든 문의 종류와 위치를 그려주세요.
3. 방위(남쪽)를 표시하여주세요.
4. 언제 지어진 집입니까?
5. 윗방과 아랫방은 각각 몇 칸입니까?
                                    (맨 도)

1. 平安北道 定州郡 葛山面 艾島洞

2. 전변과 후면은 바람박이 관계상 모두 유리문 이었고
   각房의 문은 창호지를 바른 미다지문 이고
   각 방과 방 사이는 日本式 "후스마,, 문 이 었읍니다

4. 지금으로 부터 약 65년전 쯤 입니다

5. 칸이라는 용어의 뜻을 잘 모르겠스나 그림과 같디 아랫방
   이 2 방 웃방이 3 방

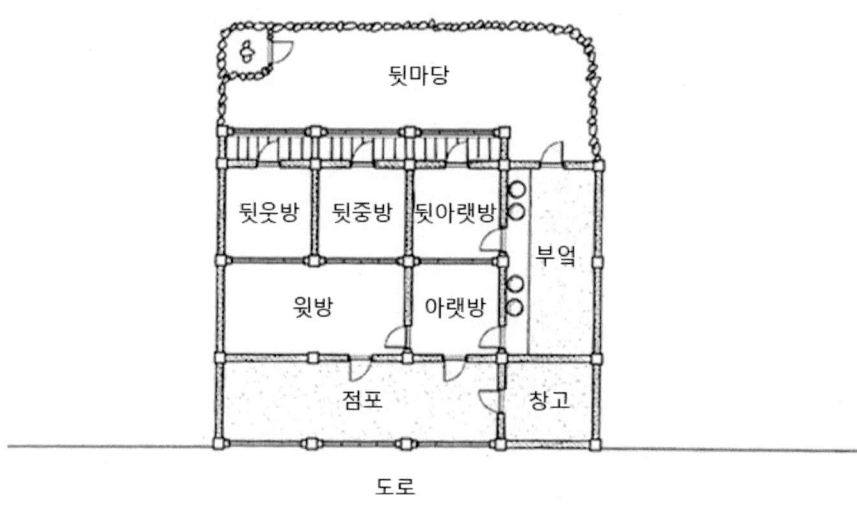

바다

뒷마당

뒷웃방 뒷중방 뒷아랫방

부엌

윗방 아랫방

점포 창고

도로

제8장

평안남도 옛집의 사례들

평안남도의 옛집의 사례들

I. 진남포시 김봉의 씨 댁

성명: 김봉의(1929년생)
주소: 평남 진남포시 억량기리 136
가족: 5인(부모, 형제자매)
경제: 상업, 중류계층
마을: 해안가 도시, 100호
주택: 1930년대, 세 채 ㄷ자형 외통집, 안채(우진각 갈대지붕)

해안가의 갈대집

이 집은 평안남도 대동강 하구 진남포시에 소재했던 집이다. "진남포 항구를 위로 두고 집 앞 1km 지점에 어판장, 냉동창고, 접안시설, 조선소가 있었다"는 설명으로 보아 항구 근처의 마을이었음을 알 수 있다. 그러나 진남포가 공업도시로 변화한 일제시기 이전까지는 어촌이었을 것으로 추정된다. 응답자의 가정도 상업에 종사하는 중류계층으로서 도시적 생활양식을 가지고 있었다.

이 집은 일제시기인 1930년대에 건설된 것으로 기억하고 있는데 평안도의 전형적인 二자집을 골격으로 하고 여기에 근대적인 변형이 이루어진 모습이다. 판자 담장으로 집 전체를 두르고 그 안에 세 채의 건물을 ㄷ자형으로 배열하였다. 남쪽대문과 별도로 동쪽에 뒷문을 둔 것도 평안도에서 흔히 나타나는 형식이다. 아래채는 헛간과 창고만으로 구성되고 별채는 2층이었다고 하는데 그 용도는 확인되지 않았다.

이 집의 살림채는 볏짚 초가가 아니라 갈대초가라는 점이 특이하다. 응답자는 "당시 마을에 너와집이 1채, 큰 갈대지붕의 초가가 십여 채 남아 있었다"고 한다. "바다갈대를 이용하여 3~4년 갈지 않아도 되며 보통 50~60cm 두께로 여름에 시원하고 겨울에 보온성이 뛰어난 것이 특징"이라고 기술했다. 이러한 갈대지붕은 낙동강 하구에서도 흔히 볼 수 있었는데 대동강 하구에서도 확인된 것이다. 갈대지붕이나 억새지붕은 지붕경사가 가파르고 지붕 높이가 높아서 볏짚 초가와는 현저하게 구별된다.

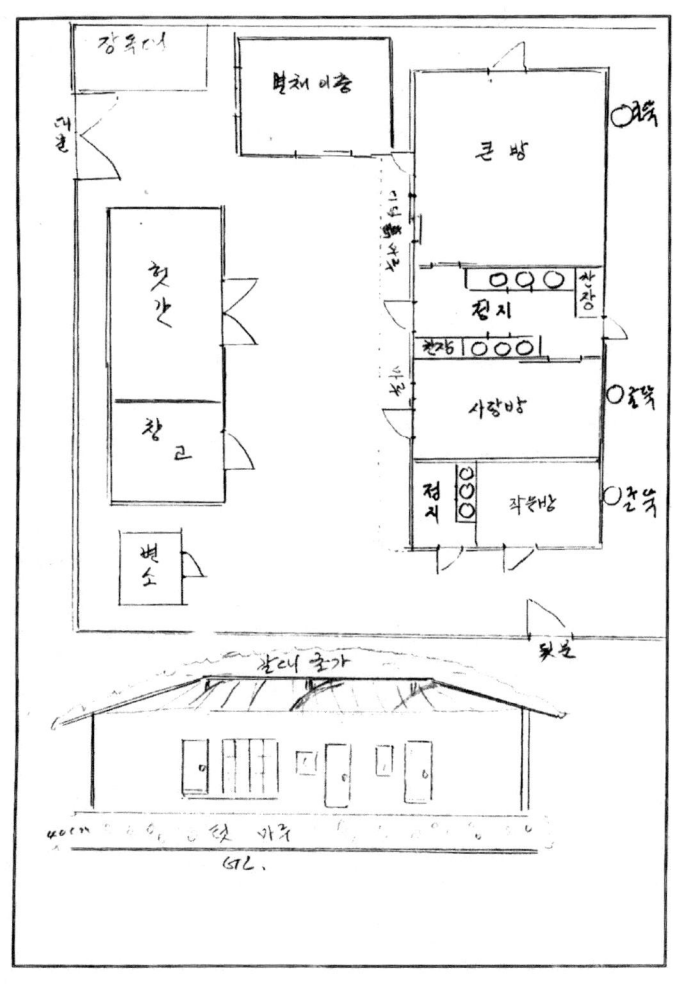

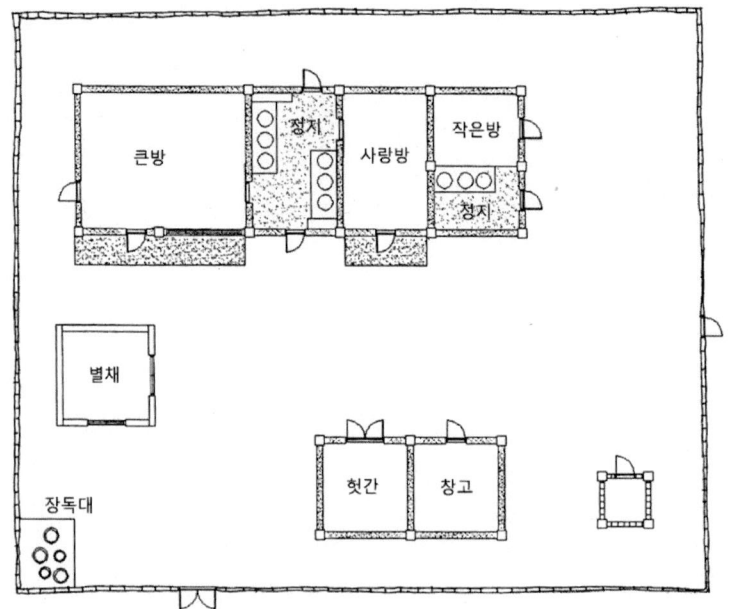

2. 평양시 황석조 씨 댁

성명: 황석조(1913년생)
주소: 평남 평양시 율3리 103번지
가족: 8인(부모, 형제자매, 처자)
경제: 농업, 공무원, 하류계층, 논 1,500평, 밭 6,000평
마을: 평야지대 농촌, 60호
주택: 1913년, 세 채 ㄷ자형 외통집, 위채 및 아래채(우진각 초가지붕)

바깥마당이 큰 소농주거

응답자는 평양시에 거주하는 철도공무원이나 주택은 부모님이 거주하는 농촌주택을 작도해 주었다. 그 주택의 소재지는 확인할 수 없으나 아마도 평양시 외곽에 소재하는 농촌마을이었을 것으로 추정된다. 마을은 평야지대에 60호 정도가 모여 사는 작은 농촌이었다고 한다. 응답자의 가정은 논 1,500평, 밭 6,000평을 경작하는 소농계층이었다고 기재했다.

주택은 정확히 1913년에 건립된 것으로 기억하며, 세 채의 건물을 ㄷ자형으로 배열하여 안마당을 만들었다. 살림채와 아래채의 거리가 가까워 세장한 장방형의 안마당을 만든 전형적인 모습이다. 아래채부터 수수깡으로 만든 바자울을 둘렀으며, 아래채의 대문간을 통해 안마당으로 출입한다. 안마당의 동쪽은 퇴비장과 돈사, 화장실을 갖춘 헛간으로 막고 서쪽은 틔웠다. 대문 이외의 출입문은 보이지 않는다.

살림채도, 아래채도 각각 3칸에 불과한 작은 규모이고 지붕도 초가지붕이라는 점에서 소농주거의 계층성을 볼 수 있다. 그러나 아래채 밖으로는 큰 규모

의 마당을 두었다. 응답자는 "바깥마당이 타작용으로 사용되었는데 가을에 추수하여 곡식을 소달구지로 운반저장한 후 2~3월에 타작했다"고 기술했다. 바깥마당에 나락과 서석(조), 수수 등의 을 쌓아놓는 장소를 구별하여 그렸다. 비록 소농계층이지만 생산공간으로서 사유화된 바깥마당이 반드시 필요했음을 시사해 준다.

■ 1차 도면

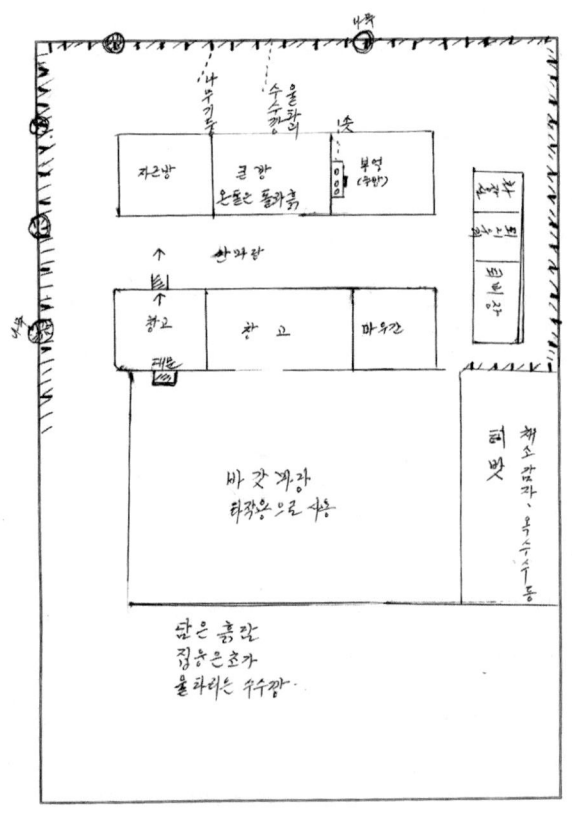

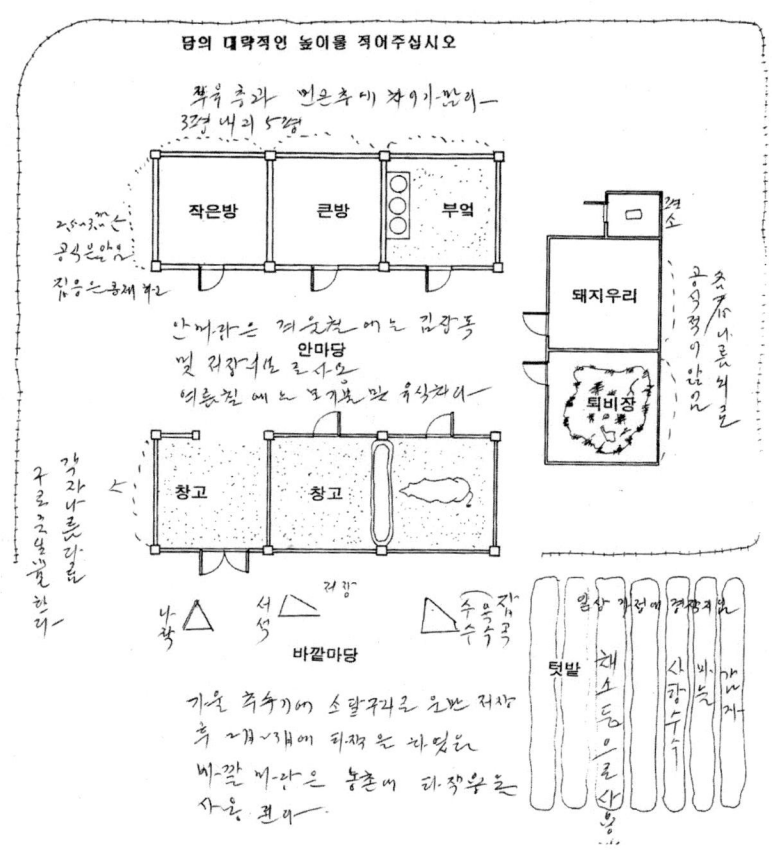

담의 대략적인 높이를 적어주십시오

작은방 | 큰방 | 부엌

안마당

창고 | 창고

바깥마당

돼지우리

퇴비장

변소

텃밭

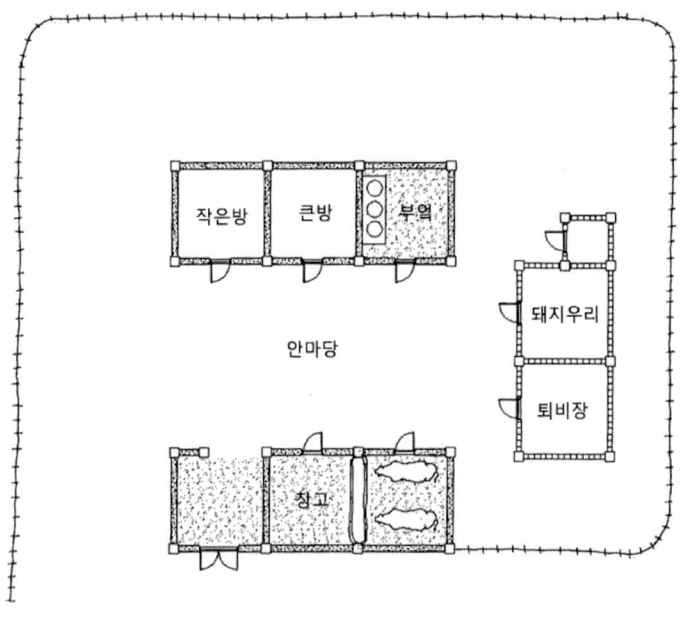

작은방   큰방   부엌

안마당

돼지우리

퇴비장

창고

바깥마당

3. 중화군 이극성 씨 댁

성명: 이극성(1933년생)

주소: 평남 중화군 수산면 노전리

가족: 10인, 부모, 형제자매

경제: 농업, 하류계층, 논 200평, 밭 500평

마을: 산지, 농촌, 72호

주택: 1939년, 두 채 二자형 외통집, 우진각 초가지붕

전형적인 二자집

이 집이 소재한 중화군은 본래 평양시 남쪽에 있었는데 1963년 평양시에 편입되었다. 마을은 산지에 있는 농촌취락으로서 72호가 살았다고 한다. 응답자의 가정은 논 200평, 밭 500평을 경작하는 소농계층이었다고 기재했다. 부모와 자녀만으로 구성된 부부가족 형태였으나 가족은 10명에 달했다고 한다.

주택은 1939년에 건립된 것으로 기억하는데, 그 형식은 평안도의 전형적인 二자집이다. 살림채 4칸, 아래채 4칸이 평행하게 배열되며 그 거리가 좁아 세장방형 안마당을 만드는 형식이다. 아래채 측면에서부터 담장을 둘러 아래채는 바깥마당을 향하도록 하고 안마당의 프라이버시를 보호했다. 응답자는 담장과 지붕의 계층성에 대해 다음과 같이 기술하였다.

> "부유한 집은 흙돌담을 쌓고 기와를 얹은 담이며, 가난한 집은 대개 수숫대를 틀어 짜서 울타리를 만들었다. 부유한 집의 지붕은 기와를 얹고, 중류계층은 청석을 사용하며, 하류계층은 초가지붕이었다."

    가족수가 많음에도 불구하고 침실은 3개에 불과하다. 더구나 살림채의 모서리 1칸은 측간으로 사용했다. 안방에는 어머니와 자녀들이 기거하고 아버지는 사랑방을 사용했다고 한다. 곡간은 겨울철에 고추와 곡식을 저장하는 방이라고 설명하는데 가족 수로 보아 침실을 겸했음이 분명하다. 부엌과 안방, 그리고 곡간 사이의 칸막이 벽에는 통로문을 설치하여 실내 통행이 가능하도록 만들었다. 추운 겨울에 밖을 나가지 않고도 안채의 각 공간을 통행할 수 있는 장치인 셈이다.

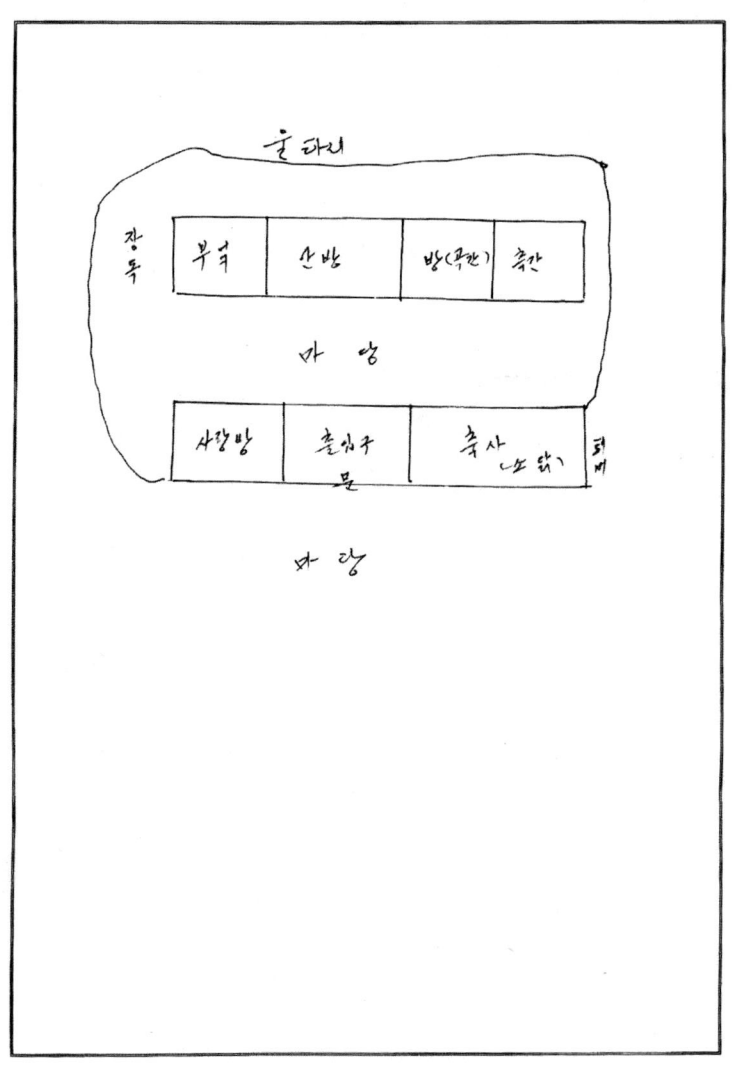

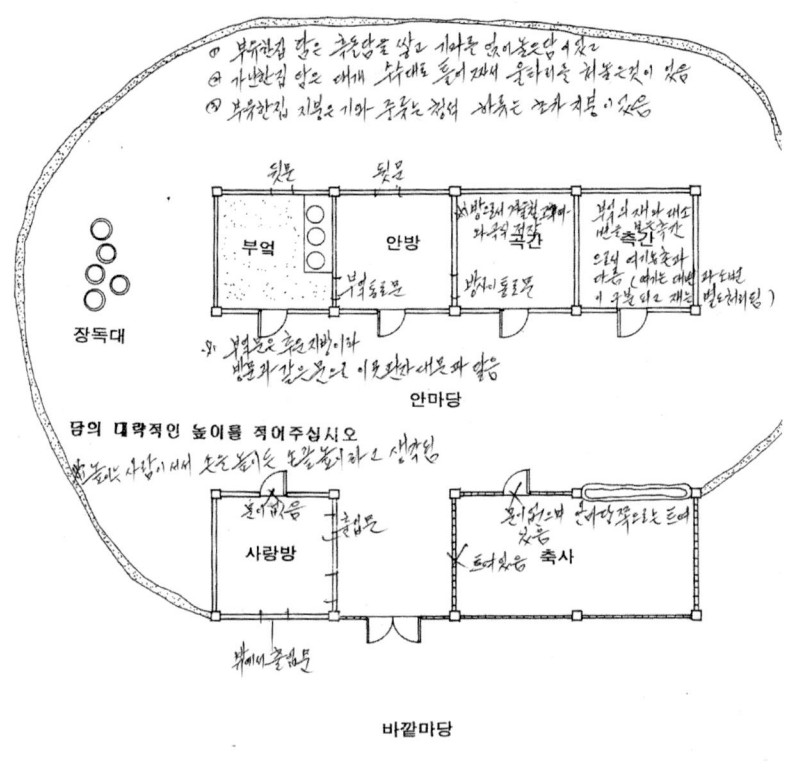

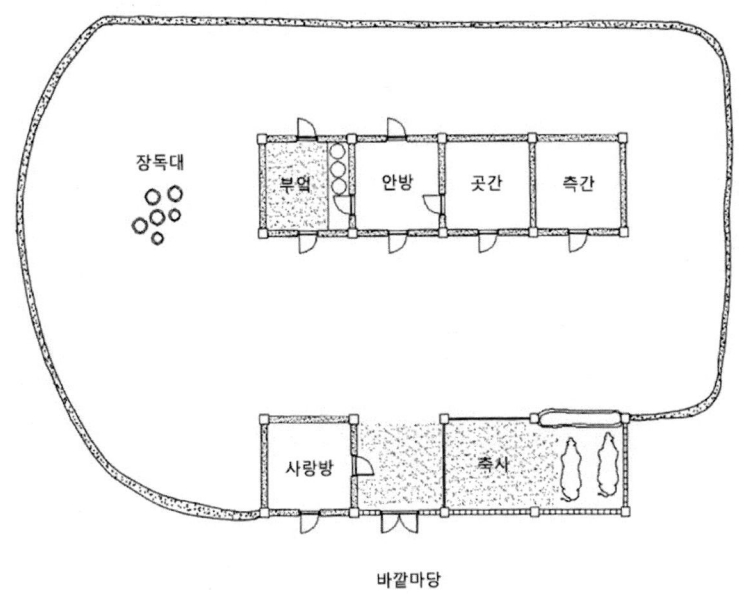

장독대

부엌   안방   곳간   측간

사랑방   축사

바깥마당

4. 강서군 이대원 씨 댁

성명: 이대원(1927년생)
주소: 평남 강서군 초리면 강선리
가족: 11인. 조부, 부모, 처자, 형제자매
경제: 공업, 중류계층
마을: 평야지대, 도시, 공업지역
주택: 1920년, 외채 일자형, 양통집, 우진각 초가지붕

공업지역의 외채 양통집

이 집은 평안남도 강서군에 소재했던 집이다. 강서군은 평안남도의 서해안
지역인데 이 집은 공업지대에 있었다고 한다. 응답자도 당시의 생업을 공업으
로 기재한 것을 보면 공장에 근무했던 것으로 생각된다. 농업과 관련된 생산시
설이나 부속채가 전혀 없는 것을 보면 전형적인 도시형 주택의 모습을 갖는다.

주택은 1920년대에 건립된 것으로 기억한다. 외채 일자형으로 구조는 목구
조에 흙벽, 지붕은 우진각 초가지붕이었다고 한다. 1차 도면에서는 건물만 그
려 주었는데 2차 도면에서는 건물 주변으로 담을 표시해 주었다. 담은 수숫대
를 엮어 만든 높이 2m 정도의 울타리였고 대문도 표시되어 있다. 다만 건물과
너무 가깝게 작도하여 대지 내에서 건물과 외부공간의 배치를 알 수 없다.

평면은 이 지역에서는 드물게 겹집(양통집)이다. 가로 방향으로 4칸이니 전
체 8칸으로 이루어진다. 침실은 4칸을 털어 통간으로 사용했다. 정지 맞은편으
로는 헛간을 두었다. 가족 중 부모와 형제는 별거하는 것으로 기재했는데 이
집은 본인 부부와 자녀들이 살던 집이다. 가옥의 구조는 전통식 목구조임에도

불구하고 양통집이라는 점이 특이하다.

■ 1차 도면

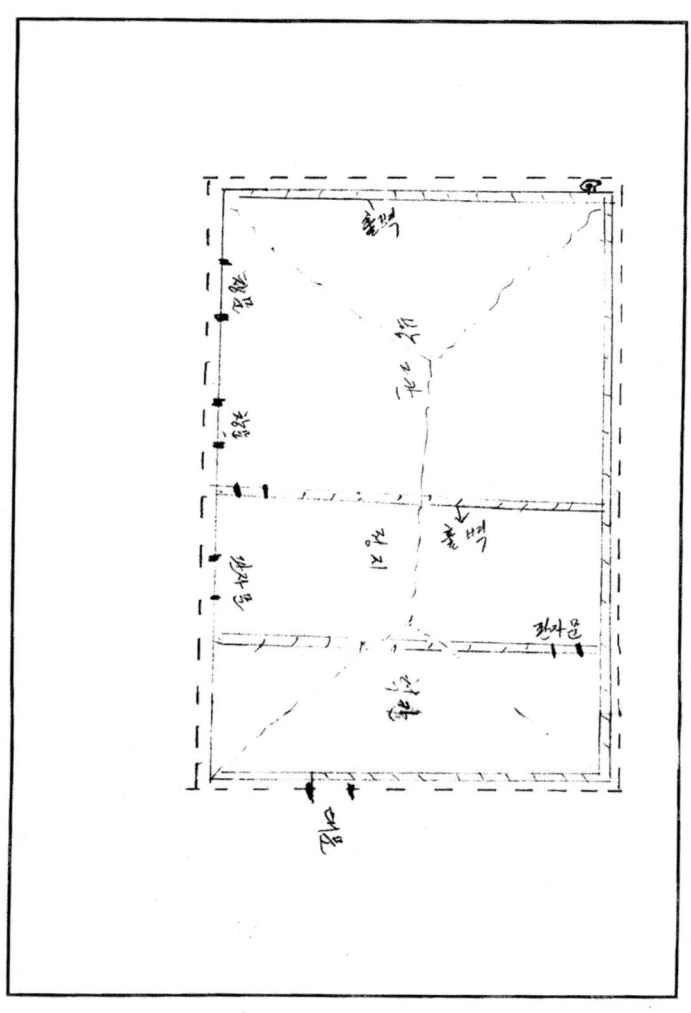

■ 보정 도면

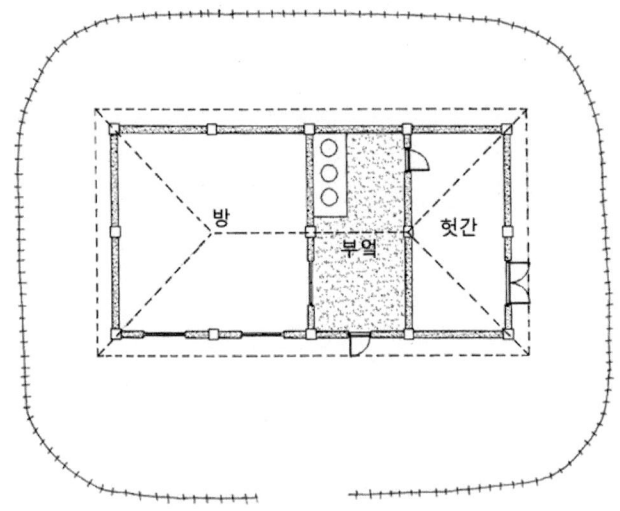

방

부엌

헛간

5. 순천군 강인원 씨 댁

성명: 강인원(1937년생)
주소: 평남 순천군 선소면 용암리 277
가족: 7인(부모, 형제자매)
경제: 농업, 중류계층, 밭 4,000평
마을: 구릉지, 농촌, 400호
주택: 1900년대, 두 채 二자형 외통집, 우진각 초가지붕

전형적인 二자집

이 집은 평안남도 순천군 대동강 상류지역의 농촌마을에 소재했다. 마을은 낮은 구릉지에 있었다고 하며 200여 호가 모여 사는 비교적 큰 취락이었다. 응답자가 집 주변 마을을 그려 준 입지도에는 집 주변으로 모두 밭이 그려져 있고, 마을 전체에서 밭과 논의 비율이 8:2라고 기재한 것을 보아 밭농사를 위주로 하는 농촌이었음을 알 수 있다. 응답자의 가정도 논이 없이 밭만 4,000평 정도 경작한 것으로 기록하였다.

주택은 1900년대에 건축된 것으로 기억하는데 전형적인 二자형 외통집이다. 윗채, 아래채 모두 3칸에 불과한 집의 규모로 볼 때 소농주거의 모습을 갖는다. 주변에는 一자 외채집이 2호 있는 것으로 보아 소작농의 집으로 추정된다. 전형적인 형식답게 살림채와 아래채가 평행하게 정남향으로 배열되고 그 간격은 협소하게 작도하여 세장방형 안마당을 묘사하였다. 물론 바깥마당의 경계도 명확히 표현하여 사유화된 외부공간임을 알 수 있다. 담장은 수숫대로 엮은 바자울로서 텃밭을 포함하도록 둘렀다.

살림채와 아래채는 각기 3칸 정도의 작은 건물이며 모두 초가지붕이다. 아래채의 중간에 대문간을 두었고 양옆에 고방과 외양간을 두었다. 살림채의 동측에 변소를 둔 것은 이 지역에서 자주 나타난다. 툇마루를 두지 않은 것도 이 지역의 일반적인 성격이다. 응답자의 그림 중에는 아래채의 입면을 그린 것도 있는데 특이하게도 대문간을 2층으로 작도하고 2층에는 다락방을 둔 집이 2~3% 된다고 기술했다. 그림 상으로는 상류계층의 솟을대문 형식처럼 보인다.

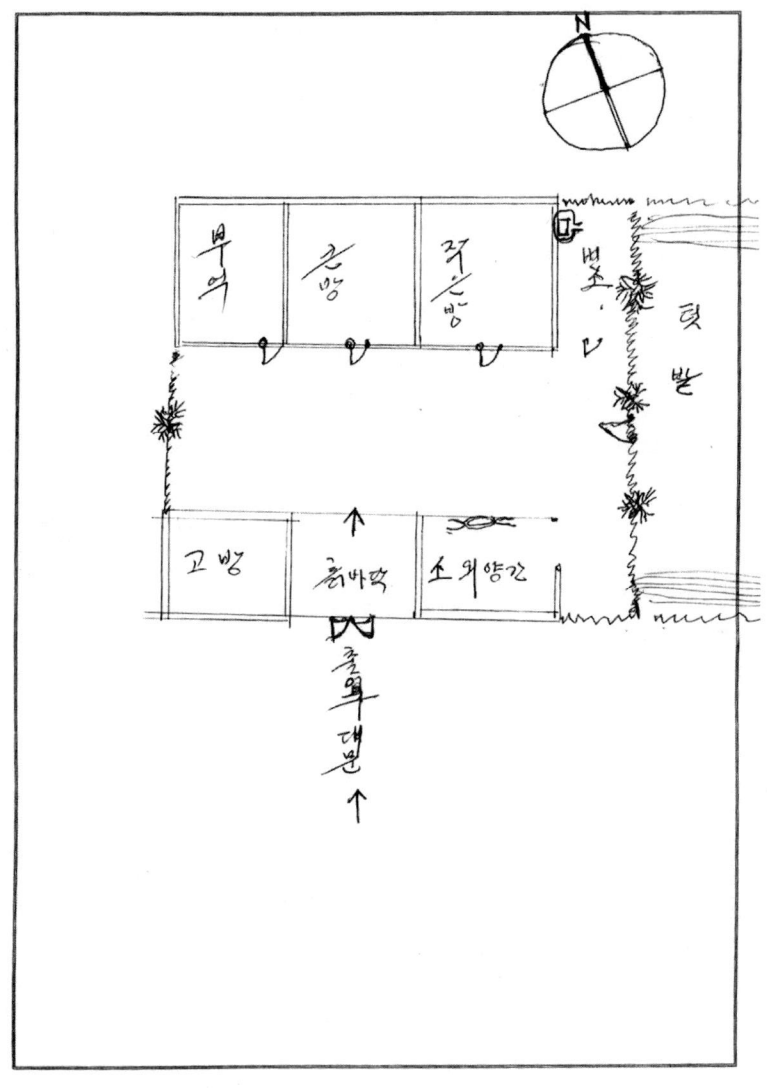

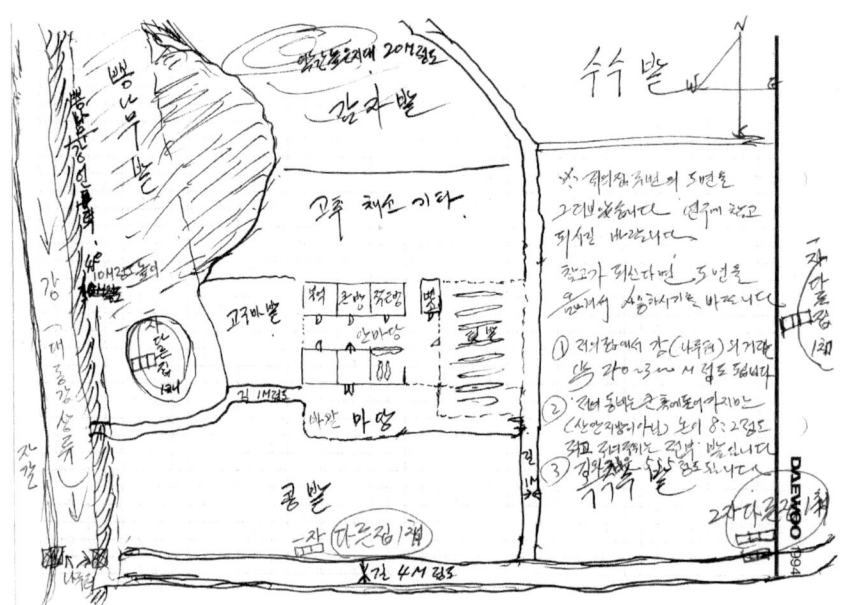

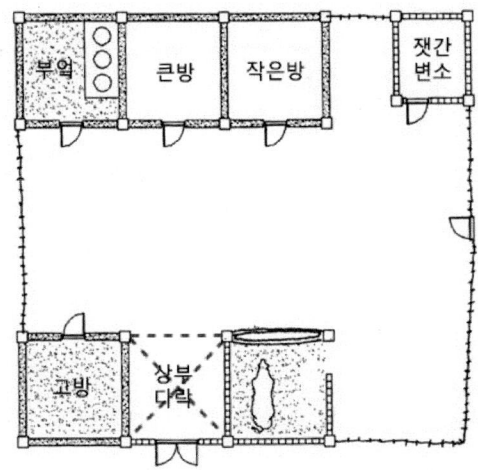

6. 용강군 변남철 씨 댁

성명: 변남철(1928년생)
주소: 평남 용강군 용월면 송석리 313
가족: 5인(부모, 형제자매, 형수)
경제: 농업, 하류계층, 토지개혁 후 약간의 토지를 배당받음
마을: 산지, 농촌, 80여 호
주택: 1946년대, 두 채 二자형 외통집, 우진각 초가지붕

전형적인 二자집

이 집은 평안남도 용강군 산지의 농촌마을에 소재했다. 집 앞으로는 논이 있고 주변으로는 밭을 그렸다. 마을은 약 80여 호가 모여 사는 농촌취락이라고 한다. 응답자는 토지개혁 이후 약간의 토지를 배당받아 경작했다고 하는데 하류계층이라고 기재했다. 집의 북쪽과 서쪽에는 각기 600평 정도의 복숭아밭과 1,000평 정도의 사과밭을 그려 주었다. 앞서의 사례로 볼 때 소작농 이상의 자영농이었을 것으로 추정된다.

주택은 1946년에 건축된 것으로 기억하며 앞의 사례처럼 전형적인 二자형 외통집이 분명하다. 전형적인 형식답게 살림채와 아래채가 평행하게 정남향으로 배열되고 그 간격은 협소하게 작도하여 장방형 안마당을 묘사하였다. 진입로에서 후퇴시켜 집을 배치함으로써 바깥마당을 형성한 것도 전형적이다. 살림채와 아래채 사이에 1.7m 높이의 흙돌담을 쌓아 안마당의 폐쇄성을 높였다. 안마당을 '뜰'로 기재하고 바깥마당을 '마당'으로 기재한 것은 눈여겨볼 만하다. 외부공간이라도 폐쇄도나 개방도에 따라 다르게 인식되었음을 보여 주기

때문이다.

　살림채나 아래채 모두 3칸 규모로 중하류의 계층성을 반영한다. 가장 작은 二자집의 형식이라고 할 수 있다. 위채, 아래채 모두 우진각 초가지붕이다. 아래채의 중앙에 대문간을 만들었고 좌우에는 사랑방과 헛간을 두었다. 이 집에서 사랑방은 창고 삼아 사용했다고 한다.

■ 1차 도면

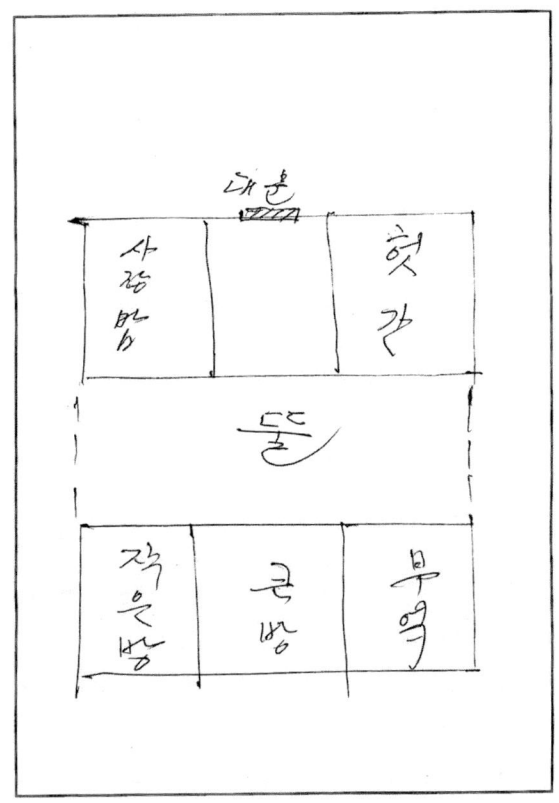

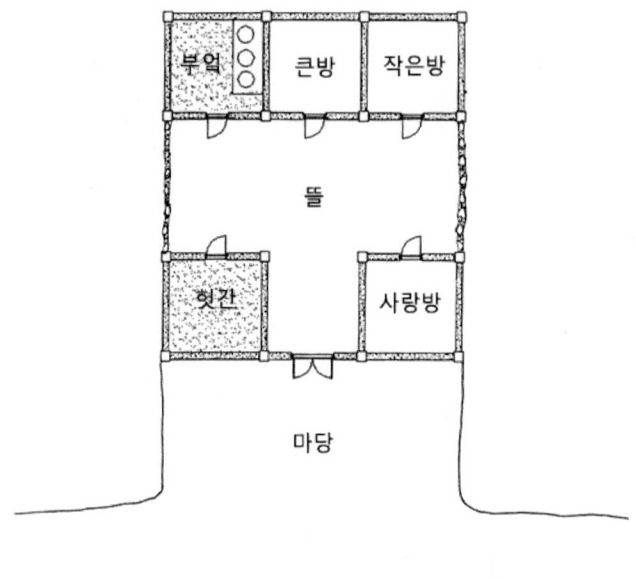

7. 개천군 이순호 씨 댁

성명: 이순호(1922년생)
주소: 평남 개천군 중남면 인곡리
가족: 4인(조모, 모친, 누이)
경제: 농업, 중류계층, 밭 4,000평
마을: 구릉지, 농촌, 400호
주택: 1900년대, 두 채 二자형 외통집, 청석지붕

청석지붕의 二자집

이 집은 평안남도 개천군 중남면에 소재했는데, 1990년 행정구역개편에 따라 현재는 개천시 대각리로 변경되었다. 마을은 약 30호 정도 규모의 산지 농촌마을이지만 주변에 그리 높은 산이 있는 곳은 아니다. 농경지가 리 전체의 33%이고 이 중 논과 밭의 비율이 2:6 정도로 밭경작이 주류를 이루었다고 한다. 응답자의 가정도 4,500평 정도의 밭을 경작하는 중농으로서 중류계층이라고 표시했다.

주택의 건립연대는 기억할 수가 없다고 했으나 주택의 형식으로 볼 때 일제시기 이전의 양식으로 보인다. 담장은 수숫대로 엮은 울타리로서 아래채 후면으로부터 살림채가 모두 포함되도록 둘렀다. 전형적인 二자형 외통집으로서 살림채는 3칸이지만 아래채는 4칸에 외양간까지 두었다. 사랑방을 2칸이나 두었고 사랑방의 출입문이 바깥마당을 향하는 것으로 보아 소작인이나 머슴이 기거했던 것이 아닌가 의심된다.

이 집의 계층성은 지붕재료나 창호에서도 나타난다. 방의 문은 모두 2짝 여

달이로서 살문이었다고 한다. 소농계층에서는 보기 힘든 창호이다. 지붕은 청석돌너와이며 용마루에는 기와를 얹었다고 한다. 앞서 이극성 씨의 증언에서 본 것처럼 청석은 중류계층 이상이 사용하는 재료이다. 방 앞에는 툇마루 대신 '토방'을 두었는데 '신 벗는 토방'이라고 설명했다. 툇마루의 기능으로 볼 수 있는 대목이다.

■ 1차 도면

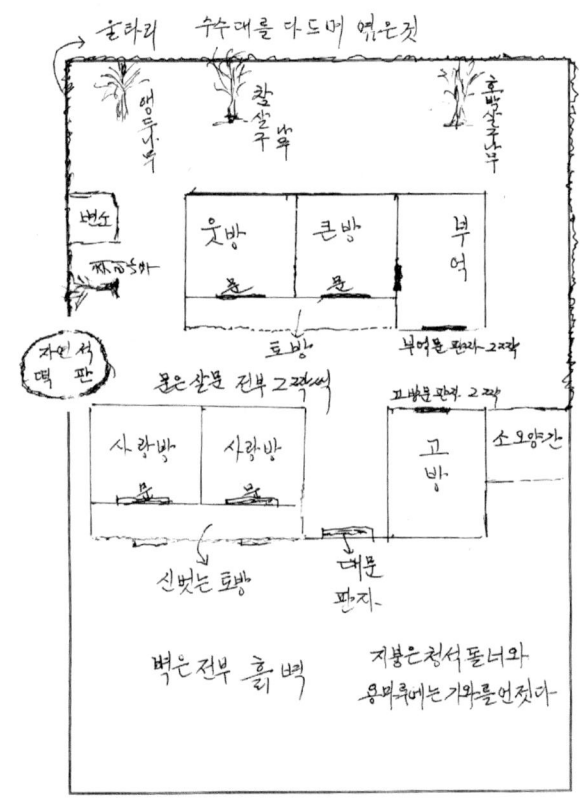

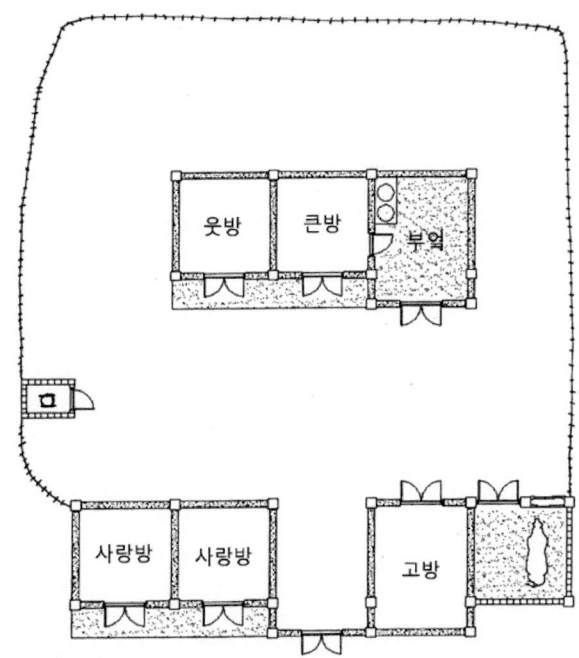

8. 평양시 강인선 씨 댁

성명: 강인선(1928년생)
주소: 평양시 서문통 대찰리 75-3
가족: 6인(조모, 부모, 형제, 누이, 가정부)
경제: 상업, 중류계층
마을: 대도시
주택: 1930년대, 외채 ㄱ자형 외통집, 기와지붕

대도시의 도시형 한옥

이 집은 평양시에 소재했던 집이다. 주택은 평양시 중심가인 서문통 거리에 면한 가로변에 있었다. 집 주변을 그린 입지도를 보면 격자형 가로망과 장방형의 택지가 반복적으로 정연하게 배열되었다. 계획적으로 조성된 토지구획정리 지구임이 분명하다. 응답자의 가정도 상업에 종사하는 가정으로서 가정부까지 둔 것을 보면 중류 이상의 계층이었다고 추정된다.

주택은 일제시기인 1930년대에 건립된 한옥으로서 기와집이다. 건물형식은 외채 ㄱ자집의 형식으로서 평면구성상 이 지역의 전형적인 전통양식과는 차이가 있다. 오히려 당시 서울지역에서 유행했던 도시형 한옥과 유사하다. 툇마루를 설치하고 유리미서기문을 사용한 것도 이를 반증한다. 다만 북쪽에 둔 곡간과 창고는 나중에 증축된 것으로 보인다. 이웃집과의 경계는 벽돌담을 쌓았다고 한다.

이 주택에서 특이한 점은 대청과 같은 마루를 두었다는 점이다. 거실이라고 기재한 공간을 청마루 거실이라고 표현했다. 전통민가에서는 좀처럼 볼 수 없는 중부지방형 공간이다. 모퉁이에 마루공간을 두었다는 점에서 본래 누마루를 설치한 것이 아닌가 생각된다. 응답자도 거실의 지하에는 움을 파서 김장독을 두었다고 기록했다. 부엌 위에 안방에서 출입하는 다락방을 둔 것도 도시형 한옥에서 나타나는 방식이다. 일제시기 도시형 한옥이 평양까지 보급되었음을 보여 주는 사례라고 할 수 있다.

■ 1차 도면

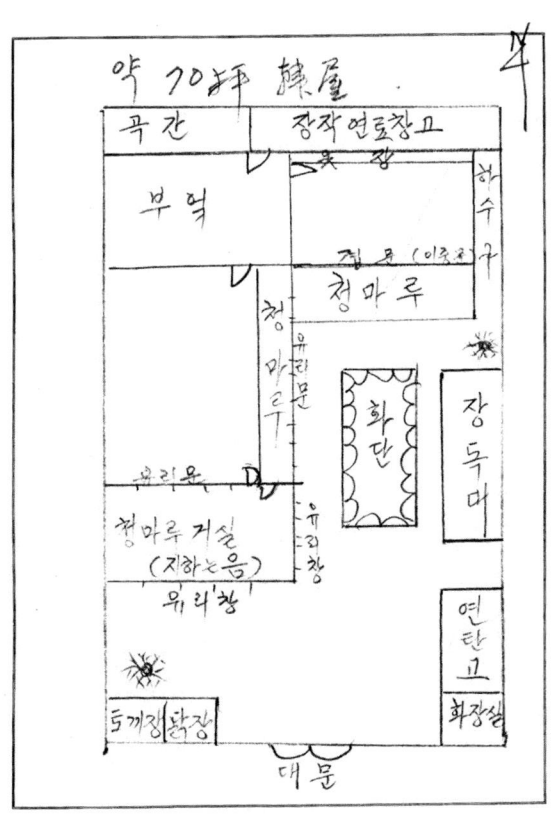

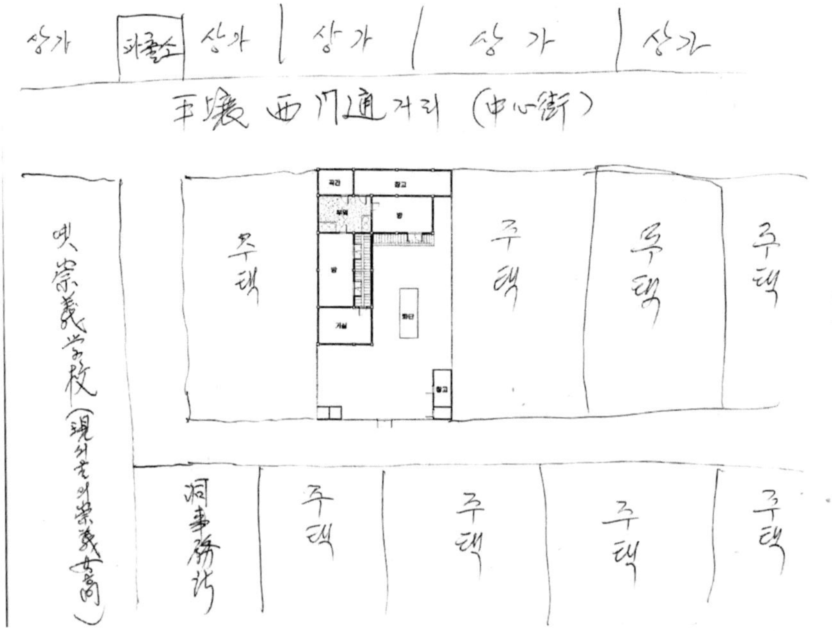

상가 | 파출소 | 상가 | 상가 | 상가 | 상가

平壤 西門通 거리 (中心街)

옛 崇義學校 (現 서문여 崇義中高)

주택

곡간 | 창고

부엌 | 방

방 | 계단

헛간 | 현관

창고 | 창고

주택

주택

주택

洞事務所

주택

주택

주택

주택

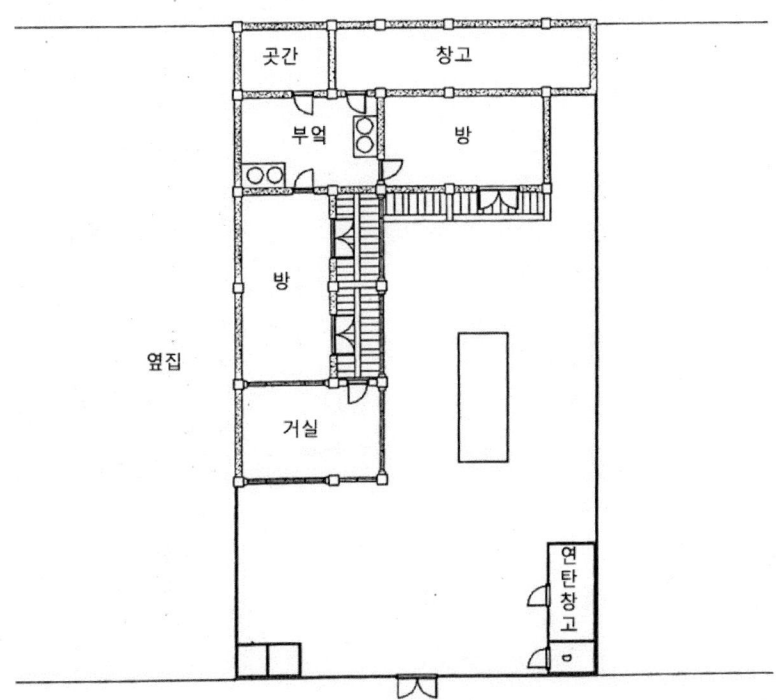

9. 진남포시 송광일 씨 댁

성명: 송광일(1923년생)
주소: 진남포시 비석리 99
가족: 4인(처자)
경제: 교사, 하류계층
마을: 대도시
주택: 1938년, 외채 ㄱ자형 외통집, 기와지붕

대도시의 한옥과 임대공간

이 집은 북한 제2의 대도시인 진남포시(현재 남포직할시)에 소재했던 집이다. 마을입지에 대한 자세한 정보는 기입하지 않았다. 주택대지가 장방형으로 가로변에 면한 것으로 보아 도시 내에 구획 정리된 대지인 것을 알 수 있다. 응답자는 당시 교사생활을 했었고, 가족은 처자와 함께 부부가족이었다고 한다. 자신의 계층을 하류계층이라고 기재했지만 직업이나 주택형식으로 볼 때 결코 하류계층이라고 볼 수는 없다.

주택은 일제시기인 1938년에 건립된 목조한옥으로서 기와집이다. 장방형 대지를 판자담으로 두르고 대지 북측에 안방이 남향하도록 배치했다. 남측에는 채소밭을 두었다. 땔감창고를 둔 것으로 보아 당시에도 장작연료를 사용했음을 알 수 있다. 대문은 단변방향의 동측에 두었다.

건물형식은 평양시의 강인선 씨 댁과 유사하게 외채 ㄱ자 집의 형식이다. 도로변에 임대한 방과 창고를 제외하고 보면 정연한 도시형 한옥의 모습이 나타난다. 툇마루를 두고 유리미서기문을 달아 내부공간으로 만드는 모습도 도시

형 한옥의 특징이다. 화장실을 살림채 내부에 설치하는 근대적 편의성도 보여
준다. 임대방과 창고는 나중에 증축된 것이 아닌가 추측한다. 임대방은 도로변
에서 직접 출입하도록 도로를 향하여 툇마루를 두었다. 주인집과 부엌을 공유
했던 것으로 보인다. 일제시기 이촌향도의 도시 인구집중으로 도시 안에서 주
택난이 심화되었으며, 기존주택에 임대공간을 증축하는 사례들이 나타난다. 북
한의 대도시에서도 이 같은 사례가 있었음을 보여 주는 실증적 증거라 하겠다.

■ 1차 도면

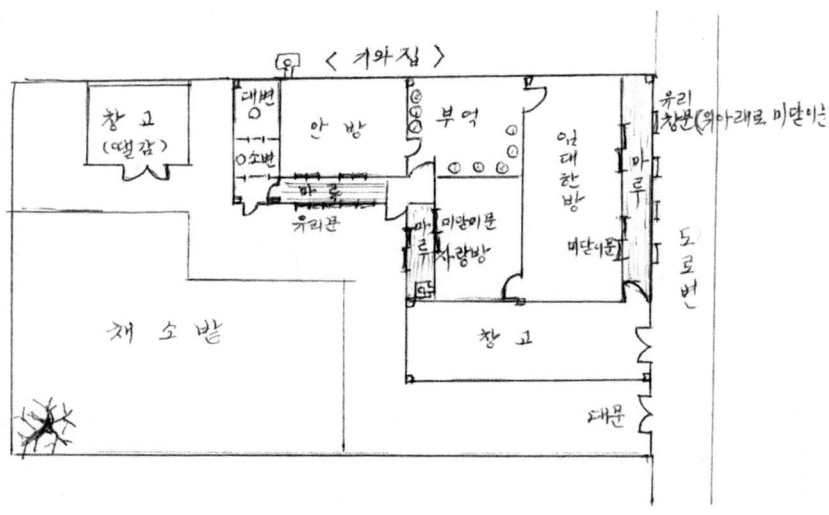

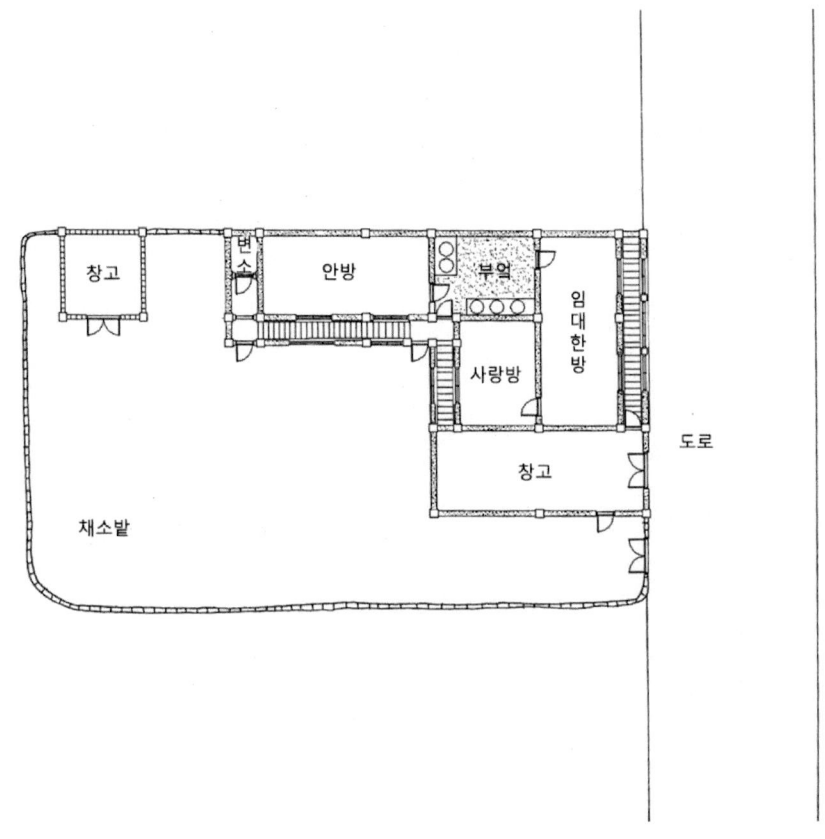

10. 평양시 김기운 씨 댁

성명: 김기운(1932년생)

주소: 평양시 기림리 201-29

가족: 5인, 부모, 형제

경제: 상업, 중류계층

마을: 대도시

주택: 1940년대 추정, 외채 T자형 외통집, 기와지붕

대도시의 T자형 한옥

이 집은 평양시에 소재했던 집이다. 입지에 대한 자세한 정보는 기입하지 않았으나 도로와 개천이 정연하게 그려져 있는 것으로 보아 도시 안에 있었던 것으로 추정된다. 남쪽에는 자동차 수리공장이 있었다고 한다. 응답자 가정은 상업에 종사했고 응답자는 당시 학생이었다고 한다. 응답자 가족은 이 집을 1946년도에 매입했고 구입 당시 집이 깨끗했던 점으로 보아 1940년대에 건축된 것으로 추정했다.

집은 1.5m 정도 높이의 붉은 벽돌담으로 둘렀다. 주택은 보기 드물게 T자형 외통집이다. 이 지역의 전통양식과도 거리가 멀고 근대적 형식으로도 볼 수 없는 특수 형식이다. 전통양식이라면 거의 정자 형식에 가깝다. 방 앞에는 모두 툇마루를 설치했고 안방 옆에는 한 칸짜리 마루방을 두었다. 마루방 앞의 툇마루에는 난간까지 두른 것을 보아 전통목수가 누정 형식을 모방하여 지은 것으로 보인다.

도로변으로 난 대문을 들어서면 수도가 있는 바깥마당이 나온다. 문간방은

세를 주었는데 과거에는 머슴방이었다고 한다. 중문을 거쳐야만 안마당으로 출입할 수 있다. 안마당과 바깥마당을 구분하는 형식으로 보아 상류계층의 고급집으로 지었음을 알 수 있다. 작은 방은 형님 내외가 기거했고, 마루방은 여름에만 사용했다고 한다. 마루방 밑은 반지하로 김장독과 냉장용 음식물을 보관했다고 한다. 마루방을 누마루의 형식으로 볼 수 있는 근거이다.

■ 1차 도면

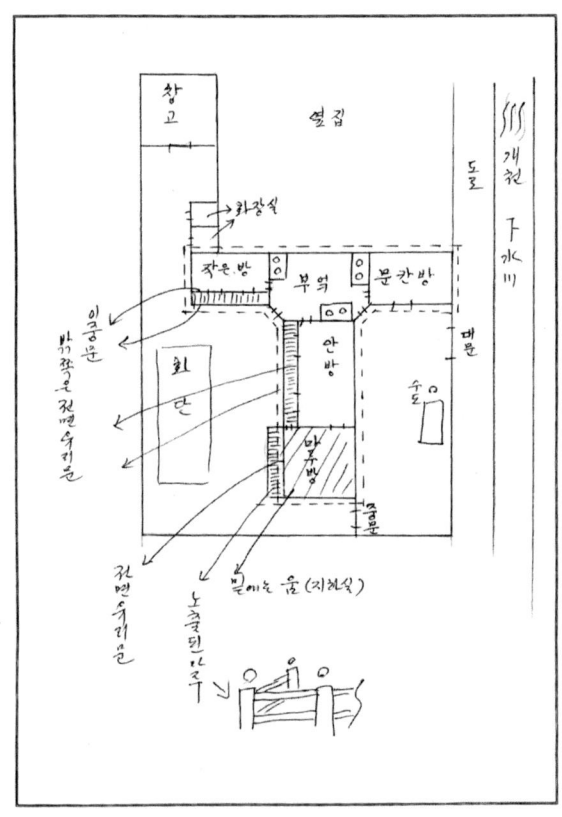

■ 보정 도면

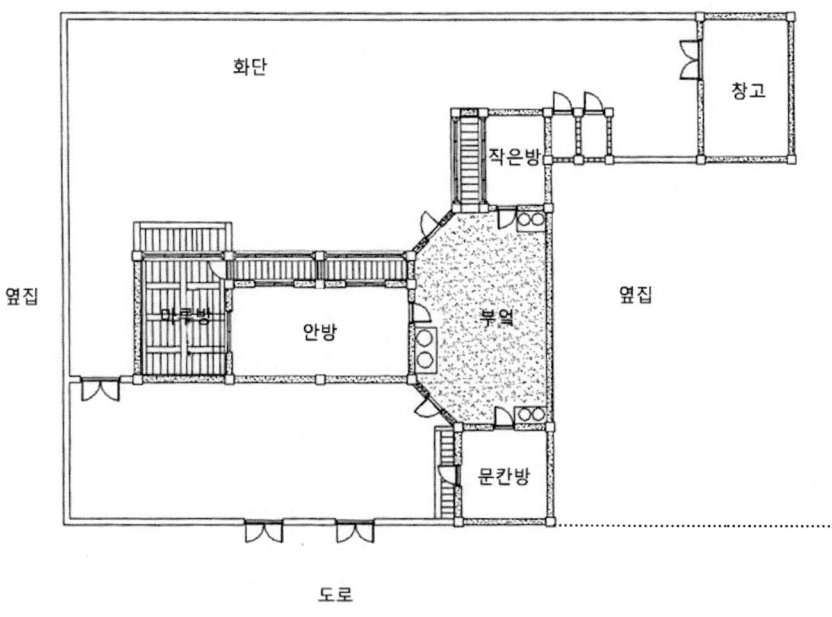

자동차 수리공장

화단

창고

작은방

옆집

마룻방

안방

부엌

옆집

문칸방

도로

11. 진남포시 장영곤 씨 댁

성명: 장영곤(1927년생)
주소: 진남포시 비석리 55
가족: 4인(부모, 형제)
경제: 공무원, 중류계층
마을: 농촌
주택: 1930년대 추정, ㄷ자형 살림채+일자형 아래채, 청석지붕

ㄷ자형 살림채

응답자는 100여 호 되는 면소재지에서 유년시절을 지냈고 월남전 10여 년은 도시에서 생활했다고 한다. 응답자의 집은 진남포시 외곽의 농촌에 소재했던 것으로 추정된다. 대지는 북쪽으로 큰길에 면하고 반대편에는 개울과 접하고 있으며 주변에 밭, 범미령, 갈매산 등이 기입된 것으로 보아 면소재지의 농촌 마을이었음을 짐작하게 한다. 주택은 1930년대에 건립된 것으로 기억하며, 가장은 공무원이었다고 한다.

주택은 ㄷ자형 살림채와 일자형 아래채로서 ㅁ자형 내정을 형성했다. 살림채가 ㄷ자형인 것은 이 지역에서 흔히 볼 수 없는 형식이다. 한정된 대지 형상에 많은 침실을 배치하기 위해 구부려 배치한 것으로 추정된다. 사랑방이 남향하도록 배치한 것도 특이한 사례이다. 아래채에는 큰 창고와 움, 그리고 화장실을 두었다. 건물지붕은 청석으로 덮었다고 한다.

주택의 중심에 손님방과 사랑방을 배치한 것이 특이하다. 사랑방에는 가장이 기거했다고 하는데 그 옆으로 마루방까지 두었다. 접객기능을 유난히 중요

시한 사례이다. 서쪽에 있는 안방은 안주인이 거처하며, 동쪽 침실은 장자 내외가 기거했다고 한다. 아래채에 지하를 둔 움이 있다는 것도 이 지역의 특성으로 볼 수 있다.

■ 1차 도면

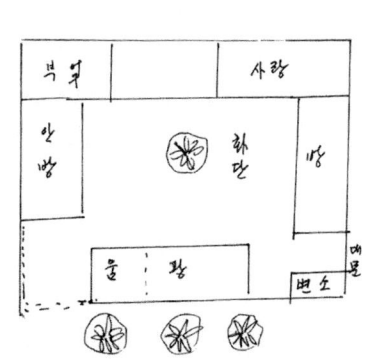

※. 교수님께서 농가에 대한 건축물의 연구인것으로 봅니다만 응답자는 100여호 되는 면 소재지에서 유년시절을 지냈고 휴산전 10여년을 도시에서 생활 했으므로 집구조에 대한 설문에 적합치 못합니다. 충분한 자료가 되지 못함을 유감으로 생각합니다.

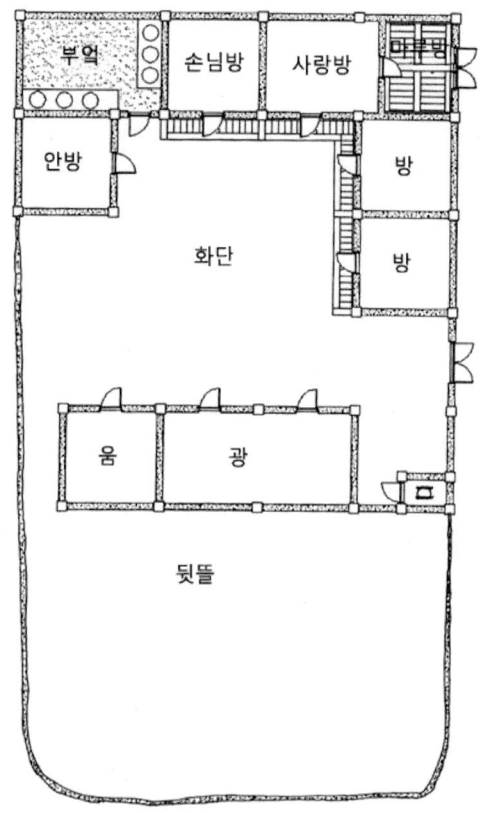

12. 대동군 홍정남 씨 댁

성명: 홍정남(1929년생)
주소: 평남 대동군 남형제산면 학교리 275
가족: 4인, 부모, 형제
경제: 농업, 중류계층, 논 2,500평, 밭 2,000평
마을: 평야지대 농촌 130호
주택: 1910년대, 두 채 二자형 외통집, 우진각 초가지붕

전형적인 소농주거

이 집은 대동군 평야지대 농촌에 소재했던 집이다. 마을은 130호 정도 규모의 농촌취락이었다. 집 주변으로는 전답으로 표기된 농경지가 그려져 있다. 응답자의 가정도 논 2,500평, 밭 2,000평을 경작하는 농민이었다. 주택도 기둥이 없는 토담집으로서 최하빈민주택이라고 한다. 소농계층이었음이 분명하다.

주택형식도 최소한의 주거설비를 갖춘 소농주거의 성격을 분명히 보여 준다. 건물배치는 위채와 아래채가 마주보며 병렬로 배치된 두 채 二자형 외통집이다. 남향 축으로 배치되었다. 두 채 사이에는 수숫대로 엮은 바자울을 1.8m 높이로 둘렀다. 아래채 밖에는 농작업으로 사용되는 바깥마당을 두고 안마당과 구별하였다. 소농계층의 작은 집에서도 외부공간을 구별하여 사용하는 것이 필수적이었다는 사실을 보여 준다.

3칸짜리 아래채는 중간에 대문간을 두고 양옆에 창고와 외양간을 배치했다. 아래채와는 별도의 돼지우리를 두어 변소와 겸하였다. 살림채 또한 3칸인데 부엌 한 칸과 침실 두 칸으로 구성된다. 다만 침실 두 칸에 칸막이 벽을 두지 않

고 통간으로 사용한다. 모든 가족원이 한 방에서 기거한 것이다. 이 집은 평안도 농촌주거에서 필수적인 주거설비가 무엇인지 보여 주는 사례라 하겠다.

■ 1차 도면

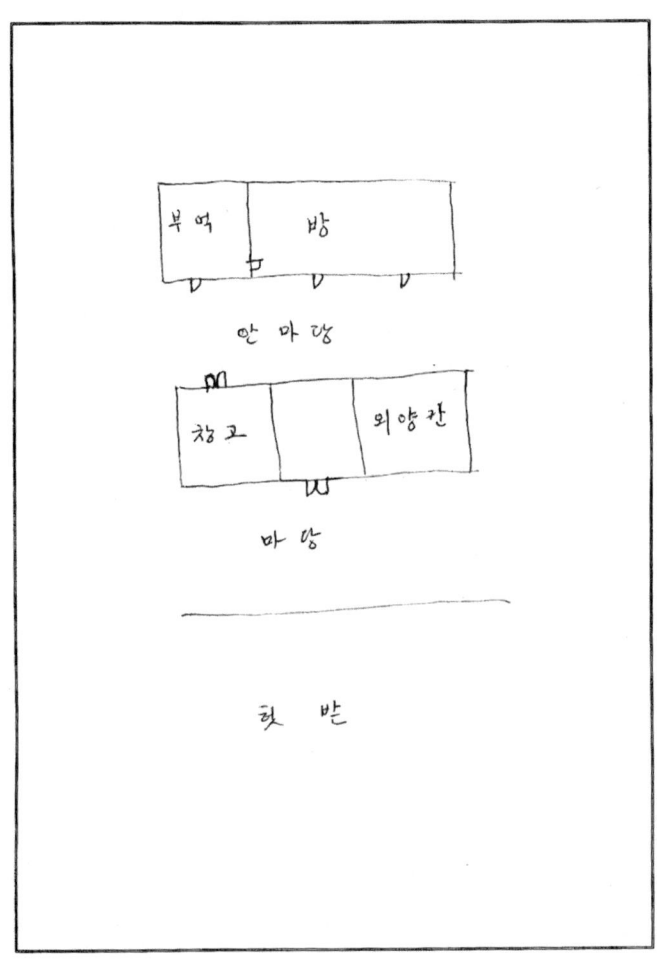

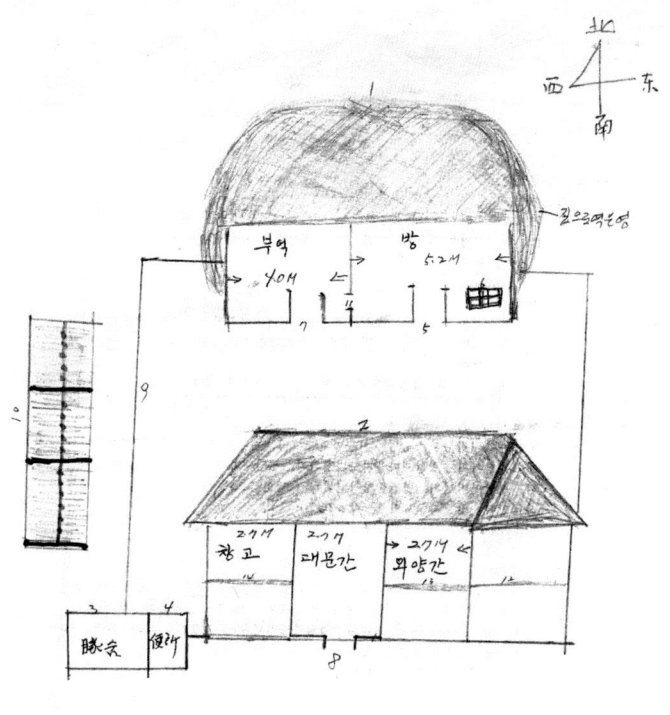

北
西 東
南

꼴으로맥트영

부엌
4여

방
5.2여

창고
2.7여

대문간
2.7여

외양간
2.7여

豚舍
便所

[영시에 시면만 타~ 여명]

우산 평남 홍정남

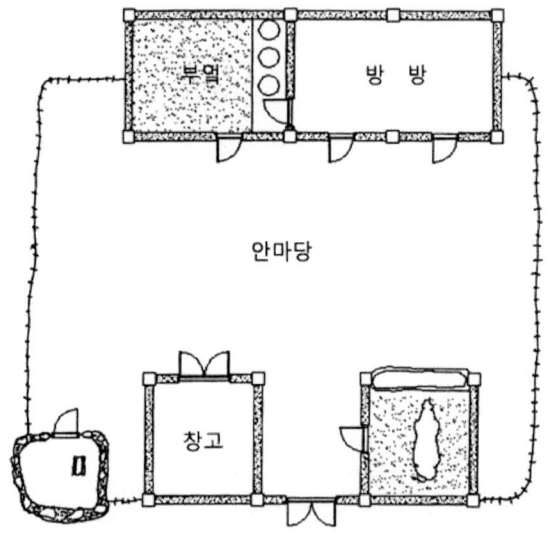

안마당

부엌

방 방

창고

마당

13. 덕천군 황종일 씨 댁

성명: 황정일(1939년생)
주소: 평남 덕천군 덕천면 장안리 163
가족: 6인, 조부, 부모, 형제
경제: 농업+공업, 하류계층
마을: 산지 농촌, 100호
주택: 1920년대, 두 채 ㄷ자형 외통집, 천연슬레이트 지붕

꺾음형 살림채를 갖는 소농주거

이 집은 덕천군 산지 농촌에 소재했던 집이다. 마을은 100호 정도 규모의 농촌취락이었다. 응답자의 가정은 공업과 농업을 겸하는 가정이었는데, 경작규모는 기입하지 않았고 하류계층이라고 기재했다. 집 주변의 상황은 작도되지 않아 알 수가 없다.

주택은 1920년대 건립되었다고 하는데 소농주거의 형식을 갖는다. 담장도 없고 대문도 없었다고 한다. 앞부분에만 울타리를 표현했고 그 안에 텃밭을 그렸다. 살림채의 지붕재료는 천연슬레이트라고 기재했는데 다른 사례로 볼 때 청석지붕이었을 것으로 추정된다. 안채의 침실 사이에는 미닫이문을 달았고 창고는 뒷면에서만 출입하도록 했으나 그 용도가 무엇이었는지는 설명하지 않았다.

일자형 살림채를 꺾어 그 돌출부에 사랑방을 배치했다. 창고를 모퉁이로 꺾는 방식은 이 지역에서 잘 나타나지 않는 방식이다. 소농주거에서도 살림채를 ㄱ자 꺾음집으로 만드는 사례를 보여준다. 사랑방은 조부와 손자(본인)가 거주

했는데 도면에는 행랑객이 사용한다고 기입했다. 가장과 방문객을 위한 공간이 필요했음을 보여 준다. 사랑방 앞에만 툇마루를 둔 것이 특이하다. 아래채는 3칸으로서 창고, 외양간, 그리고 화장실로 구성된다.

■ 1차 도면

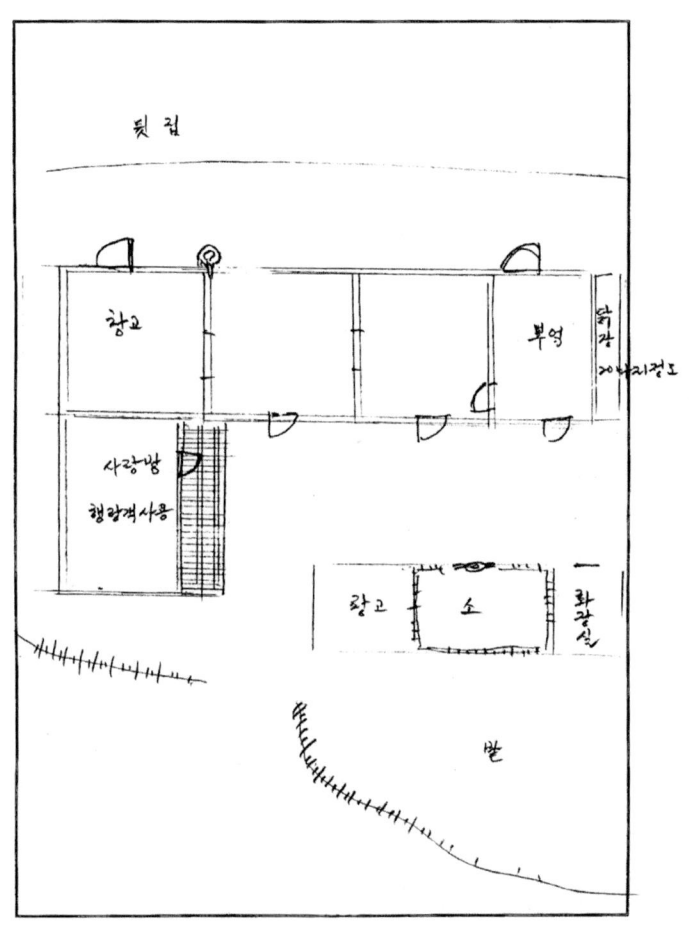

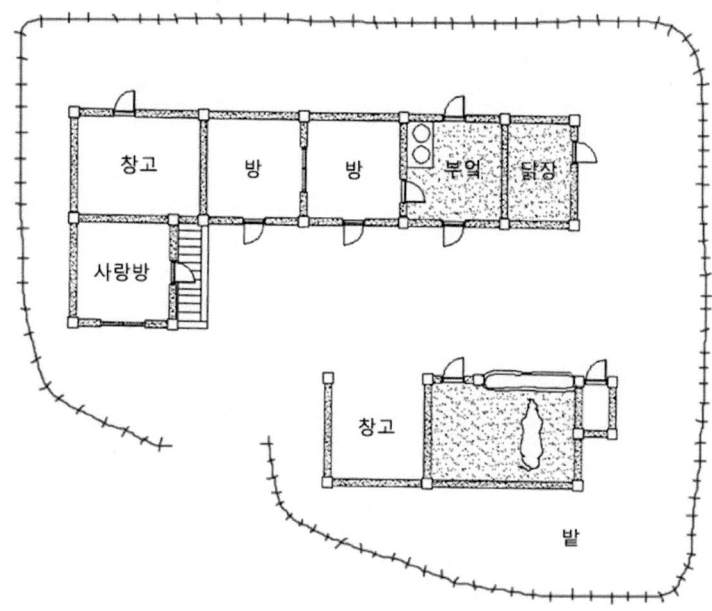

14. 평양시 김대식 씨 댁

성명: 김대식(1923년생)
주소: 평양시 종로 관후리 232
가족: 5인(모친, 부부, 형제)
경제: 상업, 중류계층
마을: 대도시
주택: 1930년대, 외채 ㄷ자형 외통집, 기와지붕

꺾음형 살림채를 갖는 도시주거

이 집은 평양시 시내에 소재했던 집이다. 대지의 모양은 정방형에 가깝다. 북쪽과 동쪽은 도로에 면하고 나머지는 이웃집과 접해 있다. 응답자의 가정은 상업에 종사하는 중류계층이라고 하는데 농업과 관련한 공간이나 설비를 볼 수 없다. 건물은 1930년대 건축된 목조 기와집으로서 도시형 한옥의 모습을 보여 준다.

건물의 배치형식은 일제시기 서울지역에서 유행하던 도시형 한옥과 너무도 유사하다. 방 앞에 툇마루를 두고 유리미서기문을 두었다. 부엌을 꺾음집의 모서리에 두고 사랑방과 안방을 격리하였다. 다만 대청을 중앙에 두고 침실을 격리하는 방식이 아니라 침실 2칸을 통간으로 사용하고 마루방을 끝에 배치하는 방식이 다를 뿐이다. 대문간 옆으로 문간방을 두는 방식도 서울의 도시형 한옥과 흡사하다.

안방은 웃어른이 기거하고 본인 부부는 사랑방을 사용했다고 한다. 문간방에는 동생 2명이 기거했으며 마루방은 서재로 사용했다. 마루방 밑에 지하실을 두어 김장독을 보관하거나 창고로 사용하는 형식은 앞의 여러 사례에서도 나타난다. 유사시에는 방공호로 사용한다고 기술했다.

■ 1차 도면

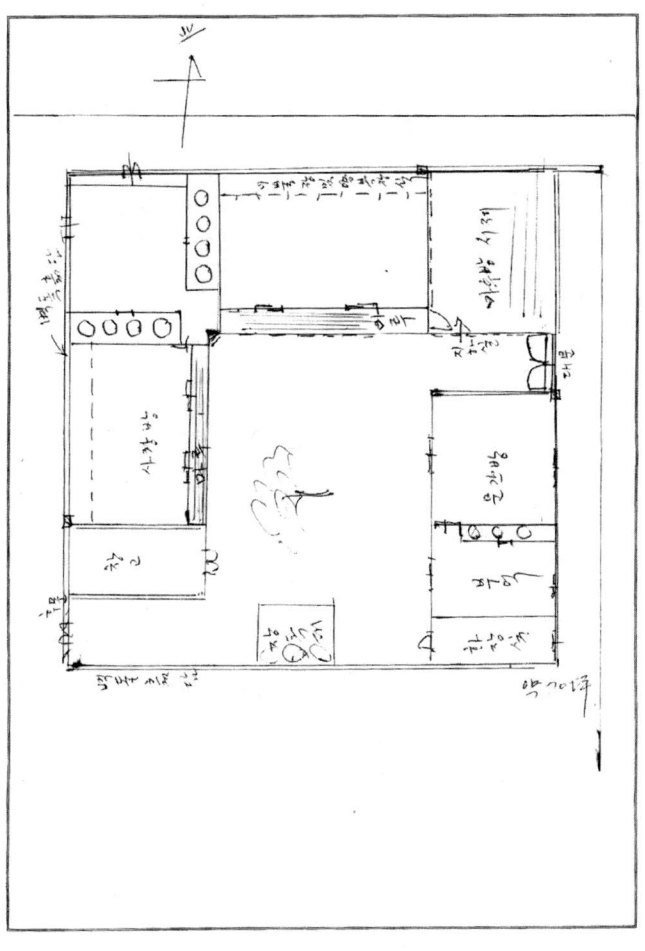

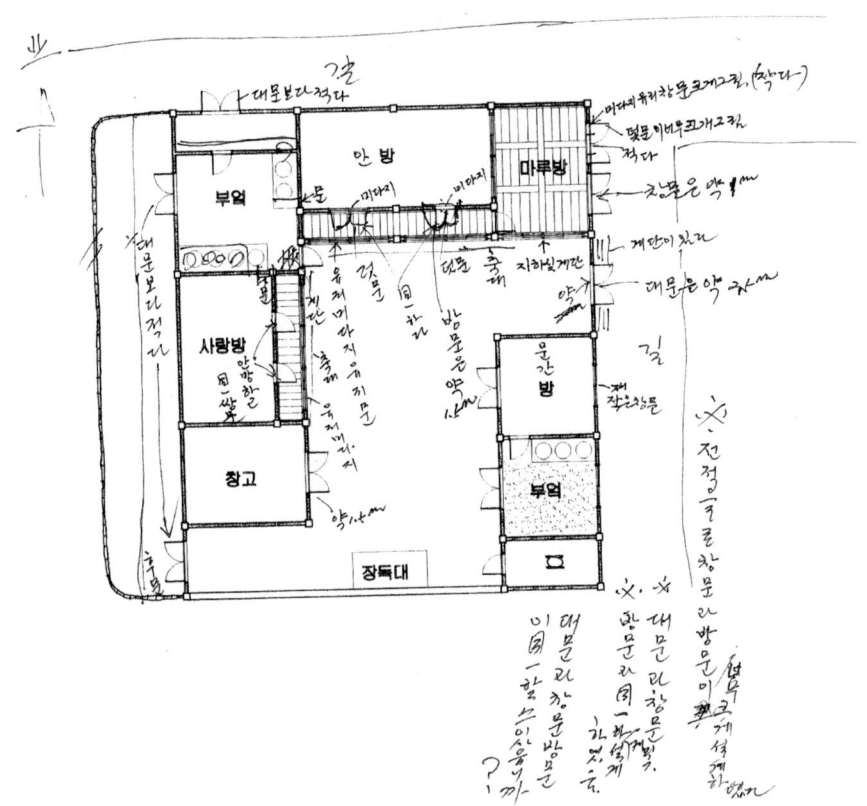

■ 보정 도면

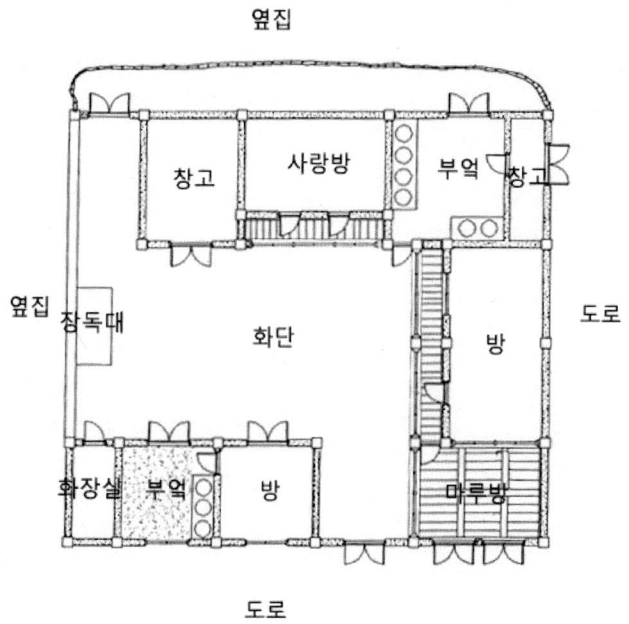

옆집

창고

사랑방

부엌 창고

옆집 장독대

화단

방

도로

화장실 부엌

방

마루방

도로

15. 안주군 최창준 씨 댁

성명: 최창준(1922년생)
주소: 평남 안주군 입석면 송산리 139
가족: 10인, 부모, 형제자매
경제: 농업, 상류계층
마을: 평야지대 농촌 80호
주택: 1942년, 네 채 ㅁ자형 외통집, 우진각 기와지붕

꺾음형 살림채를 갖는 소농주거

이 집은 평안남도 안주군 농촌에 소재했던 집이다. 마을은 평야지대 농촌마을로서 80호정도가 살았다고 한다. 집 주변에는 전답과 함께 이웃집을 작도했는데 주호밀도는 그리 높지 않다. 응답자의 가정도 농업에 종사했지만 경작규모는 기입하지 않았고 다만 상류계층이라고 기재했다. 집 뒤에 최씨 조상묘를 표현한 것으로 보아 최씨 씨족마을에서 지주계층이었을 것으로 추정된다.

주택의 대지는 세장하지 않은 장방형이다. 주택은 1942년도에 건립한 것으로 기재하였고, 살림채를 서향으로 배치한 것이 특이하다. 대지 전체에 흙돌담장을 두르고 건물 4동을 튼 ㅁ자형으로 배치했다. 대문 앞에 가로를 그렸지만 바깥마당으로 기재한 것을 보면 가로에 직접 면하기보다는 바깥마당에 해당하는 여유 공지가 있었던 것으로 보인다.

살림채와 대문채는 평행으로 배치하면서 모두 4칸으로 맞추었다. 살림채에만 툇마루를 둔 점도 눈여겨볼 만하다. 두 칸짜리 사랑방은 앞의 사례들처럼 머슴들이나 손님방으로 사용된 듯하다. 정미소가 있는 남쪽 건물에도 침실방

을 두었다. 소출이 많은 지주계층의 공간구성을 보여 준다.

■ 1차 도면

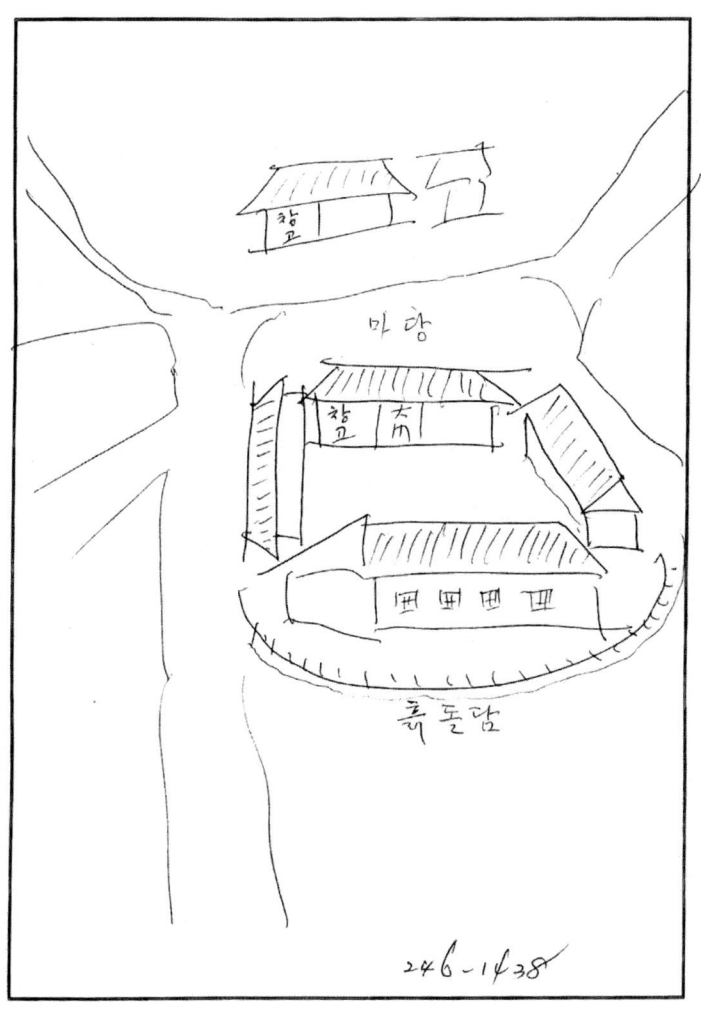

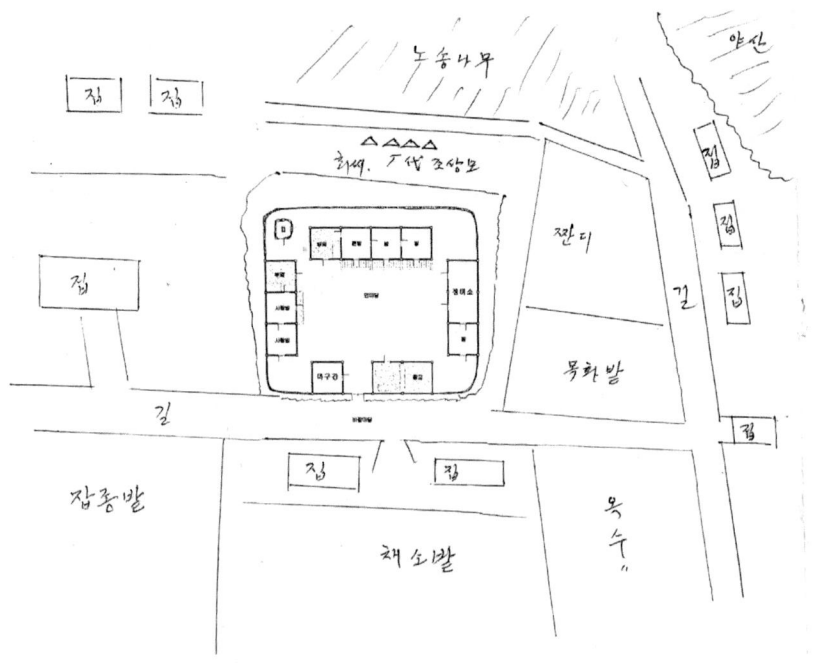

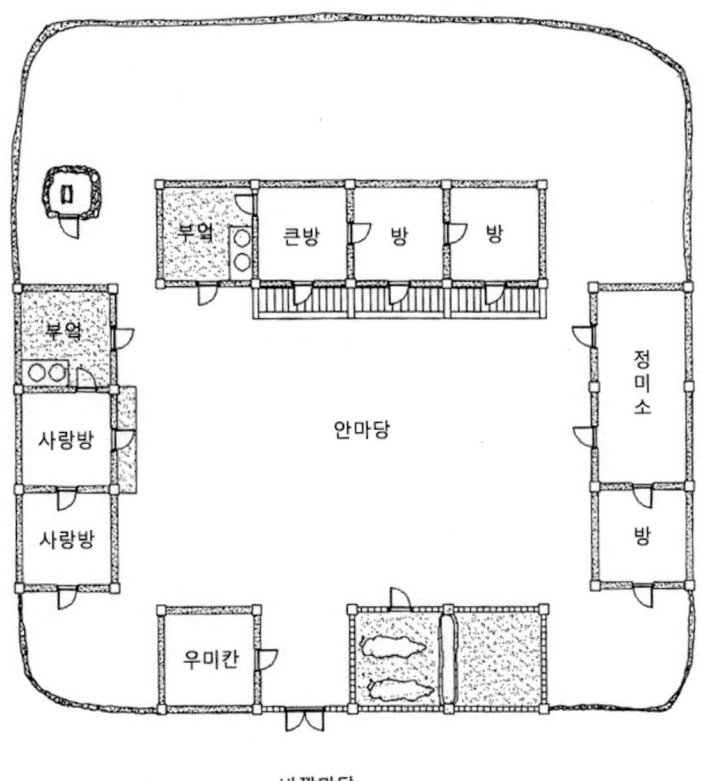

바깥마당

16. 성천군 이내홍 씨 댁

성명: 이내홍(1927년생)
주소: 평남 성천군 사가면 장림리 323
가족: 10인(모, 형님 가족)
경제: 농업, 중류계층, 논 600평, 밭 3,000평
마을: 산지 농촌, 300호
주택: 연대 미상, ㅁ자형 외통집, 우진각 청석지붕

폐쇄적인 ㅁ자집

이 집은 평안남도 성천군 농촌에 소재했던 집이다. 성천군은 평양시에서 북쪽으로 인접한 지역으로서 낮은 산악지대에 속한다. 마을은 산지 농촌마을인데 300호 정도로서 비교적 큰 마을이었다. 집 주변의 상황에 대해서는 자료를 보내주지 않아 알 수가 없다. 가족은 모친과 형님가족을 합쳐 10명 정도가 동거했으며 논 600평, 밭 3,000평 정도를 경작하는 중농계층이라고 기재했다.

주택의 건립연대는 알 수 없으나 평면구성이나 목조 가구식 구조로 보아 전통양식으로 보인다. 그러나 평안도의 전형적인 형식인 튼 ㅁ자형 배치가 아니라 지극히 폐쇄적인 ㅁ자형 집이라는 점에서 특이하다. 대문간만 비워 놓고 모두 연결된 지붕으로 덮었다. 배치형식으로 보면 도회지의 형식이나 황해도의 전형적인 형식에 가깝다. 지붕은 천연재료인 청석으로 돌기와를 사용했다.

아래채에는 2칸짜리 행랑방과 별도의 부엌을 두었는데 대문간으로 모서리 채와 격리했다. 아마도 머슴들이 기거했던 침실로 보인다. 안방은 2칸짜리 통칸 방으로 남향하였고 앞에 툇마루를 두었다. 안방 옆으로는 창고를 두었는데

지하에 움이 있다고 기재했다. 살림채의 모서리에 마루를 두고 지하에 움을 두는 사례는 이 지역에서 종종 나타난다. 모서리 채에도 툇마루가 달린 정지방과 2칸짜리 큰방을 두었다. 모서리채는 도로와 면하고 있는데 도로를 향해 툇마루를 두고 유리창을 달았다고 기재했다. 임대를 하거나 상점으로 사용한 것이 아닌가 추측된다.

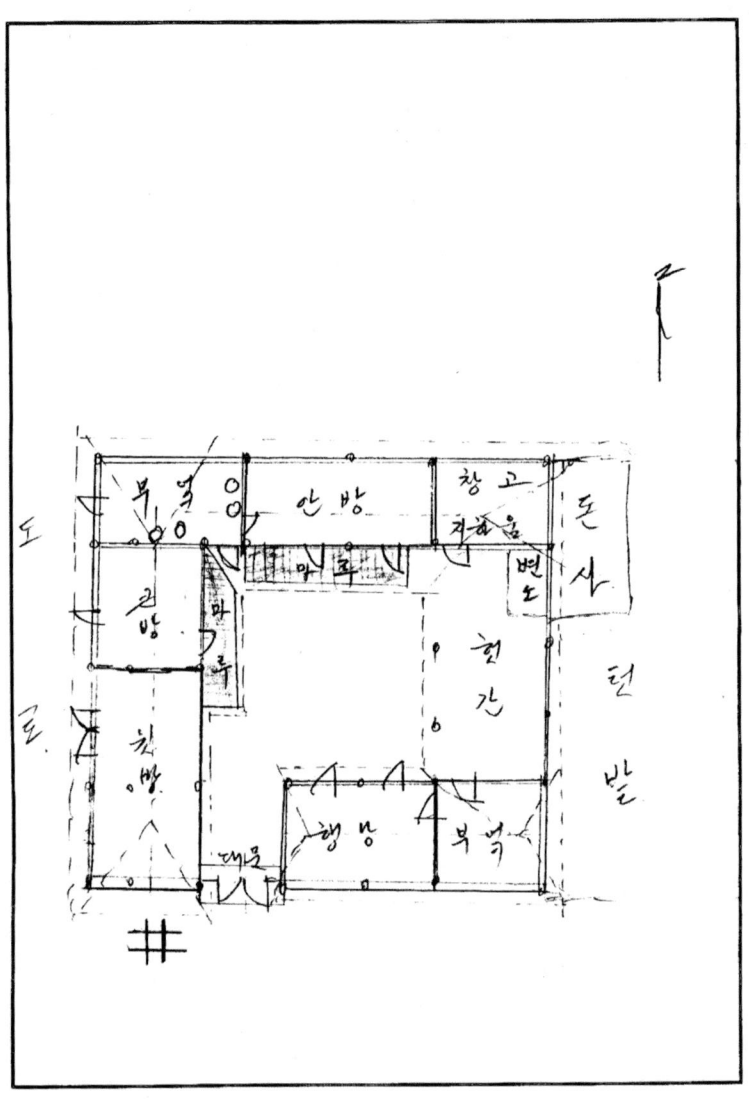

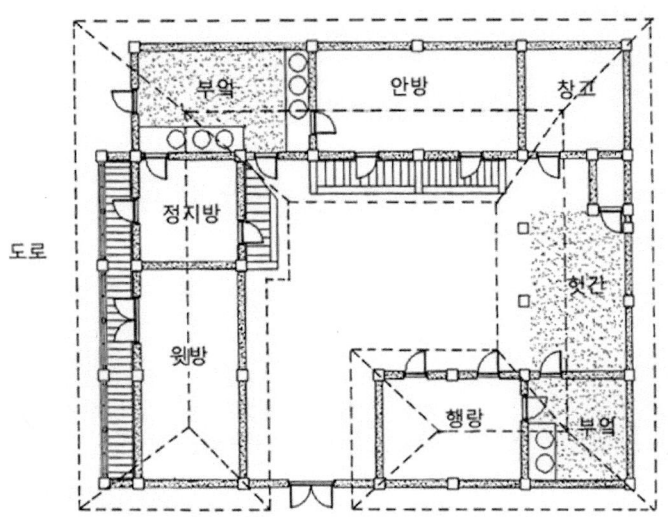

17. 맹산군 김기순 씨 댁

성명: 김기순(1931년생)
주소: 평남 맹산군 원남면 기양리 388
가족: 10인(조부모, 모친, 형님 가족)
경제: 농업, 상류계층, 논 16,000평, 밭 30,000평
마을: 산지 농촌, 180호
주택: 1950년대, 두 채 ㅁ자형 양통집, 서향, 팔작 청석기와 지붕

양통형 사랑채

이 집은 평안남도 맹산군 농촌에 소재했던 집이다. 맹산군은 평안남도의 동북쪽으로 함경남도와 접경하는 지역이다. 기양리는 산세가 비교적 험하여 산림이 80%를 차지하며 주로 농업을 생업으로 한다. 응답자의 가정도 농업에 종사했는데 논 1만 6천 평, 밭 3만 평을 경작하는 부농계층이었다고 한다. 응답자는 대목과 토역 등 전통건축에 경험이 있어 비교적 정교한 도면을 작도하고 상세하게 설명하였다.

응답자의 집은 1950년도에 건설되었다고 한다. 건물은 ㄱ자형과 ㄴ자형 두 채를 결합하여 ㅁ자형 배치를 이루어 이 지역 전통형식에서 벗어나지 않는다. 살림채를 북향으로 배치한 것이 특이하다. 살림채 뒤로는 돌담을 쌓아 폐쇄적인 외부공간을 만들었는데 정원이라고 기재했다. 대문채 앞에는 담장을 두지 않았으나 앞마당이라고 기재하여 안마당과 구별하고 사유화된 외부공간임을 표현했다.

대문채는 곡간채와 결합하여 ㄴ자형 꺾음집을 만들었고 대문간은 중앙에 두

었으며 변소를 모퉁이에 배치했다. 곡간은 대문채에도 1칸을 두었고 곡간채에도 2칸이 있어 부농의 경제력을 보여 준다. 살림채는 4칸 외통집인데 이와 결합된 사랑채는 8칸 양통집으로 만들었다. 그러나 폭이 12척이라고 기재한 것을 보면 완전한 양통집이라기보다는 외통집에서 뒷부분에 툇간을 두어 양통형으로 구획한 것을 알 수 있다. 내부 간막이는 모두 미닫이문이라고 기재했는데 필요 시 문을 개방하여 통간으로 사용했음을 알 수 있다.

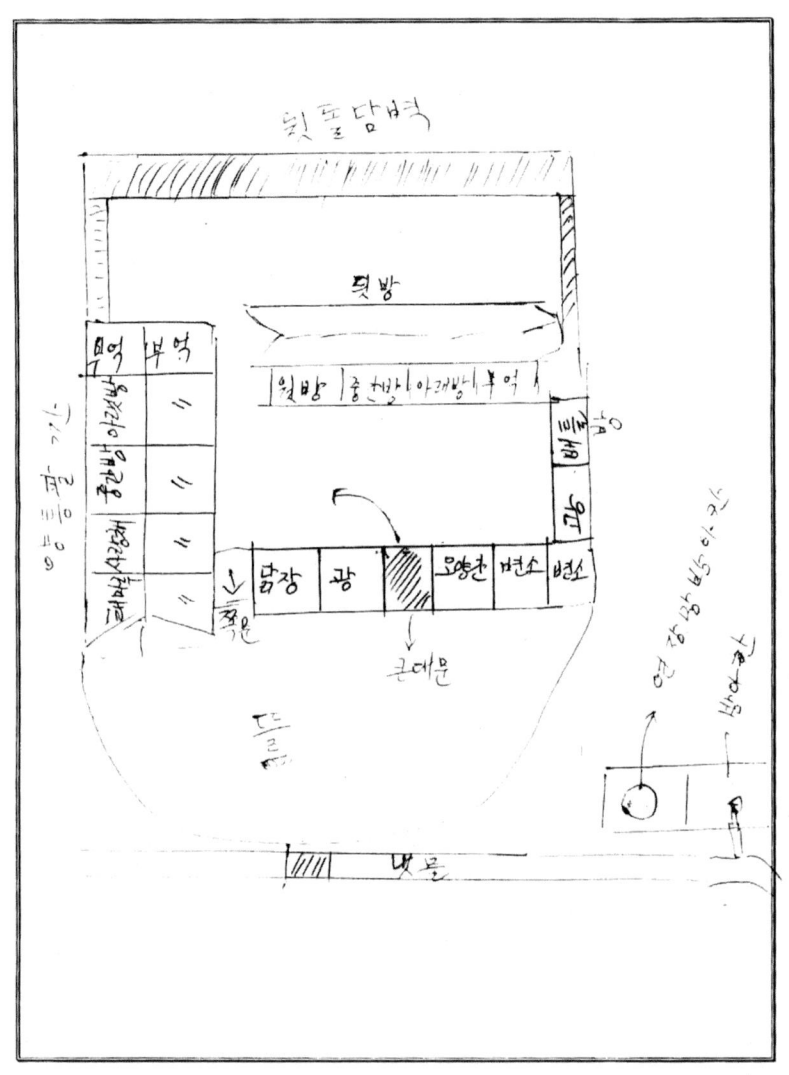

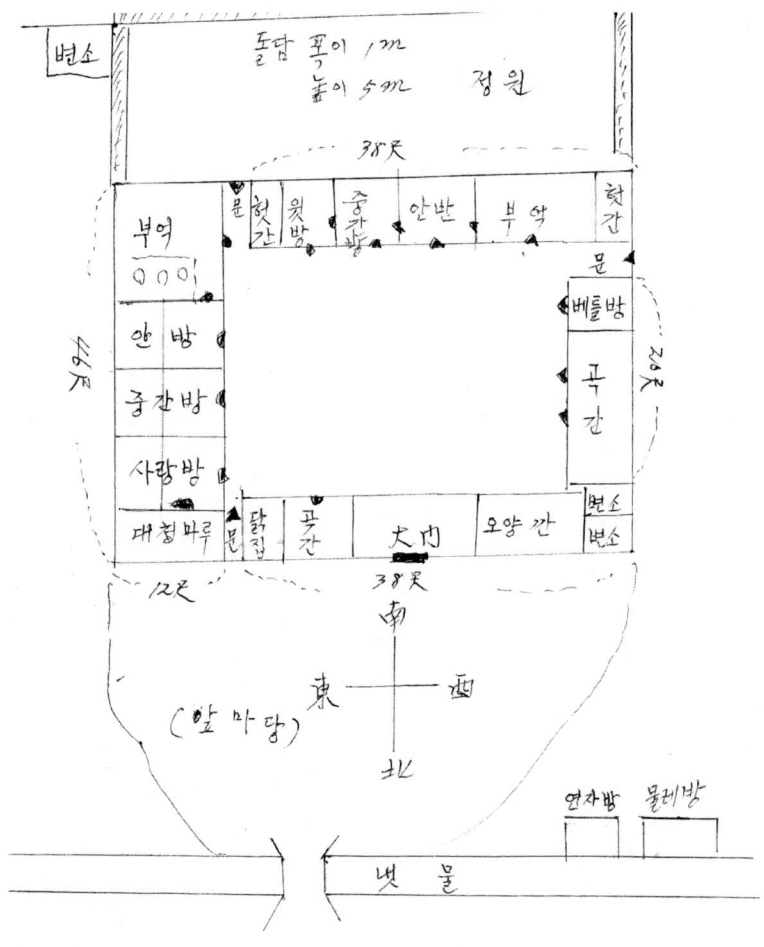

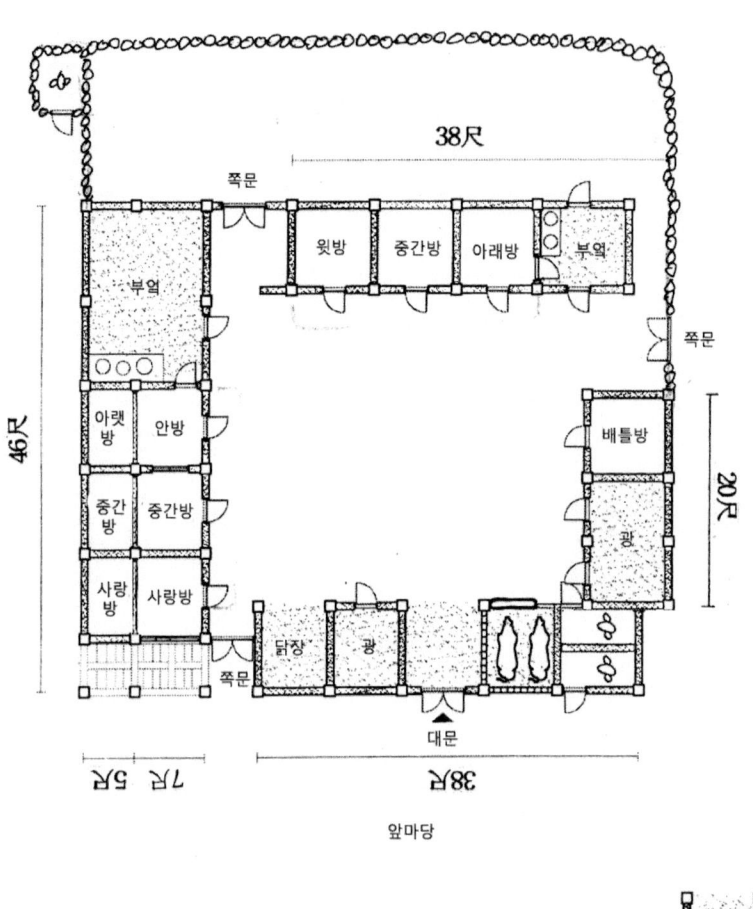

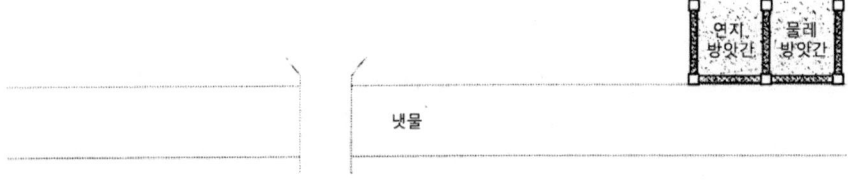

18. 평원군 박인순 씨 댁

성명: 박인순(1930년생)
주소: 평남 평원군 노지면 문명리 732
가족: 8인(조모, 모친, 제매, 기타 2)
경제: 농업, 중류계층, 논 5,000평, 밭 15,000평
마을: 평야 농촌, 20호
주택: 건립연대 미상, 두 채 二자형 외통집, 남향, 팔작 기와지붕

툇마루가 발달한 二자형 외통집

이 집은 평안남도 평원군 농촌에 소재했던 집이다. 평원군은 평안남도의 황해바다와 면한 지역으로서 산림이 적고 군 면적의 95%가 고도 200m 미만의 평야지대이다. 전체 농경지 중 논이 70%를 차지할 만큼 논농사가 발달한 지역이기도 하다. 그러나 이 집이 소재한 마을은 20호 정도의 작은 마을이었다고 한다. 응답자의 가정도 논 5,000평, 밭 15,000평을 경작하는 중농계층으로 기재했다.

이 집의 건립연대는 알 수 없으나 전형적인 평안도식 二자집으로서 살림채(위채, 안채)와 아래채를 평행으로 배치했다. 아래채의 모서리에 외양간을 구부려 배치했기에 ㄱ자형이라 기재했으나 모서리채가 결합된 것은 아니다. 살림채는 남향으로 배치했는데, 대문을 아래채에 두지 않고 서쪽담장에 둔 것이 특이하다. 대문 밖에 돈사와 퇴비장, 연자방아 등을 두고 마당이라고 기재한 것을 보면 이 역시 사유화된 외부공간이다. 두 채 사이에는 흙돌담을 쌓아 폐쇄적인 안마당을 만들었다. 지붕재료는 기와라고 기재했으나 경제계층으로 볼

때 청석기와였을 것으로 추정된다.

이 주택의 특징은 마치 남부지방의 민가처럼 툇마루가 발달했다는 점이다. 안채 3칸을 통으로 연결하는 툇마루를 두었고, 아래채의 사랑방에도 바깥마당을 향해 툇마루를 달았다. 안방 2칸은 개폐가 가능한 장지문을 달아 공간의 신축성을 높였다. 사랑방은 남자 어른이 기거하고, 막깐방은 숙부네 방이라고 기재했다.

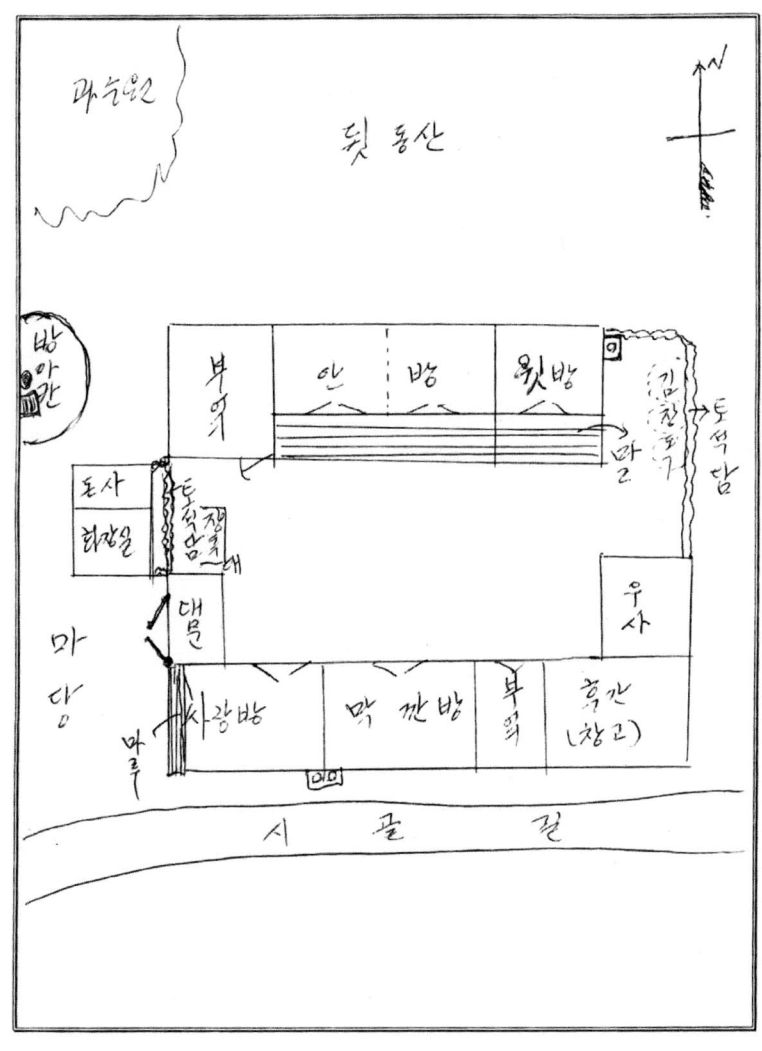

■ 보정 도면

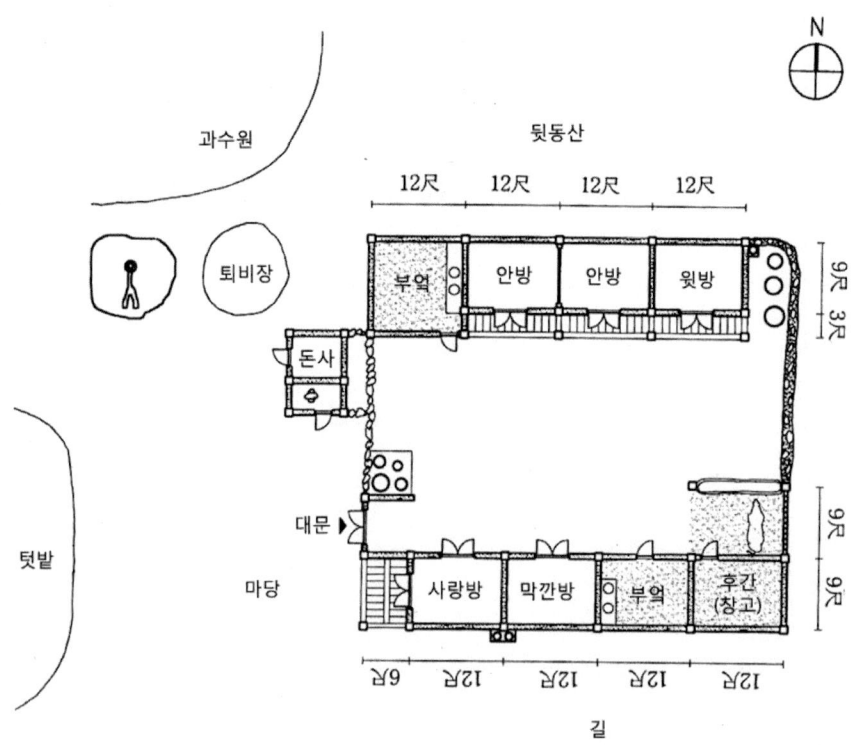

19. 강서군 황용학 씨 댁

성명: 황용학(1927년생)

주소: 평남 강서군 강서면 덕서리

가족: 6인(부모, 제매)

경제: 농업, 중류계층, 논 1,700평, 밭 2,700평

마을: 평야 읍소재지

주택: 1940년대, 두 채 ㄷ자형 외통집, 북향, 기와지붕

세로축이 긴 대지의 이용

이 집은 평안남도 강서군 강서면 면소재지에 소재했던 집이다. 강서군은 평양과 남포 사이의 지역으로서 이미 일제시기부터 도시화가 진행된 지역으로 알려진다. 응답자의 가정은 소규모의 농지를 경작하는 중농계층이라고 기재했다. 주택의 입지가 읍 소재지이기 때문에 전통가옥이 적다고 기술했으나 이 집은 목조와가로서 전통한옥의 구조를 보여 준다.

주택은 1940년대에 건립되었다고 한다. 대지는 개울에 면하고 다리를 건너 전면마당을 통해 진입한다. 대지는 세로 축이 긴 장방형으로서 가로 축이 긴 전통주택에는 적합하지 않다. 이에 꺾음집으로 만들어 대지조건에 대응했다. 일자형 안채와 ㄴ자형 아래채를 결합하여 ㄷ자형 배치를 이루었는데 대지형상에 따라 안마당의 세로축(남북축)이 긴 장방형의 형태를 갖는다. 건물 사이에는 높은 흙돌담을 쌓아 안마당을 둘렀다.

살림채(위채)는 3칸의 작은 규모이지만 침실 앞에 모두 툇마루를 두었다. 침실 사이에는 장지문을 두어 개폐가 가능하도록 했다. 아래채의 외부를 전면마

당이라고 기재하고 외양간 밖에 화장실을 둔 점, 사랑방을 전면마당에서 출입하도록 한 점 등으로 보아 비록 도회지 이지만 사유화된 외부공간이 있었음을 보여 준다. 외부공간의 필요성은 농작업과 관련된 것이 아닌가 추정된다.

■ 1차 도면

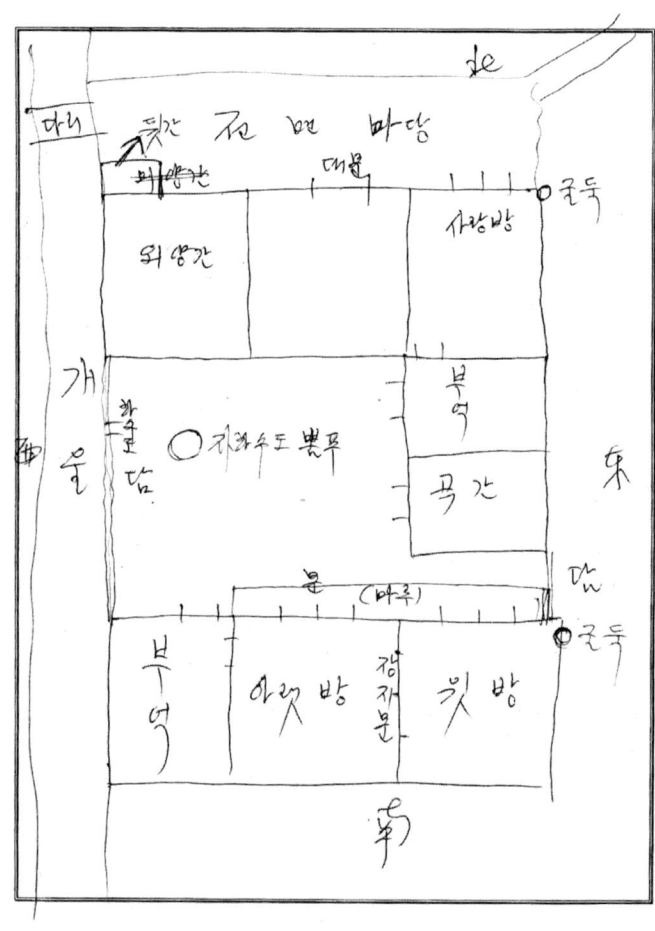

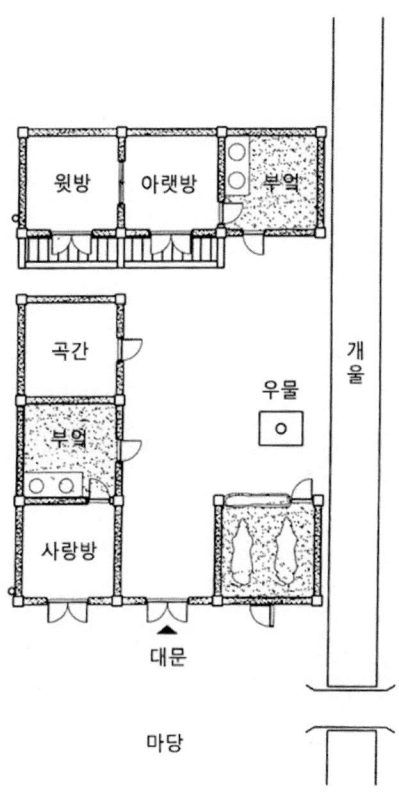

윗방　아랫방　부엌

곡간

부엌

사랑방

대문

마당

우물

개울

20. 평원군 정경섭 씨 댁

성명: 정경섭(1922년생)
주소: 평남 평원군 천산면 용암리 387
가족: 6인(조부, 부모, 누이)
경제: 농업, 상류계층, 논 3만 평, 밭 1만 평
마을: 평야지대 농촌, 60호
주택: 200년 전, 두 채 ㄷ자형 외통집, 위채(팔작 기와) 아래채(맞배 기와)

200년 전의 부농주거

이 집은 평안남도 평원군 천산면에 소재했던 집이다. 평원군은 서해에 면한
지역이나 이 집은 해안이 아닌 평야지대의 농촌에 소재했던 집이다. 마을은 60
호 정도 규모의 농촌이었다. 응답자의 가정은 논 3만 평과 밭 1만 평을 경작하
는 부농의 상류계층이었다고 한다. 그러나 1차 도면을 보면 집의 규모나 공간
이 중농계층의 것과 유사하여 결코 상류주거로서의 특징을 찾기 어렵다. 다만
담 외부에 옆집으로 표기된 부분이 있는데 부엌과 곡간이 있었다고 기재한 것
으로 보아 외곽에 다른 부속건물이 있었음을 짐작케 한다.

이 집은 200년 전에 건립되었다고 한다. 변형이 없었다면 조선시대의 이 지
역 전통주거형식을 보여주는 귀한 사례라 할 수 있다. 특이하게도 안채를 아래
쪽에 그린 것은 건물이 북향이거나, 도로로부터의 진입방향을 보여주는 것으
로 이해된다. 집은 정방형에 가까운 대지 위에 일자형 살림채와 ㄴ자형 부속채
를 결합하여 ㄷ자형 배치를 이루었다. 빈 부분에는 흙담장을 쌓아 폐쇄적인 중
정을 만들었는데 이를 '안뜨락'이라고 기재하여, 대문 밖 '마당'과 구별하였다.

이 집에서 상류주거의 성격을 볼 수 있는 것은 기와지붕 정도이다. 응답자는 이 지역의 농촌에서 2호 정도가 기와집이며 나머지는 초가집이라고 설명했다. 부속채에 4칸 규모의 곡간을 둔 것도 부농으로서의 경제력을 보여 준다. 모서리 부분에 위치한 사랑채(사랑방)는 할아버지가 사용하는 응접실인 동시에 머슴이 기거한다고 기재했다. 머슴방으로 사용하는 사랑방의 용도를 보여 준다.

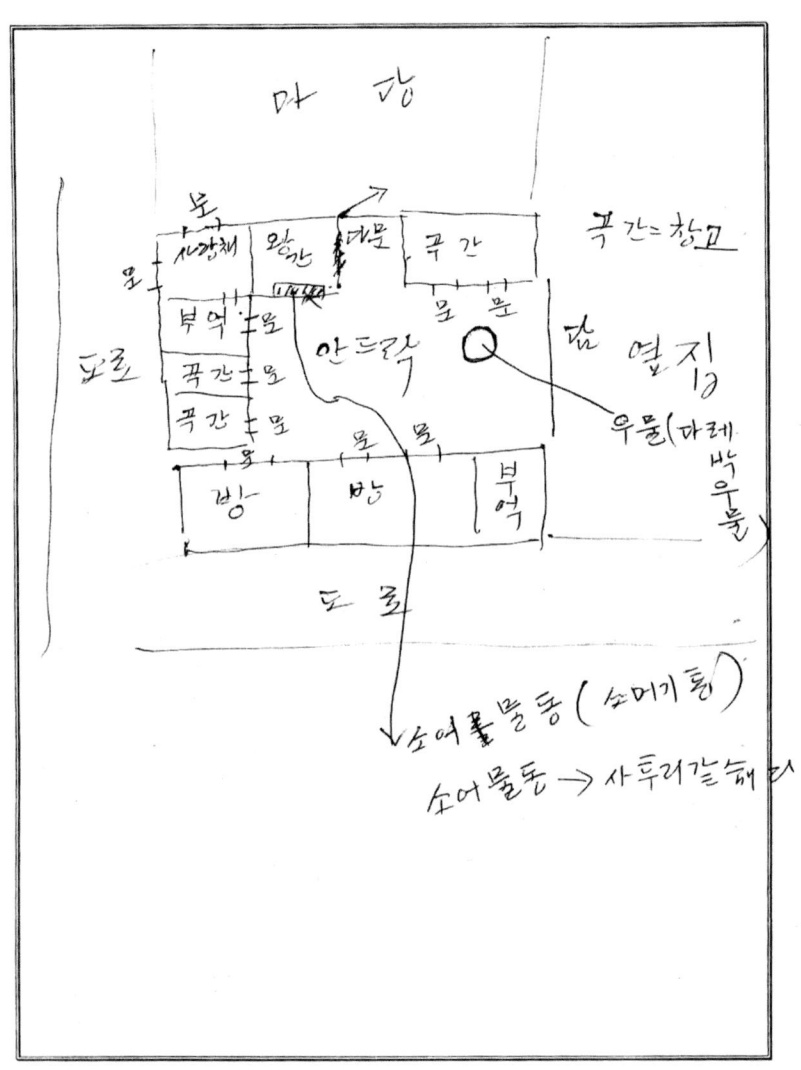

도로

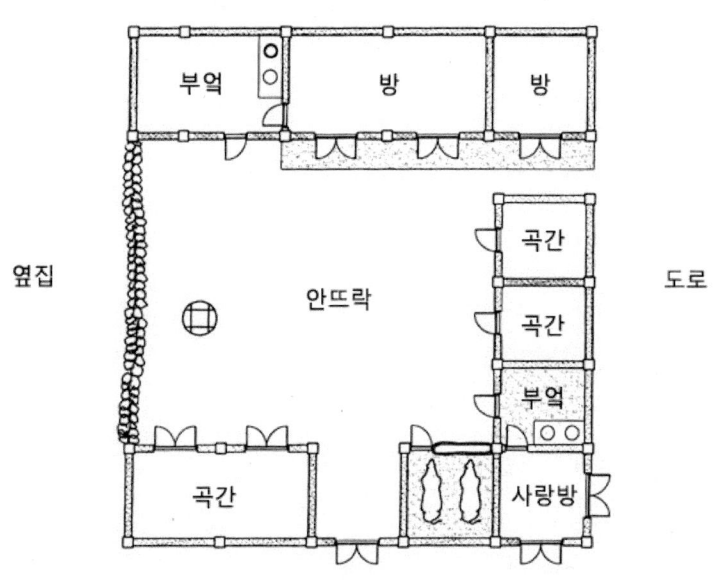

부엌

방

방

옆집

안뜨락

도로

곡간

곡간

부엌

곡간

사랑방

마당

21. 평원군 박심원 씨 댁

성명: 박심원(1931년생)
주소: 평남 평원군 순안면 남산리 270
가족: 7인(부모, 형님 가족)
경제: 농업, 중류계층, 논 3,000평, 밭 2,000평
마을: 평야지대 농촌, 200호
주택: 1929년, 두 채 二자형 외통집, 우진각 시멘트기와지붕

일제시기에 지은 二자집

이 집은 평안남도 평원군 순안면에 소재했던 집이다. 마을은 200여 호가 거주하는 대규모의 농촌마을이었다. 응답자의 가정은 논 3천 평, 밭 2천 평 정도를 경작하는 중농계층이었다고 한다. 주택은 일제시기인 1929년에 건립한 것으로 기억한다. 일자형 건물 두 채를 평행하게 배열하여 전형적인 二자형 배치를 이루었다. 집 주변의 상황은 알 수 없으나 장방형 대지에 남향으로 배치했다.

앞채로부터 살림채 전체를 둘러싸는 담장을 둘렀는데 높이 2m 정도의 흙담이다. 역시 대문 밖은 '앞마당', 중정은 '안뜨락'으로 구별하였다. 안뜨락에는 우물이 있었다. 앞채는 5칸, 안채는 4칸이나 간 규모를 조정하여 일부러 건물 길이를 맞춘 것으로 보인다. 안채와 앞채의 거리는 10m 정도라고 한다. 안채 앞 기단부에는 1차 도면에서 '토방'이라고 기재했으나 3차 도면에서는 툇마루로 수정해 주었다. 안채에서 안방은 부모님이 거주하며, 윗방은 형님 내외, 상방은 자식들이 기거했다고 기록했다.

이 집은 일제시기 중반에 건립된 집이나 형식상으로 평안도의 전통주거와 큰 차이가 없다. 일제시기까지도 농촌에서는 전통형식이 이어지고 있음을 보여 준다. 다만 지붕재료를 시멘트 기와로 기재한 것으로 보아 이 시기에 이미 농촌지역에까지 근대적 건축재료가 보급되었음을 알 수 있다.

■ 1차 도면

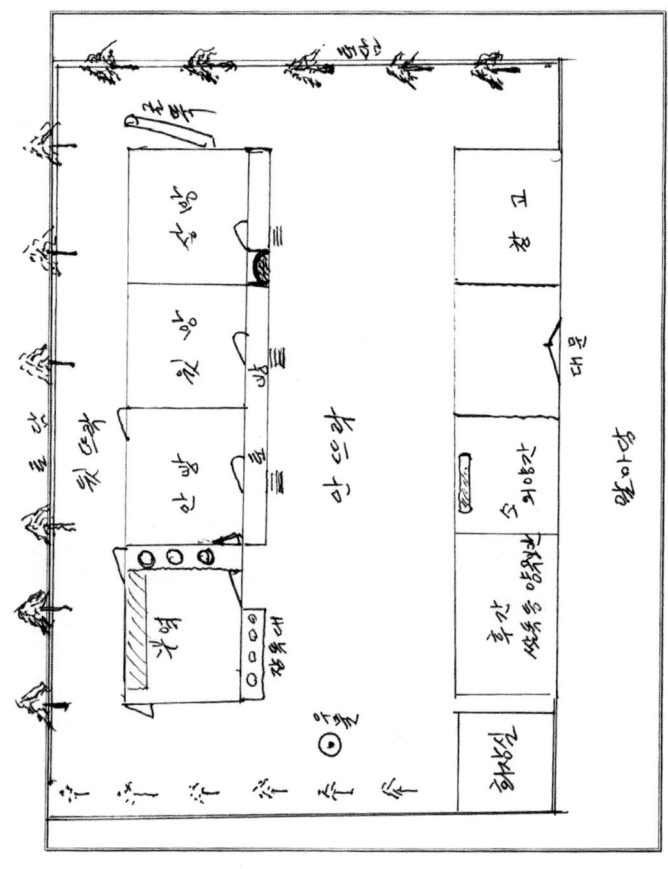

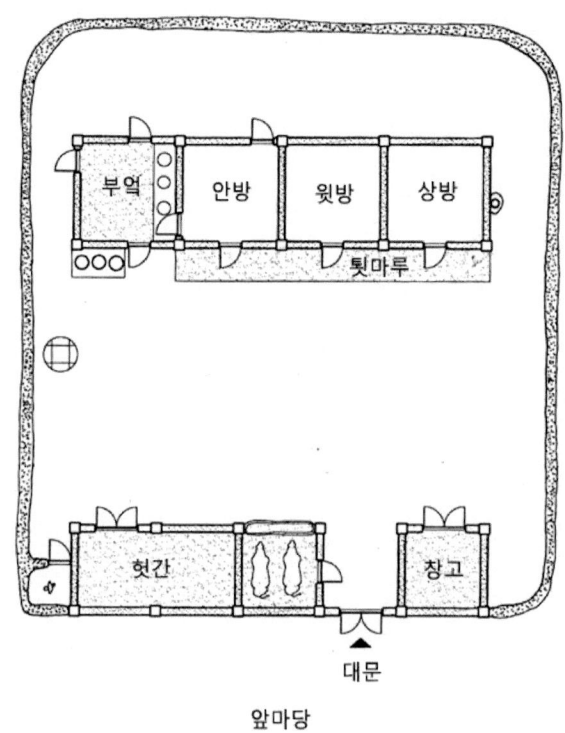

앞마당

22. 덕천군 서승욱 씨 댁

성명: 서승욱(1923년생)

주소: 평남 덕천군 풍덕면 율곡리

가족: 9인(부모, 형님가족, 제)

경제: 농업, 중류계층, 논 1,000평, 밭 8,000평

마을: 산지 농촌, 9호

주택: 1920년대, 3채 ㅁ자형 외통집, 천연 슬레이트

ㄱ자형 안채를 만드는 이유

이 집은 평안남도 덕천군 풍남면에 소재했던 집이다. 덕천군은 평안남도 중북부에서 평안북도와 접경하는 지역으로서 산악지대이다. 현재는 덕천시로 행정구역이 개편되었다. 마을은 9호 정도로 이루어진 전형적인 산지 농촌이다. 응답자의 가정도 밭 농사를 위주로 하는 중농계층이었다고 한다. 주택의 규모나 공간으로 보면 상류주거로 보아도 손색이 없을 정도로 크고 다양하다. 모든 건물지붕은 이 지역에서 많이 생산되는 천연 슬레이트(청석)로 덮었다고 한다.

주택은 약 80년 전(1920년대)에 건립된 것으로 기억한다. ㄱ자형의 안채, 일자형의 대문채, 그리고 일자형의 헛간채로 ㅁ자형의 배치를 이루었다. 건물 사이에는 흙돌담을 쌓았으며, 살림채는 남향으로 배치했다. 안채의 서쪽(사랑방 부분)은 담장을 쌓아 독립적인 외부공간을 확보한 것이 특이하다. 일반적으로 이 지역에서 사랑채는 주로 머슴방으로 사용하는 예가 많으나 이 집에서는 바깥노인이 기거하는 별당의 용도로 사용했다. 안채에 툇간을 두고도 툇마루는 설치하지 않았다.

아래채는 소작인이 기거하는 곳이라고 기술했다. 아래채에 두 칸의 침실을 두었다는 점에서 비교적 부유한 가정이었음을 짐작할 수 있다. ㄱ자형 안채를 둔 것에 대해 응답자는 다음과 같이 설명한다.

"ㄱ자형은 부엌이 건물 꺾임 부분에 있어 양쪽 방에 불을 넣기 쉬울 뿐 아니라 부엌면적이 넓어져서 주부들이 겨울철에 이곳에서 여러 가지 일을 한다."

즉, 난방을 위한 가사노동의 절약, 넓은 주부공간의 확보를 꺾음집이 만들어진 배경으로 본 것이다. 그러나 대지 폭에 한계가 있거나 안마당의 폐쇄성을 높일 필요가 있을 때도 꺾음집이 유리한 것으로 볼 수 있다.

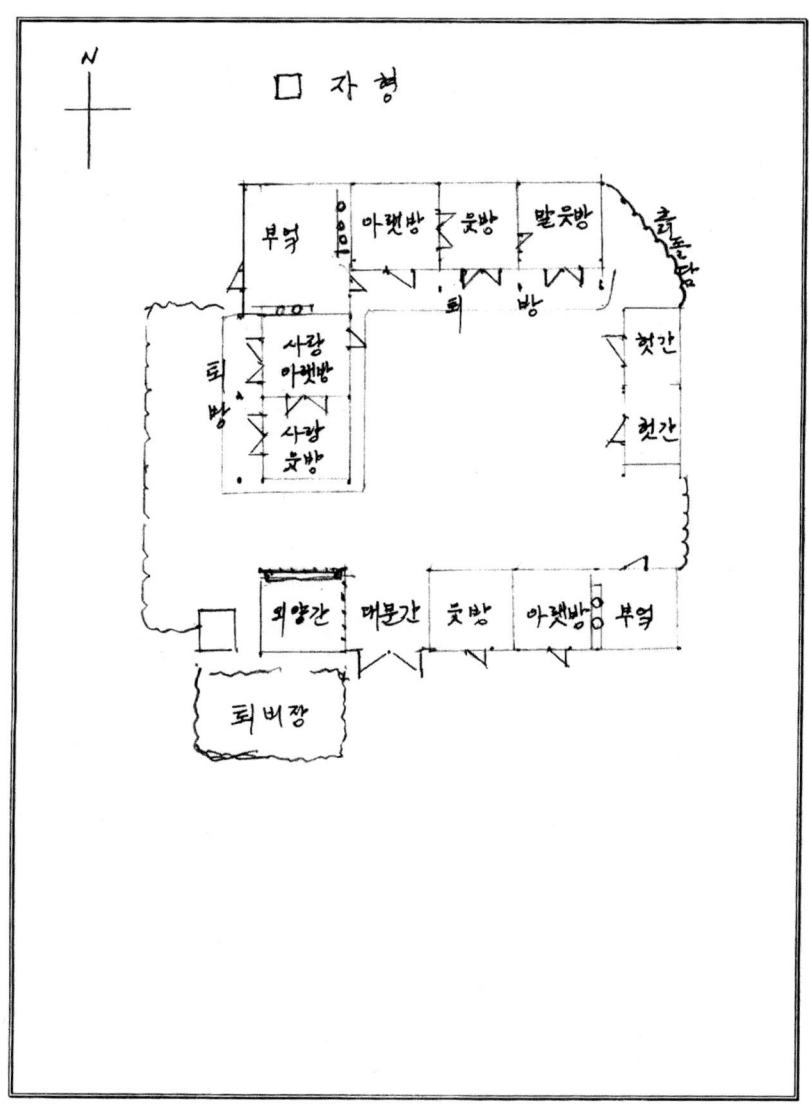

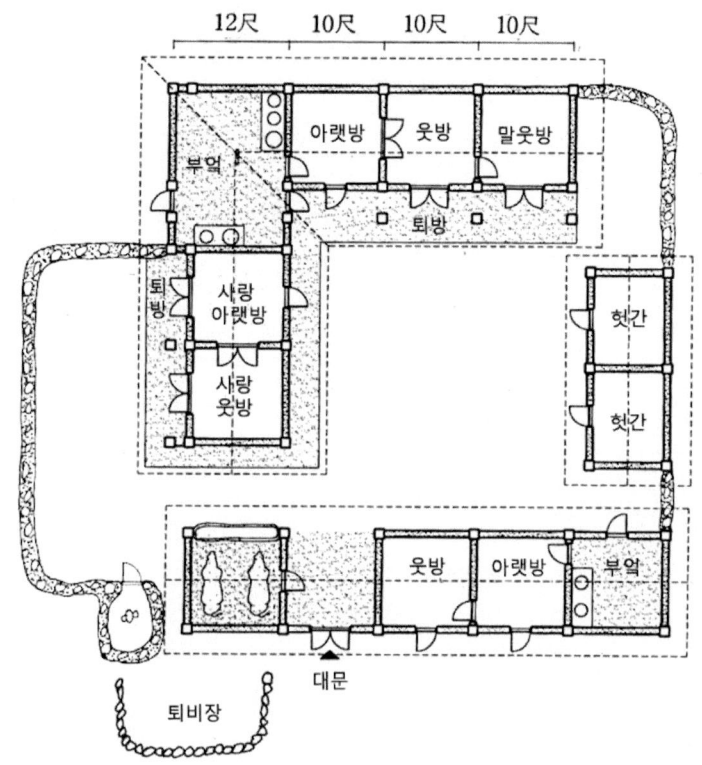

23. 덕천군 백윤걸 씨 댁

성명: 백윤걸(1925년생)

주소: 평남 덕천군 일하면 달하리 218

가족: 5인(부모, 제매)

경제: 농업, 중류계층, 밭 2,000평

마을: 산지 농촌, 50호

주택: 1930년대, 2 채 二자형 외통집, 맞배 청석지붕

툇마루가 있는 二자집

이 집은 평안남도 덕천군 일하면에 소재했던 집이다. 앞서의 사례에서 설명
했듯이 덕천군은 산악지대이다. 이 집이 소재했던 마을은 50호 정도로 이루어
진 전형적인 산지 농촌이다. 응답자의 가정도 밭 2,000평 정도를 경작하는 중농
계층이었다고 한다. 주택의 모습도 전형적인 중농계층의 모습을 가지고 있다.

주택은 지금으로부터 70년 전 1930년대에 건립된 것으로 기억한다. 일제시
기에 건립된 집이나 안채와 아래채가 병렬로 배치된 전통적인 二자형 배치이
다. 두 건물 사이는 30尺 정도로 기재했는데 다른 사례에서도 10m 정도인 것으
로 나타난다. 안채는 남향으로 배치되었다. 건물지붕은 이 지역에서 생산되는
청석으로 덮었다고 한다.

안채는 4칸이고, 아래채는 5칸이나 아래채의 칸 규모를 조절하여 두 건물의
길이를 맞추려 한 것으로 보인다. 안채 앞에는 보통 토단을 두는 것이 일반적
이나 이 집에서는 툇마루를 두었다. 툇마루의 폭이 3척이라고 기재했는데 이는
남부지방의 툇마루 폭에 비해 좁은 것을 알 수 있다. 툇마루가 설치되면서 방

사이에 출입문이 없어진 것도 주목할 만하다. 안방의 폭은 12尺으로서 다른 침실 10尺에 비해 넓고 두 쪽 문을 달았다고 한다. 안방은 부모님이 기거하고 끝방은 손님용으로 사용했다고 한다.

■ 1차 도면

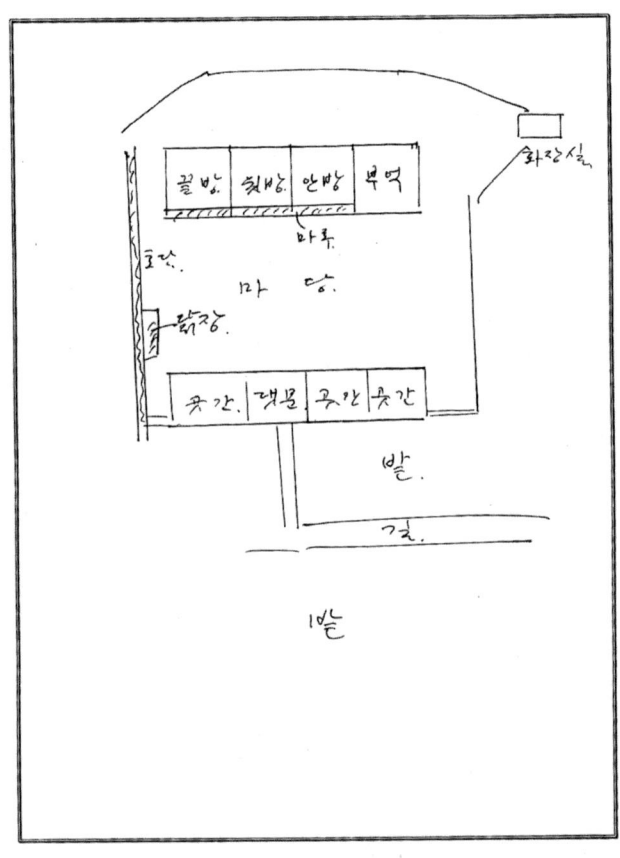

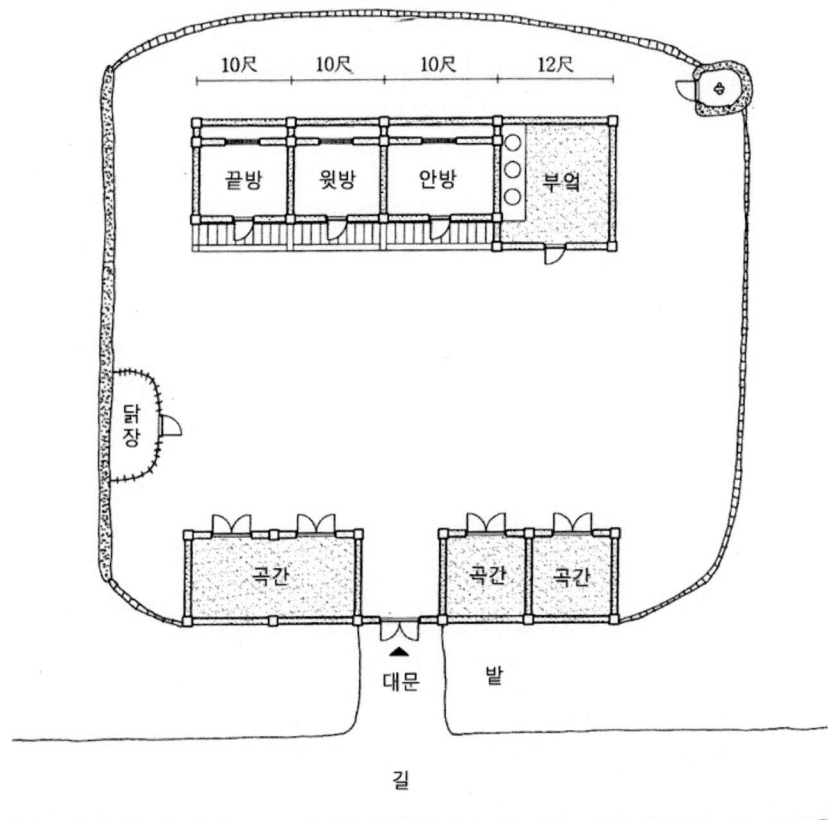

24. 용강군 정흥락 씨 댁

성명: 장흥락(1910년생)
주소: 평남 용강군 금국면 서남상리 757
가족: 11인(모, 제, 부부 및 자녀)
경제: 농업, 상류계층, 논 6,000평, 밭 20,000평
마을: 산지 농촌, 15호
주택: 1830년대, 두 채 ㅁ자형 외통집, 팔작 기와지붕

19세기 ㅁ자 집

이 집은 평안남도 용강군 금국면에 소재했던 집이다. 용강군은 낮은 구릉지로 이루어진 지형으로서 농경지가 반을 차지할 정도로 농업이 발달한 지역이다. 이 집이 소재한 마을도 15호 정도의 작은 농촌마을이었다고 한다. 응답자의 가정은 논 6천 평, 밭 2만 평 정도를 경작하는 부농으로서 상류계층에 속한다고 기재했다. 부모형제 및 본인 부부와 자녀들을 포함하여 11명의 가족이 거주했다고 한다.

이 집은 1830년대에 건립된 것으로 기억한다. 집은 ㄱ자형의 안채와 ㄴ자형의 부속채를 ㅁ자형으로 배치하여 전형적인 ㅁ자 집의 형식을 갖는다. 안채는 부엌을 모퉁이로 하는 꺾음집이다. 살림채가 남향을 하도록 배치했고, 두 채 모두 기와지붕으로서 상류주거의 면모를 갖는다. 역시 내부의 뜰과 마당을 구별했는데 마당을 약 70평 정도의 규모라고 기재한 것을 보면 사유화된 외부공간이었음을 알 수 있다. 마당에는 돈사나 잿간, 퇴비장 등 농업생산과 관련된 시설을 두었다.

아래채에 2칸의 사랑방을 두었는데 접대용이라고 기술했다. 방 가운데 개폐식 문을 설치하여 가변적인 공간을 만들었다. 살림채의 안방도 2칸 통간으로서 본인 부부와 자녀들이 사용했다고 한다. 모서리에 있는 건넌방은 1.5칸 규모로서 모친과 동생들이 기거했다고 한다. 건립연대가 정확하고 오래된 19세기 주택으로서 시대적 가치를 가지고 있다는 점, 곡간 면적이 넓은 상류계층의 계층성을 보여 준다는 점, 상류주택이면서도 툇마루를 두지 않았다는 점, 농촌주택이면서도 꺾음집으로서 폐쇄적인 내정을 가지고 있다는 점 등 여러 측면에서 연구대상으로서 가치가 높은 사례이다.

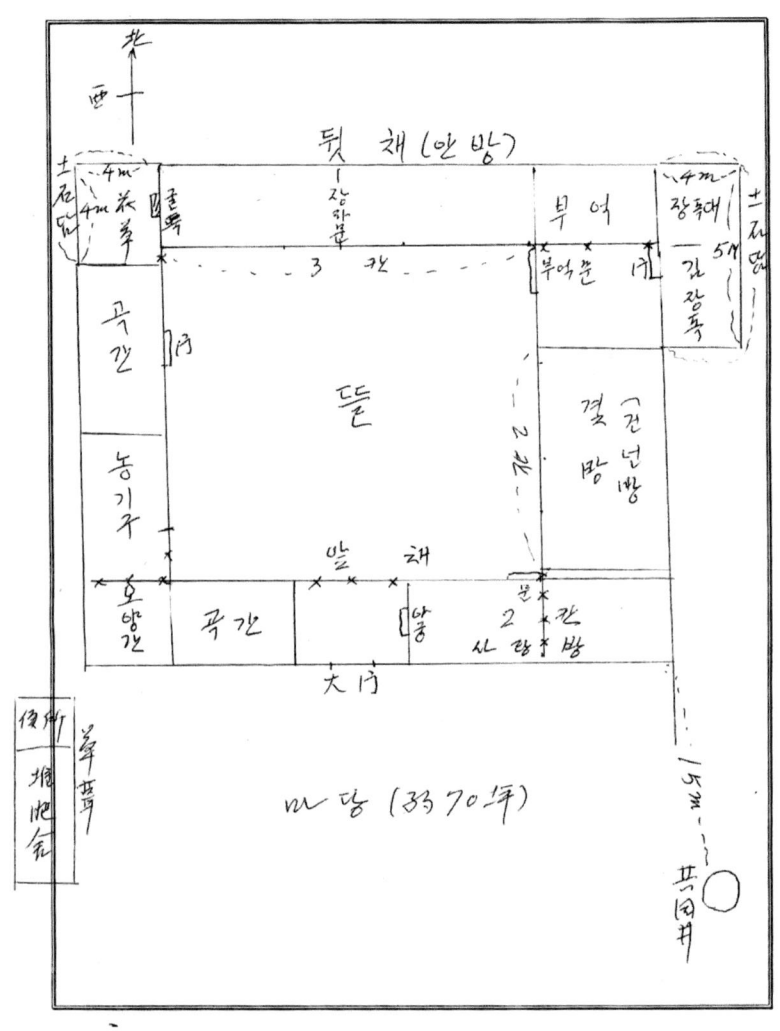

■ 2차 도면

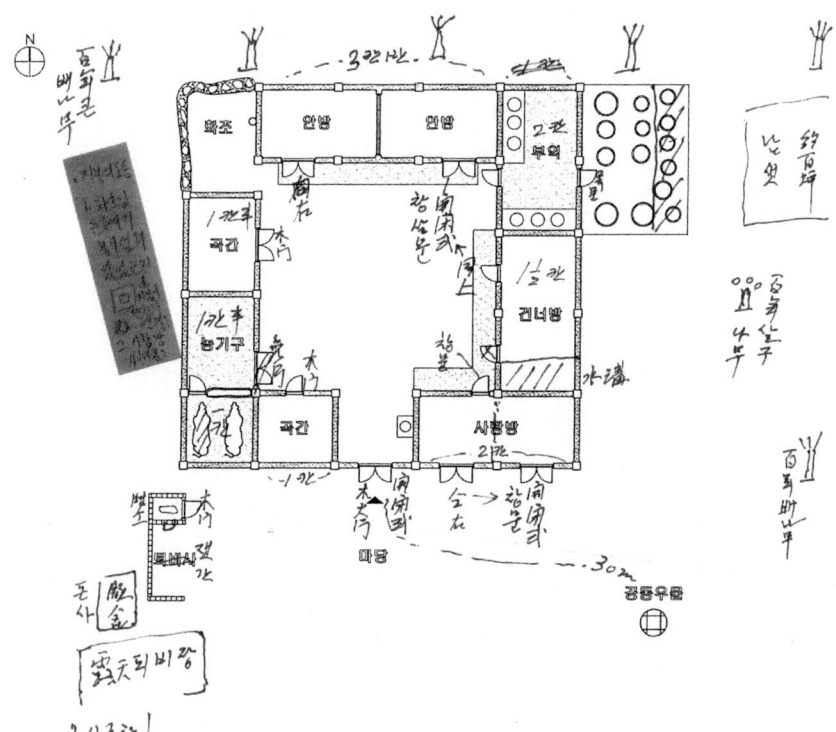

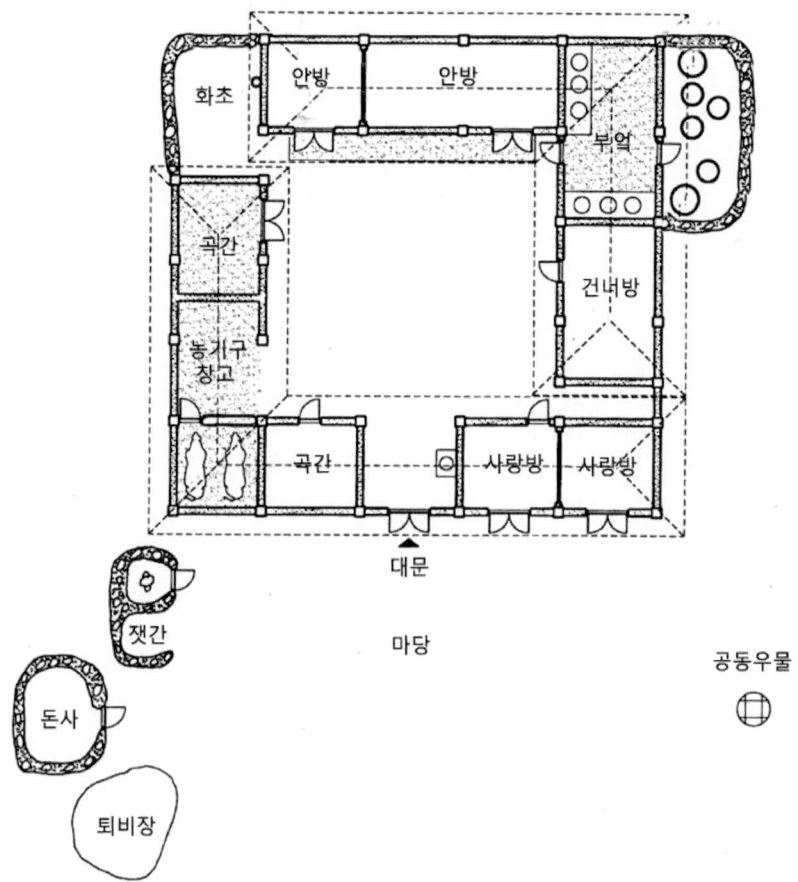

25. 진남포시 하기석 씨 댁

성명: 하기석(1910년생)
주소: 평남 진남포시 마사리
가족: 4인(부부, 제)
경제: 공업, 중류계층
마을: 해안가, 도회지, 800호
주택: 1947년, 외채 ㅡ자형 외통집, 팔작 기와지붕

전통형식에서 근대적 재료의 사용

이 집은 평안남도 진남포시에 소재했던 집이다. 마을규모를 800호라고 기재한 것을 보면 대도회지의 외곽에 있었던 것으로 보인다. 응답자는 공업에 종사한다고 기재했는데 진남포시가 공업도시라는 점에서 도시 안에 있는 공장에 근무한 것으로 추정된다. 자신은 중류계층이라고 했지만 주택의 형식은 소농 주거의 형식과 유사하다.

주택은 1947년 해방 이후에 건립되었다고 한다. 정방형에 가까운 대지의 북측에 살림채를 두고 남향으로 배치했으며, 남쪽으로 비교적 넓은 안마당을 두었다. 대지전체에 담장을 둘렀는데 높이는 2m 정도라고 한다. 3칸짜리 외채 외통집으로서 전형적인 소농형식이다. 부뚜막이 있는 부엌과 침실 앞 툇마루 등으로 보면 결코 전통형식에서 벗어나지 않았다. 폭이 4척에 불과한 툇마루를 '대청마루'로 표기한 것에 주목할 만하다.

그러나 부분적인 재료나 구조는 근대화의 영향을 볼 수 있다. 부엌의 바닥은 콘크리트로 타설했고(아마 시멘트 모르타르 바름을 콘크리트로 기술한 듯함),

툇마루 앞에는 전면 유리미서기문을 달았다고 한다. 벽체의 하부는 시멘트를
사용하고 굴뚝은 적벽돌로 쌓아 만들었다고 한다. 지붕도 팔작 기와지붕이라
고 기재했지만 시멘트 기와가 사용된 것이 아닌가 생각된다. 전통형식에 근대
재료가 사용되었음을 보여주는 사례이다.

■ 1차 도면

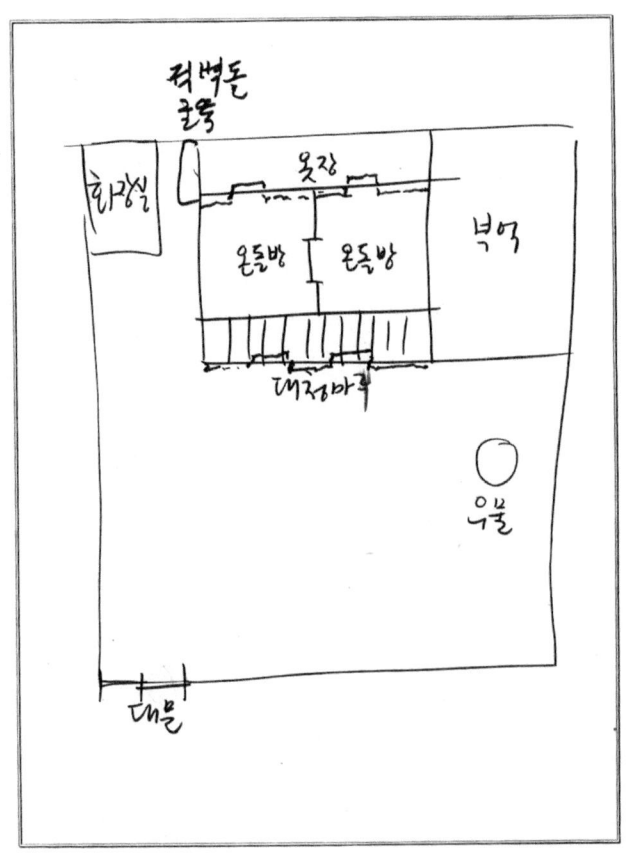

■ 보정 도면

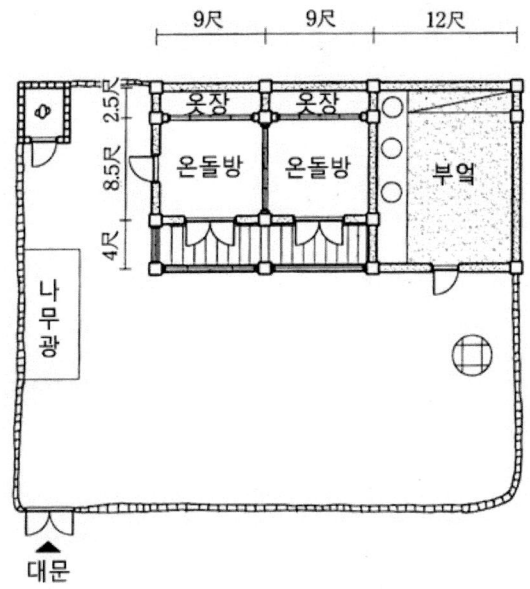

26. 평양시 윤도현 씨 댁

성명: 윤도현(1913년생)
주소: 평남 평양시 문수2리 137
가족: 7인(모, 형님부부 및 조카, 매)
경제: 중류계층, 상업
마을: 대도시
주택: 1930년대, 외채 ㄱ자형 외통집, 팔작 기와지붕

뒤돌아 앉은 ㄱ자 집

이 집은 평양시에 소재했던 집이다. 정방형 대지와 이웃집과의 경계, 직선화된 도로로 볼 때 토지구획이 이루어진 도시의 주거단지였음이 분명하다. 응답자의 가정은 상업에 종사하는 중류계층이라고 기재했다. 대지의 남쪽은 대로로서 이곳에 대문을 두었으며, 대지 전체에 3m 정도 높이의 적벽돌 담을 쌓았다. 동쪽에는 소로와 접하고 서쪽과 북쪽에는 이웃집이 있었다고 한다.

1930년대에 건립되었다고 하는 이 집은 북향으로 배치되어 있다. 출입구는 남쪽임에도 불구하고 안마당을 뒤로 배치하여 돌아앉아 있는 형상이다. 이에 따라 북쪽과 남쪽이 모두 외부공간에 면한다. 남쪽에는 마루를 설치하고 전면에 유리문을 두었다고 하는데 툇마루인지, 대청마루인지 확인해 주지 않았다. 진입부에는 화단을 설치하여 작은 진입마당을 만들었고 안마당은 후원과 같이 기밀성이 높은 외부공간을 만들었다는 점에서 특이하다.

건물형식은 외채 ㄱ자형 외통집이다. 목구조에 팔작 기와지붕이라는 점에서 전통형식을 고수한다. 그러나 벽돌담, 시멘트 벽체, 유리문 등 근대적 재료를

사용했다. 부엌이나 침실에도 창문이 사용되었다. 아궁이도 분탄연료를 사용하는 시설로 전환되었다. 근대화의 영향을 볼 수 있는 사례이다.

■ 1차 도면

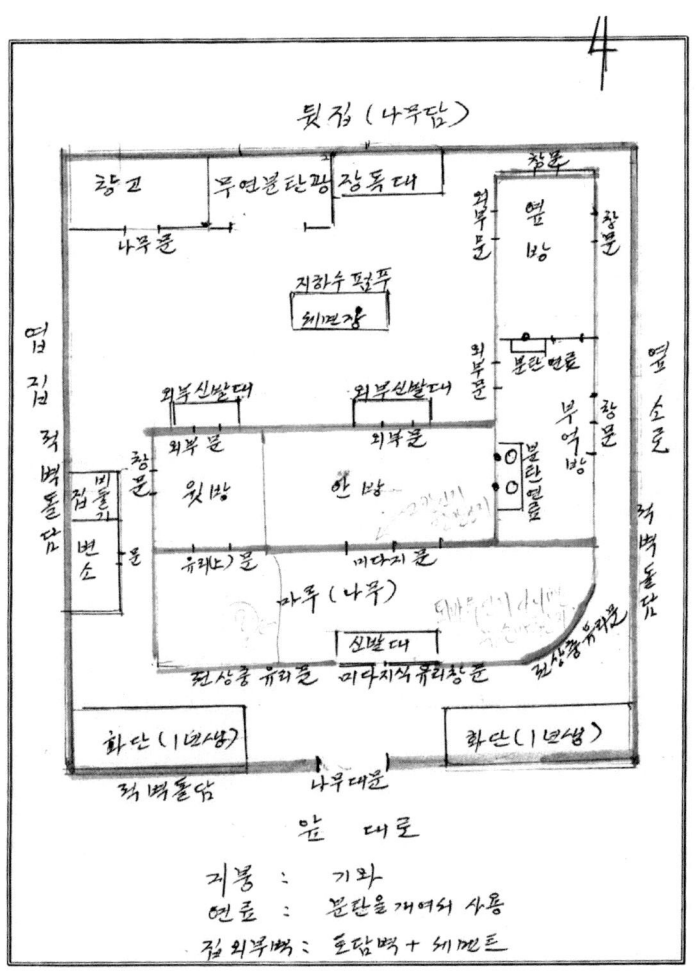

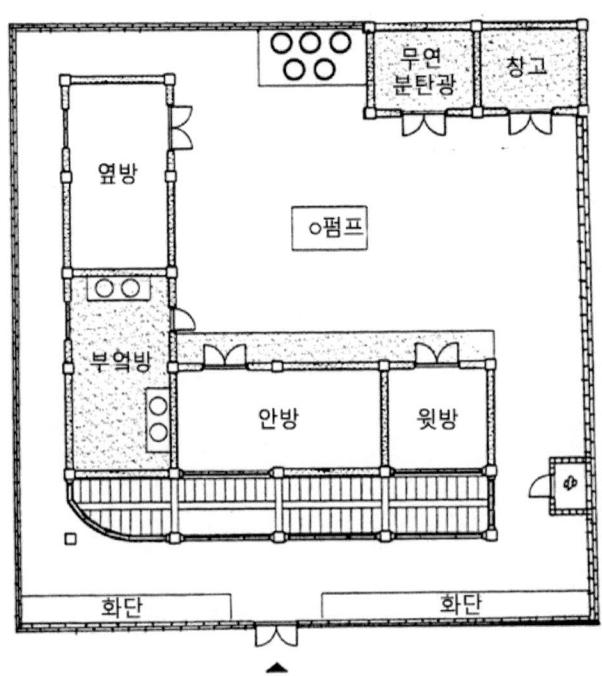

참고문헌

김광식 외 14인,『한국의 기후』, 일지사, 1982.

배기찬,『신북한지리지』, 다나, 1994.

오홍석,『취락지리학』, 교학사, 1980.

이중환(허경진 역),『택리지』, 한양출판, 1996.

일본국서간행회,『사진으로 보는 근대한국 하』, 서문당, 1986.

조선 과학백과사전출판사 편,『조선향토대백과』, 평화문제연구소, 2005.

조선유적유물도감편찬위 편,『북한의 문화재와 문화유적』, 서울대학교 출판부,
    2000.

지지편찬위원회,『한국지지 총론』, 건설부 국립지리원, 1980.

Kazuo Nishi & Kazuo Hozumi, *What is Japanese Architecture?*, Kodansha
    International Ltd., 1985.

강영환,『북한의 옛집 - 함경도 편』, 이담, 2010.

_____,『새로 쓴 한국 주거문화의 역사』, 기문당, 2002.

_____,『집으로 보는 우리 문화 이야기』, 웅진닷컴, 2004.

_____, "삼척이남 동해안지역 전통민가에 관한 연구", 서울대 박사논문,
    1989.

_____, "중국 연변지구 조선족 주거공간 및 생활방식", 건축역사연구 5권,
    1994.

_____, "북한지역 전통주거에 관한 조사연구(1)", 건축역사연구 5권2호,
    1996.

_____, "북한지역 전통주거에 관한 조사연구(2)", 건축역사연구 6권 3호,
    1997.

김광언,『한국의 주거민속지』, 민음사, 1988.

김신원, 허준, "북한의 농촌마을 계획에 관한 연구", 농촌계획 6권 2호, 2000.

김홍식, 『민족건축론』, 한길사, 1987.

_____, 『한국의 민가』, 한길사, 1993.

문정호, "자료발굴을 통한 북한지역 전통주거에 관한 연구", 울산대 석사논문, 1996.

박길룡, "조선주택잡감", 조선과 건축, 1941.

이영택, "평면구조상에서 본 한국의 가옥분포", 지리 1-1, 한국지리교육회, 1965.

리종목, "우리나라 농촌주택의 유형과 그 형태", 19세기중엽 - 20세기 초엽, 문화유산 5호, 1960.

_____, "우리나라 농촌주택의 발전에 관한 민속학적 고찰", 문화유산 6호, 1960.

신영훈, 『한국의 살림집』, 열화당, 1983.

장보웅, 『한국의 민가연구』, 진보제, 1981.

주남철, 『한국주택건축』, 일지사, 1980.

울산대 건축학부, 『장재촌』, 울산대 출판부, 1995.

조성기, "한국남부지방의 민가에 관한 연구", 영남대 박사논문, 1985.

최익주, "공산주의촌 석하리 양지마을 건축형성", 조선건축, 제32호, 1995.

황철산, "우리나라 과거주택의 유형과 그 형성 발전", 고고민속 3호, 1965.

색 인

강영환 ————————————————————————————————————

　1953년 서울 출생
　1979년 서울대학교 건축학과 졸업
　1989년 서울대학교 대학원 건축학과 졸업, 공학박사
　1983년 울산대학교 교수 취임, 현재까지 재직 중
　1992년 국사편찬위원회 한국사 집필위원
　1997년 울산광역시 문화재위원
　1999년 문화관광부 문화재 전문위원
　2010년 울산대학교 중앙도서관장
　2011년 경상남도 문화재위원

　『새로 쓴 한국 주거문화의 역사』(2004) 외 저서 10편
　「북한지역 전통주거에 관한 연구」(1996) 외 논문 30편

　e-mail: yhkang@mail.ulsan.ac.kr

북한의 옛집 **②**

그 기억과 재생 | 평안도 편

초판인쇄 | 2011년 8월 30일
초판발행 | 2011년 8월 30일

지 은 이 | 강영환
펴 낸 이 | 채종준
펴 낸 곳 | 한국학술정보㈜
주   소 | 경기도 파주시 문발동 파주출판문화정보산업단지 513-5
전   화 | 031) 908-3181(대표)
팩   스 | 031) 908-3189
홈페이지 | http://ebook.kstudy.com
E-mail | 출판사업부 publish@kstudy.com
등   록 | 제일산-115호(2000. 6. 19)

ISBN   978-89-268-2520-4 93540 (Paper Book)
         978-89-268-2521-1 98540 (e-Book)

이담 books 는 한국학술정보(주)의 지식실용서 브랜드입니다.